国家社科基金
后期资助项目
GUOJIA SHEKE JIJIN HOUQI ZIZHU XIANGMU

区际生态补偿机制研究

郭 平 著

科学出版社
北 京

内 容 简 介

　　生态环境问题涉及人类生存和发展。我国跨行政区的地理形态分布不可避免地出现了区际生态保护与治理的协调与联动现象。因而，如何平衡不同地区的发展与环境的关系，如何协调不同地区的生态、经济等利益，是生态补偿必须正视的问题。本书在分析区际生态补偿模式、区际生态补偿标准的基础上，通过对区际生态补偿各方利益博弈进行分析，建立区际生态补偿的一般机制，并对不同生态系统的区际生态补偿的机制进行了特别分析，最后构建了区际生态补偿制度框架。

　　本书记录了我国区际生态补偿机制从无到有、逐渐成熟的发展过程，列举了大量国内外地区的实践案例，较全面地总结了各类区际生态补偿机制，可为政策制定及学术研究提供参考。

图书在版编目（CIP）数据

区际生态补偿机制研究 / 郭平著. —北京：科学出版社，2024.6

国家社科基金后期资助项目

ISBN 978-7-03-071650-7

Ⅰ. ①区… Ⅱ. ①郭… Ⅲ. ①区域生态环境－补偿机制－研究－中国　Ⅳ. ①X321.22

中国版本图书馆 CIP 数据核字（2022）第 031510 号

责任编辑：李　嘉 / 责任校对：贾娜娜
责任印制：张　伟 / 封面设计：无极书装

科学出版社 出版
北京东黄城根北街 16 号
邮政编码：100717
http://www.sciencep.com

北京中石油彩色印刷有限责任公司印刷
科学出版社发行　各地新华书店经销
*
2024 年 6 月第 一 版　　开本：720 × 1000　1/16
2024 年 6 月第一次印刷　印张：16 1/4
字数：350 000

定价：**172.00 元**
（如有印装质量问题，我社负责调换）

国家社科基金后期资助项目
出版说明

　　后期资助项目是国家社科基金设立的一类重要项目，旨在鼓励广大社科研究者潜心治学，支持基础研究多出优秀成果。它是经过严格评审，从接近完成的科研成果中遴选立项的。为扩大后期资助项目的影响，更好地推动学术发展，促进成果转化，全国哲学社会科学工作办公室按照"统一设计、统一标识、统一版式、形成系列"的总体要求，组织出版国家社科基金后期资助项目成果。

全国哲学社会科学工作办公室

前　　言

工业革命以来，人类不断使用生态环境的各项功能，程度已经超出了生态环境的承载能力，所以人类必须找到一种务实的办法，来解决经济发展与生态保护之间的矛盾问题。20 世纪 50 年代，一些发达国家和地区开始尝试利用生态补偿手段来调整经济社会发展与生态保护的关系。

随着生态因素在经济社会发展中的作用和影响的进一步凸显，生态补偿需要由目前的单一性要素补偿、分类补偿，转向基于经济社会全方位影响的补偿，并在不断实践的基础上及时总结经验，以推进各单项补偿政策的综合集成和有机融合。在国家财力有限的情况下，要求形成有效的区际生态补偿市场化生态补偿机制，变单纯的资金补助为项目扶持，多渠道、多形式地促进落后地区与发达地区的生态、经济合作及持续发展。区际生态补偿作为生态补偿的一种重要方式，以保护和可持续利用生态系统为目的，通过采用公共政策或市场化手段，调节不具有行政隶属关系，分属于不同行政区划，或分属于不同级次的财政等，但生态关系密切的地区间的利益关系。

区际生态补偿由于牵扯不同行政区划的利益，缺乏合理补偿标准和协调机制，我国虽有区际生态补偿试点，但由于生态系统类型不同，各地区经济发展状况不同，可承担的区际生态补偿负担也不可能一致，因此没有系统的经验可以借鉴，要妥善解决难度可能较大。本书以区际利益均衡为着眼点，分析中央政府与各地区之间，同级政府间，政府与企业、农户间的利益关系，创新区际生态补偿机制，设计了不同生态系统类型的区际生态补偿动态发展机制。设计的总体思路是立足区际生态补偿机制的长效性，由上级政府主导，逐渐转为同级政府间，政府与企业、农户间的利益协调，将区际生态补偿机制运用于更广阔的空间。该区际生态补偿动态发展机制具有理论创新价值，使得不同的区际生态补偿有建设思路可循，将以前各个地区的试点经验连成一条线，形成完整的区际生态补偿过程。

生态补偿需要由目前的单一性要素补偿、分类补偿，转向基于经济社会全方位影响的补偿，本书在不断实践的基础上及时总结经验，以推进各单项补偿政策的综合集成和有机融合。探索区际生态补偿机制的市场化道路，变单纯的资金补助为项目扶持，多渠道、多形式地促进区际生态与经济的持续发展。

衷心感谢在本书所涉及的生态资源领域做出贡献的研究学者，区际生态补偿在我国还处于起步阶段，仅有有限的试点经验，是你们的不断努力和潜心研究使得这一领域的研究工作变得不断清晰，并为本书的研究工作提供了大量宝贵的基础资料和研究方法。

目　　录

第一章 绪　　论

第一节　研究背景和意义

一、研究背景

2010 年 12 月，《全国主体功能区规划》由国务院印发，按照该规划，建立了优化开发区域、重点开发区域、限制开发区域（农产品主产区）和限制开发区域（重点生态功能区），我国各省、自治区、直辖市逐渐转变经济发展方式，改变了经济和资源环境的国土空间开发格局。要发展还是要环境，正在成为困扰我国重点生态功能区的普遍问题。实施生态补偿，由生态受益者对为保护生态而发展受限的地区进行补偿，正是对此做出的一种制度安排。目前，我国已初步形成森林生态效益补偿制度、草原生态补偿制度、水资源生态补偿制度、矿山生态补偿恢复责任制度、重点生态功能区转移支付制度等制度框架。然而，由于实施生态补偿起步较晚，涉及的利益关系复杂，生态补偿的利益调节格局还没有真正形成。

现有生态补偿多是纵向补偿，中央和地方各级财政资金是补偿资金的重要来源，横向补偿机制尚未建立。主要补偿方式仍是资金补偿，政策、实物、技术及智力补偿等形式应用较少。同时国家层面的补偿机制还未建立起来，现有的也仅是以项目形式进行，缺乏长期性，更没有上升到国家法律层面，许多方面存在缺失。主要表现为补偿标准偏低且固定不变；补偿资金来源渠道单一，主要依靠中央财政转移支付，区域之间、流域上下游之间、不同社会群体之间的区际生态补偿几乎没有建立。如何在区域间兼顾保护生态与发展经济的平衡，是各地政府一直在思考的重大课题。

为构建生态补偿机制，还原生态以价值，为环境降压找出口，我国部分地区围绕流域开展了横向生态补偿的实践。2011 年底，陕西省对甘肃省定西、天水两市进行渭河上游补偿，金额为 600 万元，这是我国第一例省际生态补偿。同时，2011 年 9 月，作为流域水环境补偿试点，新安江流域水环境补偿试点实施工作正式启动，每年中央财政出资 3 亿元进行纵向生态补偿，安徽、浙江两省分别出资 1 亿元进行横向生态补偿，新安江流域年度补偿资金为 5 亿元。试点实施以来，新安江流域总体水质保持为优。

此外，对于珠江上游的东江流域和西江流域，广东省也着手对江西、广西、云南、贵州等地开展区际生态补偿。

我国生态补偿总体进展良好，2014年国务院《政府工作报告》提出"推动建立跨区域、跨流域生态补偿机制"，这是从中央层面最早对跨区域生态补偿提出要求，为生态文明建设提供了重要的制度保障。2016年5月，国务院办公厅印发《关于健全生态保护补偿机制的意见》，指出要推进横向生态保护补偿，研究制定以地方补偿为主、中央财政给予支持的横向生态保护补偿机制办法。

区际生态补偿制度是生态补偿体系的主要组成部分，加快建立健全区际生态补偿制度对保护自然环境、协调区域间利益关系具有重大意义。生态补偿由中央纵向补偿为主，逐渐转向区际生态补偿是可持续发展的必然选择，对促进各地区的环境和经济协调发展具有积极意义。

二、研究意义

区际生态补偿的重要性不论在政府层面还是在社会层面均已达成共识。研究区际生态补偿机制对于丰富和完善生态补偿制度、保护生态环境、推进社会公平等都具有重要意义。

（一）有利于弥补纵向生态补偿资金不足，丰富和完善生态补偿制度

当前阶段，生态补偿大多是一项"要钱"的工作，补偿资金也主要依靠中央财政转移支付，其他渠道相对较少。国家财政资金有限，纵向生态补偿资金不足情况时有发生，所以建立健全横向财政转移支付的区际生态补偿机制具有现实意义。

区际生态补偿即"兄弟互助式"生态补偿，这种模式是同级的各地方政府之间的生态补偿，一般是从生态资源不足但财力富裕地区向生态资源富裕但财力不足地区转移。这种模式是纵向生态补偿的必要补充。

生态补偿制度除了中央政府对地方政府的生态补偿、地方政府对地方企业和居民的生态补偿之外，也应该包括地方政府之间的生态补偿，即区际生态补偿。研究区际生态补偿是对生态补偿制度的丰富和完善。

（二）有利于增加生态产品和服务供给，保护生态环境

生态产品指维系生态安全、保障生态调节功能、提供良好人居环境的自然要素，包括清新的空气、清洁的水源和宜人的气候等。生态产品的主体功能主要体现在吸收二氧化碳、制造氧气、涵养水源、保持水土、净化水

质、防风固沙、调节气候、清洁空气、减少噪声、吸附粉尘、保护生物多样性、减轻自然灾害等方面。

区际生态补偿的双方大多位置邻近，区际生态补偿者能够享受到区际受偿者提供的生态产品和服务，区际生态补偿是根据区际生态补偿者的需求进行的，不是根据上级政府的行政命令进行的，这就使区际生态补偿具有市场交易性质，区际生态补偿者政府和区际生态受偿者政府达成需求与供给协议，从而使区际生态受偿者愿意增加生态产品和服务的有效供给，保护生态环境。

（三）有利于解决区域发展矛盾，推进社会公平

生态资源是公共产品，一个区域充裕的生态环境资源会给周边地区带来生态利益。我国目前生态资源充足的地区，如长江、黄河上游地区等水源地，一般经济并不发达，在这些地区进行生态环境的保护与建设需要投入大量的资金。另外，在这些地区采取禁养、禁牧、禁止砍伐、限制工业用水等措施，会使这些地区本来贫乏的经济发展机会变得更加渺茫，在保护生态环境的同时，造成制造业退出，人口大量流失或进行生态移民。这些地区若想发展经济，就要开发自然资源，从而可能会破坏生态环境，后期若要进行对生态环境的修复必然会付出更大的经济代价。在这种情况下，这些地区需要采取措施获得生态经济补偿，从而专门从事生态保护建设。建立有效的区际生态补偿机制，生态受益地区对生态建设区进行适当的经济补偿，使生态建设区获得持续的资金用来投入环境保护，同时生态受益地区也可以获得清洁水能源、清新空气等，双方利益协调，经济与环境共同发展。

将生态环境作为一种资源产品，明确资源产权，区际生态补偿者只能有偿使用，保障区际受偿者政府、企业、居民的生存权与发展权，才能达到区际的社会公平。

第二节　国内外研究综述

一、国外研究综述

随着社会经济的发展，人们逐渐意识到人类经济活动本身对生态环境的破坏，而这种对生态系统的破坏有些是可以通过生态系统自身恢复的，有些破坏会对全球人类生存环境造成无法弥补的损失，甚至灾难。社会要发展，环境要维护，人们开始面临两难选择，进而将生态环境作为一种服务、一种商品，使其进入经济领域，由市场解决生态资源的最优配置，提出使用社会

的、经济的手段对生态环境进行补偿。国外的很多学者对此进行了密切关注和深入研究，目前取得了很多有益的成果。

　　国外关于生态补偿的概念是生态环境服务付费（payment for environmental services）或者生态系统服务付费（payment for ecosystem services），是指为生态系统服务的管理者或提供者提供补偿。国际农业发展基金会（International Fund for Agricultural Development，IFAD）资助国际混农林业中心（International Center for Research in Agroforestry，ICRAF）进行为期五年的生态环境服务付费与奖励贫困山区环境服务（rewarding upland poor for environmental services，RUPES）项目，项目研究报告指出，生态环境服务付费是一种生态环境保护的经济手段，具备以下四个条件：①现实性，付费基于实际成本或机会成本（opportunity cost，OC）的需要，与现实的生产活动具有因果关系；②自愿性，付费方与收费方的行为均是自愿的，没有外部压力且充分知情；③条件性，付费条件可以监测，可根据监测结果决定付费额度；④扶贫、减贫，生态环境服务付费不损害或提高贫困山区的利益，促进资源的公平分配。国际林业研究中心（Center for International Forestry Research，CIFOR）的 Sven Wunder 认为，生态环境服务付费不同于传统的命令和控制手段，是一种自愿的交易，交易主体至少是一个购买者和一个提供者，交易对象即生态环境服务应该明确，交易范围同时也应明确界定[1]。

（一）国外生态补偿的基本方式

　　国外进行生态补偿的方式多种多样，主要有以下几种。第一，公共补偿。公共补偿是政府直接向生态系统服务的提供者进行补偿。由于纽约市 90% 的供水来源于市区西北部的上游卡茨基尔山脉特拉华河流域，20 世纪 90 年代初，纽约市政府以公债及信托基金等方式对上游区投入 10 亿～15 亿美元保护水源地土地和控制农场污染，通过这些措施来保证纽约市供水清洁[2]。第二，限额交易。限额交易计划是政府或管理机构首先为一定范围内生态系统可以破坏的量设定一个限额或基数，在该范围内的机构或个人可以选择不破坏环境，也可以选择通过购买限额来进行污染物的定量排放，选择与否可以根据自己的成本收益决定，如排污权交易。排污权交易最先于 1968 年由美国经济学家戴尔斯提出，而后德国、英国、澳大利亚等国家相继对排污权进行了实践。国际碳排污权交易市场有荷兰阿姆斯特丹的欧洲气候交易所、德国的欧洲能源交易所、法国的未来电力交易所，此外，日本、加拿大、俄罗斯、澳大利亚也有自己的排污权交易市场。第三，自愿补偿。自愿补偿也称一对一交易，或自愿市场。在这种补偿交易中，有一个补偿者还有一个受偿者，双方直接谈判或者通过一个中介来帮助确定交易的条件与金额，且这种交易是自愿的，如法国伟图（Vittel）瓶装水公司为使蓄水层不受化肥等的污染，向农民付费，以保持特定的土地使用方式。第四，征收环境税费。环境税也称生态税、绿色税。对生态环境造成污染的企业要交税，通过税收将企业污染环境和破坏生态的社会成本内化到生产成本和市场价格中去。国外很多国家为保护生态环境采取征税、费或给予相应税收优惠的办法，比如二氧化硫税、水污染税、噪声税、固体废物税和垃圾税等。第五，生态产品认证计划。消费者愿意以高一些的价格购买以生态环境友好方式生产出来的商品，实际上支付中包含了生产商品时的生态环境服务。1992 年欧盟出台了生态标签体系，具有生态标签的产品在整个生命周期内都不会给生态环境带来危害，同时提示消费者，该产品是经过欧盟认证的"绿色产品"。欧盟积极通过各种途径向消费者推荐具有生态标签的产品和厂商，使厂商的生态环境服务成本得到补偿。第六，生态旅游。生态旅游通过制定合理的门票价格和浏览路线，使人们对生态环境的破坏性降低，门票收入可以补偿森林、流域等生态系统，同时惠及周边居民。第七，信托基金与捐赠基金。全球的环境基金主要分为捐款基金、偿债基金、周转性基金等，主要用于保护生态区和与生态保护相关的研究项目的资助。基金有专门的基金管理委员会，可通过专业人士将资金运用到使环境效益最大化。

（二）国外生态补偿的评估方法

在森林生态补偿方面，主要有以下几种评估方法。第一，旅行费用法。Clawson 提出了旅行费用法[3]。人们对生态景观愿意支付的费用，如门票，构成旅行费用，通过人们愿意支付的旅行费用来评估生态环境服务补偿的额度。第二，意愿调查法，也称条件价值法。Davis 尝试使用该方法评估缅因州的森林游憩价值[4]。第三，替代市场法[5]。通过相关替代产品和服务的市场价格，间接得出生态价值。1972 年，日本采用代替法对全球森林生态价值进行了评估[6]。第四，机会成本法。在选择森林资源作为生产产品时，必然会放弃其他用途的收益，任何一种生态资源都存在许多互斥的待选方案。机会成本法主要用于评估具有唯一特性或不可逆特性的自然资源开发项目。2008 年，Wünscher 等认为计算机会成本时，除了考虑最佳土地利用获得的利润外，还要扣除环境保护费用[7]。第五，实际市场法。用森林生态所提供的生态产品和服务的市场价格，评估生态补偿的额度。1995 年，墨西哥估算了国家森林总价值[8]，包括直接价值、间接价值、选择价值和存在价值，这种分类估算更加全面。第六，功能评估法。1997 年，美国生态学会中以 Daily

为主的研究小组，明确提出生态系统服务功能的概念[9]。在生态系统服务不断被细化的基础上，评估采用的方法也在不断改进。2009 年，哥斯达黎加使用功能评价和市场分析方法估算了塔盘缇热带雨林区的生态价值[10]，结合利益相关者的受偿意愿，计算每年的生态补偿管理运行费用[11]。第七，最优化统计法。由于一个区域有多重管理标准，且评估的权重不好确定，Leskinen 等采用最优化统计法与局部效用函数来解决这类问题[12]。2004 年，Curtis 采用多标准分析（multiple criteria analysis，MCA）模型对多重森林管理标准下的森林生态价值进行了估算研究[13]。第八，生态系统服务评估数据库。de Groot 等开发了生态系统服务评估数据库（Ecosystem Service Value Database，ESVD），其中包括全球 300 多项评估研究和 1350 项不同生态系统、生态系统服务和地点的评估。ESVD 旨在支持价值转移和综合数据分析应用，以综合多种研究结果，成为决策者分析不同土地如何利用与选择的工具[14]。

在流域生态补偿方面，需要评估的主要是上游生态服务的经济效益和生态效益。经济效益可以根据流域提供的水资源总量、配水价格、输入工程成本和水资源加工成本等进行计算。在生态效益评估上，Tietenberg 认为应从水资源的使用价值、选择价值和非使用价值三方面确定[15]。水资源的使用价值可按传统方法评估，水资源供给、娱乐等采用市场法评估，水土保持、水源涵养等采用影子工程法评估。水资源的选择价值是人们因选择该水源而愿意付出的费用。水资源的非使用价值是指水资源现实存在的价值，如水资源中各种生物的存在价值。对于选择价值和非使用价值，多采用条件价值评估方法（contingent valuation method，CVM），CVM 通过直接调查，基于被调查对象的回答，测算人们能够接受的最大补偿价值和最小受偿价值。Quintero 等使用土壤及水资源评估工具测定目前的土地使用与变化情况，使用经济、社会和环境土地利用优化模型（económica，social y ambiental de usos de la tierra，ECOSAUT，西班牙文）来预测服务提供者的净利润[16]。Robert 和 Stenger 认为如果存在范围不经济，每个生态补偿服务支付费用等于相对应服务的机会成本，则总的支付费用将不能弥补总成本，因为生态系统服务之间的交互作用会产生新的生态产品。在评估过程中需要考虑生态系统服务之间的相互作用[17]。Dennedy-Frank 等比较了水资源生态服务价值评估的两种工具——水土评估工具和生态系统补偿评估工具，发现不同工具的评估价值相差很多，然后提出了选择评估模型的简单框架[18]。

国外关于海洋生态补偿的研究主要有 Greiner 等提出的生态修复补偿手段激励海洋资源可持续利用[19]。Cowell 分析海洋生态补偿和加的夫海港的资源替代性问题[20]。Elliott 和 Cutts 分析了实施生态补偿的机遇和阻碍[21]，提出海洋资源的生态补偿可以分为三种：生境补偿、资源补偿和经济补偿。Dunford 等使用生境等值分析（habitat equivalency analysis，HEA）法最初是研究如何对石油泄漏对生态造成的危害进行补偿的，这种方法可以定量化生态功能损失，并计算出弥补生态功能破坏所需要的补偿比例[22]。Mow 等分析了海洋资源使用者和保护者之间的利益冲突，提出了生态补偿相应措施[23]。Thur 分析了海洋保护的融资机制，讨论了使用者愿意支付的范围[24]。

在生物系统多样性方面，2000 年《生物多样性公约》正式将生态系统方法作为行动的基本框架[25]。生态系统方法综合考虑了社会、经济和生态问题，提供系统管理策略。Cochrane 提出了渔业生态系统方法（ecosystem approach to fisheries，EAF）的实施流程[26]，它涵盖了管制、监测评估和管理的内容。Martin 等采用成本效益支付方法，评估了保护草场蝶类而推迟割草期对牧民造成的损失，并计算了补偿标准[27]。Ortega-Huerta 和 Kral 采用比较法比较了不同的土地所有制下生物多样性的空间分布，认为农村社区的土地具有更高的生物多样性价值，自然植被覆盖率和土地植被覆盖率高，植被群落密集，生物物种丰富[28]。Derissen 和 Quaas 在德国兰道的特丽霾灰蝶的生态保护项目中认为生态补偿方案必须解决环境不确定性和信息不对称问题，基于委托代理模型，研究绩效付费和行为付费的最优组合。研究发现在生态产品供给中，风险规避性（不喜欢价格波动）的监管者基于生态保护成果的付费比风险中性的监管者的付费要低[29]。

（三）国外生态补偿的效果

Morris 等研究了东英格兰部分地区生态补偿对农户土地利用的影响[30]，发现不同地区的农场利益偏好不同，生态补偿的可行性也不相同，在生态补偿中如果采用一刀切的政策效果并不好。Alix-Garcia 等的研究发现，在生态补偿的支付上，比起平均式付费，风险式付费针对贫困对象进行重点补偿，使得总体付费水平较低，补偿效果好[31]。Pagiola 等通过土地使用者的净私人收益和对其他人产生的净生态服务功能价值研究土地使用者的收益和生态效益之间的关系[32]。Zbinden 和 Lee 对哥斯达黎加从 1997 年开始实施的生态补偿计划环境服务费用项目的实施情况进行调查，发现土地的所有权和使用权在生态补偿计划中至关重要，贫困家庭的参与对于市场条件下的生态补偿效果很关键[33]。Kosoy 等在流域生态补偿研究中发现弱势群体往往集中在流域的上游，需要补偿且机会成本低；下游城镇往往具有良好的社会经济条件，机会成本高。只要上游的补偿高于本地机会成本，下游的支付低于本地机会成本，生态补偿就可以非常有效地在两者之间进行[34]。Persson 和 Alpízar 使用简单的多主体模型评估现有生态补偿项目，探讨出主要的影响因素有条件现金转账与生态环境付费，提高符合项目条件的付费补偿可以提高项目效率，项目效率受项目参与人选择的影响，付费标准提高，会使更加符合项目条件的参与人加入项目[35]。Molina Murillo 等讨论了哥斯达黎加的环境服务付费计划，认为生态补偿项目可以在全球开拓融资政策机制，促进森林保护和扩大[36]。

（四）国外生态补偿研究的工具

在对生态补偿进行评估计算时，通常采用静态的数值，较少考虑动态因素，估算值往往与实际值不一致。同时，生态价值评估中各种生态系统服务功能的相关性，有可能引起重复性计算，从而夸大生态价值量。面对以上这些复杂的因素，一些研究机构开发了软件系统，建立生态补偿模型。

生物圈全球统一元模型[37]（global unified metamodel of the bio-sphere，GUMBO）通过系统动力学软件 STELLA 建立，应用简单。该系统考虑了动态地球系统中的大气层、陆地、水、生物圈及人文系统五个方面。2000 年，美国农业部的 American Forest（美国森林）开发了城市森林评估系统城市绿地（Citygreen）[38]，该软件通过用户提供的土地覆盖数据对指定区域林地覆盖和生态与经济效益进行分析。2006 年，生态经济模型（ecological-economic modelling，EcoEcoMod）软件开发，应用于生物多样性价值评估方面，为制定濒临绝种的动植物的保护措施提供了依据[39]。2008 年，斯坦福大学联合大自然保护协会（The Nature Conservancy，TNC）和世界自然基金会（World Wide Fund For Nature，WWF）的自然资本项目组研制开发了生态系统服务与权衡综合评估（The integrated valuation of ecosystem services and tradeoffs，InVESt）模型，该模型量化计算了生态系统环境，协助人们进行自然资源管理，同时设计多重服务标准为生态补偿交易提供有效的解决方法。Radford 和 James 为生态系统服务的非经济评价创造了一种新的分析工具，是一种跨学科的评估工具，该评估工具是由以前使用的评估方法（包括居住环境评估工具和绿旗奖）发展而来的，用于评估城市区域内生态系统服务，优化城市空间规划，造福本地居民[40]。

（五）对国外生态补偿研究的评述

从国外学者的理论及科研机构的项目研究情况可以看出，生态补偿的理念及方案已经得到全社会的重视。政府、企业、个人在环境面前都在积极探寻一种合理的方式，即在保护环境的前提下，发展经济。

1. 强调对生态产品提供者补偿的公平性

在国外生态补偿的研究中，土地的私有制将政府、企业、个人放在平等的地位进行谈判协商。在评估的问题上，补偿价格主要参考被补偿人的意愿。在保护生态环境的大前提下，人们愿意平等协商，共同解决问题。研究成果同时提到，在生态补偿中重视贫困家庭，一方面补偿的机会成本低，另一方面，全社会的福利增加，惠及经济可持续发展。

2. 评估方法的多样性

评估方法多种多样，如对不同类型的森林有不同的评估方法，从经济层面、社会层面、环境层面进行综合考虑，进行补偿。生态补偿的评估方法由以前只静态研究发展到动态分析各种因素，使用动态模型进行综合评估，提高了评估效率，且各方的利益都得到了相互均衡考虑。

3. 补偿标准的非标准化

生态补偿没有统一的标准，不同的生态类型、不同的地区、不同的人群有不同的评估结果和效果。国外的研究更倾向于按项目来进行评估和效益分析，在评估和补偿时不搞省内"一刀切"管理或国家"一刀切"管理。

4. 强调对"人"的补偿

国外研究生态补偿的对象主要是"人"，生态补偿将生态环境系统资源转移到经济系统，而生态环境系统的亏空和损失无法弥补。生态补偿不应该仅仅是对"人"付费的概念，最终是要对生态环境系统的物质和能量进行补偿，生态补偿活动绝不能到产权人就停止，而必须由他们代理出资人完成生态补偿活动，使环境容量得到恢复。

从国外的文献来看，大多数研究都是针对国家政府的生态补偿支付计划，且美国和欧洲的项目时间一般比拉丁美洲地区的项目时间长。付费的对象多是针对私人企业或农场主个人。对农户租用国有或集体土地、森林等的生态补偿付费机制少有涉及，在政府对农户租用国有或集体土地、森林等的生态补偿机制方面的研究还需要中国的学者不断努力，使生态补偿项目达到预期的效果。

二、国内研究综述

生态补偿是国内外许多专家学者多年来关注的焦点，不同学科（如经济学、生态学、法学等)的研究者因学科需要对生态补偿的理解大相径庭,即使是环境保护研究者对生态补偿的理解也不尽相同。单就对生态补偿这一术语的提法就有多种:如"资源补偿""环境补偿""资源与环境的补偿""环境服务补偿""生态效益补偿""生态环境补偿""自然生态补偿"等。对生态补偿的定义更是千差万别。

早在 1987 年,张诚谦在分析可更新资源时,就指出了生态补偿与物质循环、能量循环的关系[41]。1988 年,我国学者郑征提出了在大别山区的淠史杭灌区施行生态补偿的建议[42]。以上研究虽提出了生态补偿,但并没有对生态补偿的概念进行界定,说法很模糊。

生态补偿概念最早的提法是自然生态补偿 (natural ecological compensation),指生物有机体、种群、群落或生态系统受到干扰时,所表现出来的缓和干扰、调节自身状态使生存得以维持的能力;或者可以看作生态负荷(ecological loading)的还原能力。1992 年,邹振扬和黄天其提出开发者要补偿被建设项目破坏的植被[43]。1997 年,张龙生和费乙指出建立森林生态补偿制度是保护环境的必由之路[44]。1998 年叶文虎等提出城市生态补偿的概念[45]。

(一)对生态补偿含义的研究

章铮认为,生态环境补偿费是为了控制生态破坏而征收的费用,其性质是行为的外部成本,征收的目的是使外部成本内部化[46]。杨朝飞指出,补偿费的实质是要求从事自然资源开发活动而对生态环境造成不良影响的单位和个人,为其行为后果承担责任,这既不是法律责任,也不是行政责任,而是一种经济责任,以缴纳补偿费的形式来补偿生态环境的损失[47]。毛显强等认为生态补偿是通过对损害(或保护)资源环境的行为进行收费(或补偿),提高该行为的成本(或收益),从而激励损害(或保护)行为的主体降低(或提高)因其行为带来的外部不经济性(或外部经济性),达到保护资源的目的[48]。熊鹰等认为生态补偿是一种对生态环境保护者、建设者的财政转移补偿机制[49]。杜群对生态补偿下了这样一个定义,生态补偿即指国家或社会主体之间约定,对损害资源环境的行为向资源环境开发利用主体进行收费或为保护资源环境的主体提供利益补偿性措施,并将所征收的费用或补偿性措施的惠益通过约定的某种形式转达到因资源环境开发利用或保护资源环境而使自身利益受到损害的主体以达到保护资源的目的的过程[50]。王海涛指出生态补偿就是国家(政府)通过颁布政策法律、投资或引导投资、税收和财政转移支付等方式对生态保护地区及保护者予以支持。实施生态补偿的出发点是协调生态资源所具有的经济效益、社会效益和生态效益的关系，以及在此基础上的环境权、生存权和发展权的矛盾；体现了以人为本，全面、协调、可持续发展的科学发展观的要求，对现阶段加强生态地区保护具有重要的现实意义[51]。李爱年和刘旭芳把生态补偿定义为：为了恢复、维持和增强生态系统的生态功能，国家对导致生态功能减损的自然资源开发或利用者收费（税），以及国家或生态受益者对以改善、维持或增强生态服务功能为目的而做出特别牺牲者给予经济和非经济形式的补偿[52]。高彩玲等认为生态补偿的实质是以保护生态服务功能、促进人与自然和谐相处为目的，以环境成本内部化为手段，通过对生态系统功能保护或恢复活动，协调"人与自然"的关系，并调整"人与人"之间的利益关系的制度安排[53]。黄润源认为生态补偿的法学概念应是：为了生态系统提供的环境服务能够持续供给和实现生态公平，协调利益相关者的生态利益和经济利益，维护生态安全，国家应运用各种经济手段，对持续供给破坏环境服务的行为者征收直接损害补偿费及生态恢复与治理费等费用，或者对持续供给保护环境服务的行为者丧失的机会成本及生态保护和建设成本予以补偿的法律行为[54]。李永宁认为法学上的生态补偿是指对个人或组织在森林营造、培育自然保护区和水源区保护、流域上游水土保持、水源涵养、荒漠化治理等环境修复与还原活动中，对环境生态系统造成的符合人类需要的影响，由国家或其他受益的组织和个人进行价值补偿的环境法律制度[55]。张乐勤认为生态补偿是以经济手段为主，综合运用市场、政策等手段，以调和人类群体间环境利益与经济利益关系为核心，以促进人与自然和谐为目的的制度安排[56]。程亚丽将生态补偿的法律含义界定为：为了恢复、维护、改善生态环境服务功能，调整相关利益者（保护者、破坏者和牺牲者、受益者）的利益分配关系，实现社会的公平和正义，由国家、政府或生态环境受益者依法对因环境资源使用或生态环境保护做出贡献者及利益受损者予以经济和非经济形式的补偿的法律行为[57]。

（二）对流域生态补偿的研究

沈孝辉认为实施生态补偿来理顺全流域的生态关系和经济关系，有助于社会经济的稳定、健康、持续发展[58]。石忆邵研究发现江河源头地区存在的主要矛盾是山区自然资源丰富多样与产业选择空间相对狭窄的矛盾、生态保护的跨地区外部效应与机会成本丧失之间的矛盾、国家扶持力度不断加大与山区实际受惠不断削弱及区域差距不断扩大的矛盾，提出必须建立生态补偿机制，将大江大河及其主要支流的上源地区作为国家级生态经济示范区进行规划建设，且国家对生态经济示范区应设立生态补偿基金、理顺管理体制、实施环保的可行性评估制度、适当调整江河上源地区人口的再分布、加强流域综合治理、深化江河上游地区与下游地区的对口支援等[59]。王金龙和马为民认为流域生态补偿是指有人类活动的流域经过治理,其上、中、下游生物和物质成分循环、能量流通和信息交流加强了,其上游治理效果可以惠及中、下游,下游治理效果惠及中、上游。有学者分析了黑河流域生态补偿机制,指出流域生态补偿方式主要有政策补偿、资金补偿、实物补偿、技术补偿、教育补偿等[60]。常杪和邬亮认为要确定流域生态补偿的对象,就必须确定提供流域生态服务的森林、水资源的拥有者,这主要涉及我国的林权、水权等产权制度问题[61]。周大杰等认为流域生态补偿机制就是中游和下游发达地区对因保护环境敏感区而失去发展机会的上游地区以优惠政策、资金、实物等形式进行补偿的制度,其实质是流域上下游地区政府之间部分财政收入的重新再分配过程,目的是建立公平合理的激励机制,使整个流域能够发挥出整体的最佳效益[62]。同时提出流域生态补偿的监督保障机制,主要有补偿费征收监督机制、补偿费使用监督机制、水源保护效益与损失监督和监测机制、保护区与受益区间的协调机制。刘玉龙等通过生态补偿的理论基础研究,建立了上游地区生态建设与保护补偿模型。从直接和间接两个方面对生态建设与保护的总成本进行汇总,并引入水量分摊系数、水质修正系数和效益修正系数以计算生态补偿量。以新安江流域为例,利用所建立的模型确定了2000~2004年上游地区生态建设与保护所需的年补偿量,结果表明:通过模型计算可以得到相应合理补偿量及逐年变化的规律,为建立流域生态共建共享机制提供了依据[63]。郑海霞认为流域生态补偿机制是以水质、水量环境服务为核心目标,以流域生态系统服务价值增量和保护成本与效益为依据,运用财政、税收、市场等手段,调整流域利益相关者之间的利益关系,并实现流域内区域经济协调发展的一种制度安排[64]。赵银军等按照流域内行为主体活动产生的正、负外部性,把流域生态补偿分为保护与修复类和开发与建设类。按照行为主体动作性质的不同,保护与修复类可分为限制与禁止开发类和修复与治理类。按照开发能源类型的不同,可把开发与建设类分为矿产资源开发类和水能资源开发类[65]。在此基础上,按照行为主体所作用的水生态系统类型和区域,即不同的客体,划分出十类重点补偿区域。王军锋和侯超波从补偿资金来源的视角,将我国流域生态补偿模式划分为上下游政府间协商交易的流域生态补偿模式、上下游政府间共同出资的流域生态补偿模式、政府间财政转移支付的流域生态补偿模式和基于出境水质的政府间强制性扣缴流域生态补偿模式等类别,系统阐释了各种模式的特点与适用条件[66]。肖爱和李峻认为流域生态补偿的本质属性更应该体现为一种社会性环境保护措施，定位于发展权补偿和平衡，包括对发展机会损失（如发展具有高回报的合法排污产业的机会）、流域生态服务的价值补偿和惠益分享等，也包括对由流域生态服务的生产而产生的现实利益损失等进行补偿。将本质属性定位于社会性环保措施和发展权补偿的流域生态补偿，意在通过补偿增强和平衡地方环境保护、财富增长及流域发展惠益分享的能力，对全流域发展机会、发展能力和利益分享能力予以平衡，最终实现流域社会总利益的最大化[67]。孙开和孙琳建立了基于灰色系统建模的纵向转移支付体系，运用灰色系统对预算年度内流域各地区水资源使用量进行了合理预测，以求得各级政府的流域生态补偿数额[68]。耿翔燕和葛颜祥以小清河流域为例，将两者进行有效衔接，采用层次分析法（analytic hierarchy process，AHP）和熵值法进行科学水量分配的基础上，根据应分水量分摊上游的保护成本，结合各区域的实际用水和节水贡献进行调整，按照逐级补偿方式，测算流域各区域的水量综合补偿额[69]。

（三）对森林生态补偿的研究

王德斌分析了林业生产周期长、资金周转慢、外部性分散、企业边际收益低而边际成本高的特点，认为生态补偿机制是建立合理的良性林业资金投入体系的重要组成部分，能为林业事业的健康发展提供可靠的资金保证[70]。徐邦凡对森林生态补偿基金的补偿对象进行分类，按补偿内容分类，补偿对象可分为生态林造林成本、管护费用和禁伐损失；按补偿时间分类，补偿对象可分为一次性集中补偿（如生态林新造林投入）和长期性固定补偿（如管护费用和禁伐损失）；按补偿对象分类，补偿对象可分为国有企事业单位、集体经济组织和林农个人。在森林生态效益补偿实现形式上可分为：①为全社会或跨越行政区域提供效益的公益林，由中央和地方政府建设或补偿；②受益主体确指及管理责任落实的公益林，由直接受益者建设或补偿；③在政府投入不足、生态林建设一时难以实施的情况下，为缓解生态矛盾、遏制水土流失，根据统一规划实行群众性短期封山育林、退耕还林，政府酌情给予补贴[71]。鄢斌指出森林资源生态补偿机制的建立、完善和实施需要大量的技术支撑。生态环境效益监测、计量、补偿三者互为关联[72]。汪建敏等认为应实施国有林场体制改革，使林场定位发生相应变化。公司林业属生态公益型为主的国有林场，肩负生态公益林保护的重任，要对林场内部结构和运营机制做出相应调整，按公益事业单位管理生态公益林。郭广荣等在分析美国、哥斯达黎加、芬兰等国的森林生态补偿方案后，提出对我国的借鉴，即解决生态林权属问题，以森林生态的重要性和质量来确定补偿标准，尽量减少生态补偿的中间环节，把生态效益同经济效益有机地结合起来，把政府职能转移到提供政策支持和技术服务上来[74]。赵慧认为征收生态补偿税有如下作用。第一，税收具有法律效力，具有长期稳定性。第二，在市场经济条件下，森林生态补偿税可以通过调整税率及减免税等政策来调整森林的使用方向。第三，政府通过征收森林生态补偿税将其收入进行再分配[75]。刘灵芝等认为中国森林生态补偿方式发展方向主要是完善政府财政支付体系，建立高效的资金管理制度；建立森林生态效益核算体系，实行科学的补偿标准；明晰产权机制，完善森林生态补偿市场化机制；引入竞争激励机制，活跃生态服务市场[76]。刘灵芝和范俊楠提出构建森林生态补偿市场化激励机制，认为单纯的政府投入、单一化的融资渠道不仅降低了投入资金的使用效率，还制约了生态补偿机制的持续性和多元化发展。随着市场化进程的深入，引入市场激励机制，大力发展森林碳汇市场不失为一个双赢的选择[77]。张媛以生态资本理论应用的新视角看待森林生态补偿，结合林业资本循环和周转的特点，认为森林作为一种生态资本形式，维持其总量稳定、实现其增量增加是森林经营的最终目的，森林生态补偿发挥着从森林系统外部调节不同利益主体关系，为森林生态资本运营提供外部推力的作用[78]。谢义坚和黄义雄认为公益林补偿标准作为公益林补偿机制的核心内容，直接影响着公益林建设的稳定性和可持续性。防护林作为公益林重要的林种之一，在生态服务功能中发挥着重要作用[79]。

（四）对生态补偿原则的研究

廖红提出，建立生态补偿的原则是：①公平、公正原则；②坚持谁污染谁赔偿、谁受益谁补偿的原则，并建议把生态环境保护地区的替代产业、替代能源和生态移民纳入重点支持范围[80]。张鸿铭认为建立生态补偿机制的基本原则一是开发者补偿，受益者或损害者付费原则；二是共同发展原则；三是循序渐进、先易后难的原则；四是多方并举、合力推进原则[81]。侯宝锁和傅建详认为生态补偿原则包括公平、谁污染谁赔偿、谁受益谁补偿、谁保护谁受益、循序渐进、有效性等原则[82]。陈兆开等认为生态补偿的原则为效率与公平协调原则、整体利益与行政区域利益协调原则、经济利益与生态环境利益相协调原则、"谁受益、谁补偿，社会受益、政府补偿"的原则[83]。戴广翠等认为生态补偿的原则主要有公平正义原则、科学合理原则、综合有效原则、循序渐进原则等[84]。郭辉军等认为，除了大多数专家认可的污染者付费原则，即 PPP（polluter pays principle）；受益者付费原则，即 BPP（beneficiary pays principle）；政府代表原则，即 GRP（government representative principle）；保护者受益原则，即 PGP（protector gets principle）原则之外，还应包括使用者付费原则，即 UPP（user pays principle）和受伤害者得赔偿原则，即 IGCP（injured get compensation principle）[85]。朱铁才和葛仙梅认为生态补偿必须首先坚持开发与保护同时进行的原则，并应包括生态效益原则、公平补偿原则、政府与市场相补充原则、多部门协调原则、稳固性和连贯性原则、共同发展原则和需要与现实原则[86]。

（五）对生态补偿途径的研究

赵文华和李虹霞提出征收生态补偿税，森林生态补偿税对木材生产的征税对象主要是木材产品。如果对木材生产征收森林生态补偿税还难以控制对生态的破坏，则征税范围可以扩大到木材的加工产品，最终以达到控制生态平衡为标准。以水作为课税对象，根据受益原则征收森林生态补偿税，根据森林涵养水源的作用其征税范围包括城市居民用水、工业用水、农业灌溉用水、发电用水等。二氧化碳排放的征税对象主要包含锅炉、汽车、燃油等的使用者[87]。洪尚群等认为补偿形式可以有多种灵活性方式。第一种是将未来收益折现成现期补偿。第二种是通过追加的现金补偿和政策补偿，提高承包者的能力和积极性。第三种是通过启动资金、启动项目，吸引广大社会团体、公司进行联合补偿。政府与社会团体、公司企业优势互补，共同进行生态建设，如通过政府无偿出政策和土地，企业出钱，科研单位出技术和成果等灵活补偿形式[88]。杜万平认为对生态补偿费的使用可采用市场化方法运作和管理，最优化使用生态补偿基金。基金由国家拨款、资源产业税费和地区部分拨款构成，要委托专门的基金管理机构操作，使用时由资金需求地区或个人提出申请，基金管理机构审核后公告，各利益相关方可进行质疑，之后完善生态建设方案。对于生态建设项目可在社会公开招标，提高资金利用效益[89]。关琰珠提出建立生态省专项基金，开征生态补偿税，建立协调发展的财政转移支付机制，探索生态补偿的社会化和市场化模式[90]。赖敏和刘黎明从退耕、产业结构调整与生态重建三个重要环节入手，将生态补偿的内容分为退耕损失补偿、产业结构调整补偿和生态重建价值补偿。同时，兼顾公平和效率，补偿内容还引入切实可行的奖励手段，由此激发参与主体的积极性，促进生态退耕政策的持续、稳定发展。这一补偿方法在实践中具有较强的可操作性[91]。史淑娟等认为生态补偿的工具主要包括财政政策，如纵向财政转移，生态建设和保护投入，税费和专项资金，税费优惠和发展援助，以及市场手段，如经济合作、一对一的市场交易、可配额的市场交易、生态标志等[92]。王贵华等认为生态补偿途径主要有财政转移支付（纵向财政支付、横向财政转移）、生态补偿基金、市场交易（产权交易、协商交易、开放式贸易）[93]。刘以和吴盼盼总结出生态补偿模式主要有公共支付模式、建立补偿基金、实施补贴及税收优惠政策、市场支付模式[94]。王德凡认为我国的生态补偿机制由政府补偿与市场补偿两种方式构成，政府补偿占据主导地位，市场补偿是补充手段，两者共同发挥作用，不仅为环境资源外部性问题的内部化解决提供了保障，而且为区域协调发展开拓了新路径[95]。

（六）对补偿标准的研究

谢利玉基于对公益林的特殊性及森林生态效能特点的认识，提出公益林生态效益补偿标准。公益林要持续经营，必须使投入到公益林中所损失的直接利益得到全部回收，并取得社会平均营林利润，这样才能确保生态公益林得以扩大再生产。公益林补偿标准应包括投入和利润两部分，其构成要素有：①营林直接投入；②间接投入；③灾害损失；④利息；⑤非商品林经营利益损失[96]。张志强等调查了黑河流域居民对恢复张掖地区生态系统服务的支付意愿，得出恢复张掖地区生态系统服务的经济效益每年至少为 2246.2 万元[97]。孔凡斌在确定宏观的森林生态效益补偿对象和标准时，认为应当考虑的综合因素包括以下几个方面：①森林自身生态功能的大小；②森林生态功能与人类生存关系的紧密程度；③人类破坏行为的可及度；④当地居民与森林之间的经济密切度；⑤森林生态效益的社会认同程度；⑥国家与地方的财政状况；⑦森林保护等级。补偿标准的核算采用收益资本法、边际机会成本定价法等计量[98]。秦鹏和唐绍均认为合理的退耕还林还草的补偿金应该和还林还草后森林产生的边际效益相等，这样才能使总效益最大，这就是补偿金数额确定的标准[99]。徐大伟等以水质水量指标测算生态补偿标准[100]。郑垂勇等采用模糊综合评价法测算水资源价值，分析各产业用水比重的变化，测算被挤占的农业用水量，应用补偿额度测算模型对广州市农业水权补偿额度进行了测算[101]。赵文举等运用信息经济学、微观经济学及产权经济学的观点分析了农业水资源短缺问题，提出了帕累托最优的激励方案，通过建立水权交易市场、建立灌区和农户相应的激励机制，解决农业水资源短缺问题[102]。谭秋成认为生态服务价值评估的确重要，但将其直接作为生态补偿标准会使人误入歧途。即使生态服务价值的计算是真实而准确的，它也只是相当于收益，而生态补偿的成本相当于投入，补偿的标准应基于成本而不是收益[103]。林凌按照社会公平原则计算生态实偿标准[104]。付意成等利用能值分析计算生态补偿标准[105]。白丽等认为现有的生态补偿只是一种静态补偿，其不是根据实际情况及时调整补偿的标准。生态补偿标准要避免采用"一刀切"的方式，要根据不同地区条件的变化有所改变。经济落后与经济发达地区的补偿应该有所差别，不能简单划一，否则就会造成地区不公，不利于标准的落实[106]。汪运波和肖建红运用生态足迹成分法（自下而上方法），构建了生物资源消耗生态足迹模型、水资源消耗生态足迹模型、电能源消耗生态足迹模型、化石能源消耗生态足迹模型、生物质能源（薪柴）消耗生态足迹模型五类生态足迹模型，以此为基础，确立了渔家乐旅游生态补偿标准模型[107]。赵海霞和徐颂军认为在利用生态足迹进行区域内生态补偿标准研究时，不应采用全部核算区域在生产和生活中所产生的生态足迹，而应以本区域的污染足迹为核算依据。生态补偿标准确定方法从污染足迹出发确定生态补偿标准，首先要确定本区域的人均污染足迹和污染足迹效率。污染足迹 = 污染量/平均吸纳能力；人均污染足迹 = 污染足迹/人口数；污染足迹效率 = 产值/污染足迹[108]。吴娜等基于流域生态补偿标准范围界定，在考虑耕地向多种林地转化情况下，采用生态系统服务与权衡综合评估模型和加权法核算流域新增生态服务量[109]。

（七）对生态补偿策略的研究

崔凤军认为生态补偿策略中要先对生态负荷进行分析，生态负荷的含义是指某一自然生态系统接受污染物量之后同其初始状态相比所引起的系统变化强度[110]。崔金星和余红成认为应该制定生态补偿法，内容包括：①确定补偿制度主体；②建立环境影响评价制度；③建立国家自然资源资产产权管理机构；④建立企事业单位环境审计制度；⑤建立健全生态环境资源监测、调查、检查、评估和统计的制度与方法；⑥按国家、区域和地区、企业、项目等层次实施；⑦进行各层次生态补偿机制的标准、指标体系的建设，建立科学合理的标准、指标体系；⑧建立相应的奖励机制[111]。杨润高认为将土地划分为经济性用地与环境性用地，建立以土地空间为载体的环境区居民环境产权体系[112]。赵绘宇认为要有严格的产权划定与生态检测的督察督导机制，生态补偿要建立经济效益、生态效益与社会效益综合计量机制；根据保障公民知情权原则，让受补偿者参与到标准的制定中来[113]。俞海波认为要构建生态补偿法律体系，完善财政转移支付制度，建立生态补偿费制度，建立生态税制度[114]。汪芳琳提出适合皖江区域池州市生态补偿的五大基本策略，即投入式生态补偿、救助式生态补偿、问责式生态补偿、消费式生态补偿和奖励式生态补偿[115]。张跃胜认为生态功能区生态补偿监管需要适当加大县级政府消极保护或不保护生态环境的惩罚力度；积极推进和完善相关法律法规和监管机制；加强生态补偿技术研发，降低县级政府生态保护成本；加强宣传教育，提高民众的环保知识素养和自觉监督生态环境的意识[116]。张倩认为政府监管对企业的生态补偿行为具有重要影响，企业本身的生态补偿行为又反过来影响政府监管策略的选择。积极引入市场机制，加强生态系统价值损益评价，促使环境绩效向经济绩效转换。降低政府监管成本，提高监管收益，健全政府监督机制和引导机制[117]。于法稳提出各级政府在"十三五"时期，立足绿色发展理念，以绿色转变为主，强化监督监管机制，强化对生态补偿的重视程度[118]。

（八）对生态补偿机制的研究

梁俊国等建议建立地方政府生态约束机制，以确保地方政府对其发展经济过程中消耗的生态环境资源予以补偿。主要依靠经济手段对地方政府的生态经济行为进行调节。参照企业排污收费制度，将排污收费对象扩大到地方政府，按地方政府在发展经济过程中对生态环境的破坏程度，由生态保护部门征收一定的生态环境补偿费，以此为基础建立社会生态环境保护投资基金专门用于区域生态环境治理，该制度发挥作用的一个重要前提是生态保护部门与地方政府的分权[119]。吴晓青等认为生态补偿机制在初创时，必须与现有制度及机制相结合，取得现有制度及机制的支持和保障。在良好的资金环境和政策环境中，规划设计特殊区域生态补偿机制[120]。曹明德认为生态补偿机制是自然资源有偿使用制度的重要内容之一。自然资源有偿使用制度是指自然资源使用人或生态受益人在合法利用自然资源过程中，对自然资源所有权人或生态保护付出代价者支付相应费用的法律制度[121]。何国梅提出：①建立开发者补偿与受益者补偿双向调节机制；②建立生态破坏者赔偿与生态保护者获偿的对称机制；③建立对生态破坏中的受损者与迫于生计的生态破坏者进行双向补偿的机制[122]。钱水苗和王怀章指出针对有义务补偿的人不补偿的问题，要通过事先交保证金，建立生态补偿保证金制度、生态补偿责任保险制度、流域生态补偿基金等方法来解决[123]。沈满洪和陆菁认为生态保护补偿机制属于卡尔多·希克斯改进的性质，这决定了实施这一制度既离不开不同区域、不同行业、不同部门、不同经济主体之间的讨价还价和自愿协商，又离不开政府的强制力和行政协调。区域生态补偿政策法律制定生态补偿的规则，为区际生态补偿活动提供补偿依据、补偿原则、补偿纪律、程序和实施细则，使区际生态补偿活动在法律和政策指导下，有条不紊地进行[124]。杨从明认为生态补偿制度在我国推行还面临许多困难和制约因素。一是生态环境补偿制度的建立需要生产者、开发者、经营者改变生态资源是公共物品，无须付费的观念。二是我国目前环境管理体制存在缺陷，横向管理体制不健全，尤其是缺少跨省市、跨流域、跨部门的协调体制，没有解决跨省市之间、上下游和行业间生态环境补偿问题。三是环境影响的量化技术和货币化技术不成熟，生态补偿缺乏强有力的技术支持[125]。黄立洪等依据外部效应理论、公共产品理论和生态资本理论对生态补偿机制进行了理论分析[126]。毛锋和曾香认为生态补偿机理涉及生态补偿临界值与生态系统崩溃值、生态补偿的额度与力度、生态补偿的区际权责、生态补偿的法律法规[127]。孔凡斌提出完善我国生态补偿机制的具体政策建议：完善基于生态功能区划的生态补偿类型区规划政策；完善基于生态产权交易的生态补偿市场机制；健全对补偿对象的经济激励与生态保护约束机制；优化生态补偿政策实施的政府管理体制；强化生态补偿资金的有效管理与监督机制；完善生态补偿法律机制[128]。刘平养认为我国的生态补偿机制应当以降低受保护区域的经济活动强度为导向。合理的路径应当是：在一个较大的范围内，通过合理的功能区划，实现人口、产业布局的重新调整和优化；对各种有利于降低受保护区域的经济活动强度的行为，如人口和制造业的外迁、退耕还林及低强度的有机农业的发展等，进行生态补偿[129]。欧阳志云等提出建立和完善生态环境补偿机制的措施主要有加强生态保护立法、建立生态功能保护区、建立多种形式的生态补偿途径、颁布生态补偿管理办法等[130]。李萌认为应进一步建立健全相关法律法规，完善现行的环境财税政策，简政放权及创新公共服务，建立和完善市场化机制，创新生态补偿的内容和形式[131]。王建平在分析现行生态补偿机制概况和存在问题的基础上，提出建立"政府与市场、专项与综合、纵向与横向、经济与非经济、省级统筹与州县实施"相结合的综合生态补偿机制基本框架[132]。

（九）对区际生态补偿的研究

杜万平提出分区补偿原则，将需要补偿的地区按生态环境的现状进行规划分区，如按建设的重点可以将之分为生态保护区和生态恢复区；按生态破坏的程度可以将之划分为生态重灾区（生态环境已遭到严重破坏、出现生态恶化和逆转）、生态脆弱区（生态环境受到一定程度破坏）、生态维护区（生态环境遭到轻微破坏）等。因上述不同地区生态建设的投入和产出差别较大，对其可采取不同的补偿标准和办法[133]。吴晓青等认为区域间环境关系是行政区域之间基于生态环境资源有限性、环境利益局部性、环境系统整体性和环境利益公平分配原则而缔结的一种相互依存和相互制约的关系[134]。杜振华和焦玉良认为实现生态补偿要建立横向转移支付制度。在完善财政纵向转移支付体现公平分配功能的同时，还应理顺基于经济与生态分工的特定区域内政府间的财政关系[135]。王欧和宋洪远指出省际的横向转移支付可选择的方式有：①直接的转移支付，包括直接提供现金、粮食和其他物质援助；②间接的转移支付，包括支持本地企业到上游地区进行投资或合作、接纳和安置中上游地区的"生态移民"、继续进行多种形式的对口支援等[136]。秦鹏认为区际生态补偿基金建立以后，按市场化方式运作，可以参与证券市场流通或重大生态产业投资，实现区际生态补偿基金的保值、增值。除了财政拨付之外，基金还可以接受国际组织、国内外企业、民间组织及个人的捐赠。相关地区政府可发起设立区际生态补偿基金的理事会，具体负责区际生态补偿基金的征收、分配和管理运作[137]。邓睿研究了西双版纳热带雨林保护中的生态补偿机制[138]。孔志峰总结了横向转移支付的基本特点——交易双方固定、转移支付的金额不是通过科学计算而是通过双方谈判确定的，机制相对稳定[137]。周映华则提出了横向财政支付转移的经验，即当实施财政转移支付的政府为上、下游共同的上一级政府时，财政转移支付能顺利实施，但当转移支付不在上级政府主导下进行，而是在两个同级政府横向间进行时，受利益关系影响，横向转移支付很难兑现[140]。曹国华和蒋丹璐将经济博弈论的方法引入模型，研究补偿主体与对象之间的决策和行为过程[141]。耿涌等以水足迹，即一个地区的人口所生产及消费的所有资源所需要的水资源的数量为标准，计算区域间的生态补偿额度[142]。麻智辉认为跨省流域生态补偿的实施机制包括协调机制、产权机制、效益评价机制、宣传教育机制等[143]。肖加元和席鹏辉基于中国区域间水资源时空分布不平衡性和经济发展水平的差异，提出并没有适合国内所有地区的水资源生态补偿制度安排。各地区、流域可以根据具体实际在不违反国家有关环境法律法规的前提下大胆尝试，实现制度创新[144]。黄炜认为由于经济利益冲突和地方保护主义的存在，生态损害的赔偿较难在地区间通过横向补偿实现，前面说的滞后性更加大了这一难度，因此需要通过行政手段（如财政纵向转移支付）实现。构建以市场交易横向补偿为主、财政纵向转移支付为辅的新型动态复合生态补偿模式。横向补偿主要发生在同级实体间，如省际补偿。动态体现在基于市场机制的补偿价格的变动上，体现在横向补偿的及时性、有效性上[145]。徐大伟和常亮通过分析博弈模型，认为在跨区域流域生态补偿过程中，仅仅依靠上游地方政府和下游地方政府是无法实现最优结果的，必须依托上级政府的介入和干预。从降低上级政府监管成本与促进流域生态补偿公平、自由、自主和高效的角度考虑，上级政府应积极倡导、引入和建立流域生态补偿的准市场交易制度，使流域上下游地方政府在市场框架下自觉理性地实现流域生态补偿，最终实现全流域的生态效益最优[146]。赵卉卉等认为在纵向补偿层面，必须加大对上游地区的财政转移支付力度,建议中央政府设立上游地区生态补偿基金,用于补偿上游地区为保护水质和生态所做出的牺牲,其补偿资金可按上游地区水源涵养价值比例大小进行分配。在横向补偿层面,各省根据基于生态保护效益与水质水量耦合的生态补偿标准核算模型,对跨界断面进行测算,各省之间实施生态补偿与污染赔偿的双向补偿机制[147]。方向阳等认为横向生态补偿机制建设工作仍处于起步阶段,缺乏有效的合作平台,联防共治、共建共享的长效机制尚未真正建立[148]。

(十)国内区际生态补偿研究的评述

(1)国内生态补偿的研究从水库、城市草地开始,而后才开始研究森林、流域等各个生态系统服务功能的生态补偿。

(2)国内学者对生态补偿的认识已经从经济学角度上升到法学角度,规范生态补偿行为,为生态补偿的立法做准备。

(3)国内学者对生态补偿标准的研究进行了很多尝试,有的学者按直接成本计算,有的学者按机会成本计算,有的学者按直接成本＋机会成本＋发展成本计算,有的学者按农民对生态补偿的意愿进行调查,有的学者按生态系统服务功能价值计算,还有的学者用各种计量模型计算。大体上形成共识,即生态补偿标准要超过直接成本,要小于生态系统服务功能价值。

(4)国内对区际生态补偿的研究从 2000 年就开始了,但成果比较分散,2010 年以后对跨区域生态补偿、横向生态补偿的研究才开始增加。

国内的区际生态补偿研究需要在以下方面有所突破:①区际生态补偿的补偿标准研究;②区际生态补偿的补偿方式研究;③区际生态补偿的补偿机制研究;④区际生态补偿的管理制度研究;⑤区际生态补偿的补偿效果评价。

第三节 主要内容和方法

一、主要内容

我国的地理形态很多会跨两个至多个省,因此区域间协调进行生态保护与治理不可避免,生态环境的保护和治理需要不同部门的配合。这样,生态补偿需要平衡不同区域间发展与环境的关系,解决不同区域的生态与经济利益等问题。本书围绕区际生态补偿机制这个中心,同时分析了各类型的区际生态补偿模式、区际生态补偿标准及相应的区际生态补偿制度框架,具体内容如下。

第一部分主要介绍生态补偿与区际生态补偿的国内外研究现状与不足,

以及区际生态补偿机制问题的提出。说明本书的主要内容和方法。

第二部分对区际生态补偿的内涵进行分析,研究区际生态补偿的主体与客体、区际生态补偿的原则。使用外部性理论、公共产品理论、生态资本理论、产权经济理论、博弈论理论、多中心的公共经济理论、区域分工与合作理论等研究区际生态补偿问题。

第三部分分析区际生态补偿模式,按照生态补偿条块,区际生态补偿模式可以分为纵向补偿和横向补偿。按照生态类型,区际生态补偿模式可以分为耕地生态补偿、森林生态补偿、流域生态补偿、湿地生态补偿、草原生态补偿、自然保护区生态补偿、水资源开发生态补偿、矿产资源开发生态补偿、海洋生态补偿等。按照生态功能区划,区际生态补偿模式可分为水源涵养型、水土保持型、防风固沙型、生物多样性维护型等。按照生态补偿长效发展情况,区际生态补偿模式可分为输血模式、造血模式、输血造血结合模式。按照生态补偿空间尺度,区际生态补偿模式可分为区域内不同地区的生态补偿、区际生态补偿、国际生态补偿。从区际生态补偿的运作模式上分类,可以大致分为政府补偿、市场补偿和社会补偿三种形式。其中政府补偿包括财政转移支付、生态补偿税、生态补偿专项资金、财政补贴、生态移民、生态补偿保证金、项目支持与对口援助、优惠贷款等。市场补偿分为排污权交易、水权交易、碳汇交易、生态标签等。社会补偿包括生态保险、非政府组织参与等。按照生态补偿支持模式划分可以分为资金补偿、实物补偿、智力补偿。

第四部分为区际生态补偿标准的确定。首先通过生态系统服务功能价值理论、市场理论、半市场理论等对生态补偿标准的确定进行理论分析。概述的是一般方法,即生态产品和服务的提供者的投入和机会成本;生态产品和服务享受者的获利;生态破坏的恢复;生态系统功能服务价值的基本核算。其次分析不同生态类型补偿标准的确定,主要包括耕地生态补偿标准的确定、森林生态补偿标准的确定、流域生态补偿标准的确定、湿地生态补偿标准的确定、自然保护区生态补偿标准的确定、水资源开发区生态补偿标准的确定、矿产资源开发区生态补偿标准的确定、海洋生态补偿标准的确定等。最后研究区际生态补偿标准的确定,一是区际是否进行生态补偿的标准确定,如跨界断面生态产品检测等;二是区际生态补偿标准的确定,包括生态系统生产总值(gross ecosystem production,GEP)核算、同级别政府协商或者上级政府指定。

第五部分为区际生态补偿机制研究。首先分析区际生态补偿不同利益主体的关系,主要有非稳定的平等主体关系、非稳定的可信承诺关系、监督与责任追究关系、受限的有效性关系等。其次对区际不同利益主体进行博弈分析,如上级政府干预下的区际生态补偿博弈分析、政府与企业的区际生态补偿博弈分析、政府与农户的区际生态补偿博弈分析等，并进行区际不同利益主体生态补偿矛盾分析，对"谁补偿谁"存在争议，对"谁来主导"存在争议，对"谁来管理"存在争议，对"如何分工"存在争议，对"补偿标准"存在争议，对"监测结果"存在争议。最后分析区际生态补偿机制的类型。先对区际生态补偿的一般机制进行分析，主要包括区际生态补偿的产权机制、区际生态补偿主体协调机制（上级政府主导协调机制、区际协商机制、社会参与机制）、区际生态补偿实施机制（区际生态补偿主体、客体界定机制，区际生态补偿方式确定机制，区际生态补偿标准核算机制，区际生态补偿监测监管机制，区际生态补偿资金管理机制，区际生态补偿效益评价机制，区际生态补偿仲裁机制）。再对不同生态系统生态补偿机制类型进行分析，主要包括区际流域生态补偿机制、区际森林生态补偿机制、区际草原生态补偿机制、区际重点生态功能区生态补偿机制等。

第六部分是构建区际生态补偿制度框架。主要包括区际生态治理理念的更新、区际生态补偿法律制度的构建、区际生态补偿财政制度的构建、区际生态补偿管理体制的构建、区际生态补偿评价体制的构建等。

二、主要观点

（1）区际生态补偿的目的不是帮扶，而是为了获得清洁的生态产品，生态产品需求者对生态产品供给者提供的相应补偿。虽然区际生态补偿的主体多是经济发达地区，补偿的客体多为经济不发达地区，但区际生态补偿不是无偿性的。伴随着经济利益与生态利益的交换，发达地区与不发达地区的博弈，这种博弈存在于中央与各地区之间，区际之间，区域内的政府、企业与个人之间。

（2）区际生态补偿只是部分补偿。由于历史上存在的经济发展程度差异，各地区生态足迹不同，在补偿时，生态受偿区的全部补偿内容不可能完全由发达地区补偿主体全面提供，发达地区补偿主体能够提供的生态补偿仅仅是生态受偿区建设成本的一部分。也不可能以生态足迹为标准，按照各地区的平均生态足迹差进行区际生态补偿。

（3）区际生态补偿标准是逐步变动的。以流域生态补偿为例，在上游地区还没有能力提供一定标准的水质前，是不可能以水质是否达标为条件进行生态补偿的。上游的水质改善需要一定的时间，在此期间仍然需要进行区际生态补偿。区际生态补偿标准可以分阶段提高。不同经济发展程度的生态受益区所能提供的区际生态补偿金也是不同的。

（4）区际生态补偿是一个动态发展机制。区际生态补偿不可能建立全国统一的运行机制，只能随生态系统的不同而建立不同的机制。耕地、森林、流域、湿地、资源开发、自然保护区、海洋等有不同的生态特点，具有不同的区际生态补偿机制。随着区际生态补偿机制的逐渐成熟，区际生态补偿的主导逐步由上一级政府协调相关部门统管，变为同级政府间协调；从政府补偿逐步转变为多元化的市场补偿；区际生态补偿的资金管理，也要从单向支付转变为使用生态产品信用证的第三方支付机制或生态产品交易所支付。区际生态补偿的监测机制也要从上级政府与同级政府监测，转向第三方监测。

三、研究方法

本书综合运用了调查研究法、模型分析法、归纳演绎法等研究方法。

（1）调查研究法：通过对国内较为成功的区际生态补偿区的走访，深刻了解不同地区生态补偿的差异，对区际生态补偿问题有了初步的认识，结合政府文件、统计年鉴、网络报道、环保单位走访等多种渠道，集中搜集了区际生态补偿模式、区际生态补偿标准、区际生态补偿机制的有关资料，整理归纳有关数据，用于模型的分析。

（2）模型分析法：为了描述区际不同利益主体的合作与非合作关系，从主动方，即区际生态产品需求方开始分析，逐步建立了中央政府与各地区之间，同级政府间，政府与企业、农户间的博弈模型。

（3）归纳演绎法：通过对区际生态补偿模式的归纳，找出区际生态补偿模式选择方法；通过对区际生态补偿标准的归纳，形成对区际生态补偿标准选择的方法；通过对区际生态补偿机制的归纳，创新第三方平台的区际生态补偿机制。

四、创新点

（1）设计了动态的区际生态补偿机制。从目前国内外现有的区际生态补偿实践中，发现区际生态补偿的规律，建立了区际生态补偿的一般补偿机制和不同生态类型的特殊补偿机制。同时设计了区际生态补偿空间上不同地区间分担、时间上补偿过程分步走的不同生态类型的生态补偿机制。以区际流域生态补偿为例，该类补偿机制包括流域管理局主导管理协调推进机制，区际生态补偿标准变动机制，流域内水质、水量、水生态监测机制，补偿资金筹集与使用机制等。

（2）通过中央政府与各地区之间，同级政府间，政府与企业、农户间的博弈模型分析，得出模型结论：首先，在制定区际生态补偿标准时，应考虑项目实施的各行为主体的利益均衡，使得区际生态补偿在实施时能最大化地发挥效用；其次，在区际生态补偿实施的过程中应加强组织领导，评估监督，有效地落实区际生态补偿的实施与执行；最后，根据生态补偿机制建设期长、涉及面广的特点，拓宽补偿资金来源，保证投入的生态补偿资金发挥最大作用。

第二章　区际生态补偿的相关理论与实践

第一节　区际生态补偿内涵分析

一、区际生态补偿的含义

（一）生态补偿的概念界定

在西方没有"生态补偿"的概念，Westman 在 1977 年最早提出"自然的服务"（nature's services）的概念，之后，国外学者、研究机构对生态环境的价值进行了许多研究。国外关于生态补偿的概念是"生态环境服务付费"或者"生态系统服务付费"，是指对生态系统服务的管理者或提供者提供补偿[149]。Cuperus 等在研究荷兰高速公路对环境的影响时，将生态补偿定义为对在发展中造成生态功能和质量损害的一种补助，这些补助的目的是提高受损地区的环境质量或者用于创建新的具有相似生态功能和质量的区域[150]。生态环境付费及生态系统服务的价值评估成为生态补偿的主要方向。

我国学者对生态补偿概念的认识分为四个阶段。

第一阶段是 1990 年以前，这个阶段对生态补偿的认识较为模糊。

我国关于生态补偿的提法最早在 1988 年，郑征提出了在大别山区的淠史杭灌区施行生态补偿的建议。淠史杭灌区兴建了五个大型水库及淠史杭沟通综合利用工程之后，农作物播种面积、产值都增加了两倍多，种植业和畜牧业的发展，使农业总产值增加。要保持好区域生态平衡，保持好地区水土，就要保护好山区森林，尤其是水源涵养林。对森林的调节气候、涵养水源、保持水土、净化空气等效益也应赋予生态价值并进行计价补偿。补偿基金的来源有两种途径。一是灌区范围内工业产值的 1%（即国家让出一定的产品税）。二是综合几项内容进行生态补偿：①灌区内耕地，每年每亩①增收 1 元的水源涵养费；②城镇工业、生活用水增收水资源开发费；③利用本区资源生产的产品收取 1%的资源开发补偿费和从排污费中提取一定的净化环境费；④从每年防洪效益中提取 50%；⑤从水库发电收益中提取 10%的水源保

---

① 1 亩≈666.7 平方米。

护费；⑥国家下拨水土保持费及财政专项拨款（包括老区补助、新开的资源开发税）[41]。1987 年，张诚谦根据可更新资源在开发利用的同时，必须对其进行物质、能量投入，以维持生态系统的动态平衡的特点，探讨生态补偿的理论基础和具体方法，分析了生态补偿与物质循环、能量流动的关系，指出生态经济补偿应考虑多种因素，选择合适的能量投入途径[42]。不过这种简单的提法，概念很模糊，没有对生态补偿在理论上进行界定。

第二阶段是 1991～2000 年，这个阶段学术界开始对生态补偿形成初步认识。

在 1991 年出版的《环境科学大辞典》中自然生态补偿指"生物有机体、种群、群落或生态系统受到干扰时，所表现出来的缓和干扰、调节自身状态，使生存得以维持的能力；或者可以看作生态负荷的还原能力"[151]。

1992 年，邹振扬和黄天其在考察德国后，讨论了利用生态补偿的植被还原原理，对于任何建设项目所破坏的植被，开发者都必须负责就近进行等量的绿色种植来给予补偿。土地开发损失的植被"绿量"等于开发工程用地上的剩余"绿量"、绿化种植"绿量"、在用地外附近补植的"绿量"三者之和[43]。1997 年，张龙生和费乙指出建立森林生态补偿制度是保护环境的必由之路[44]。叶文虎等认为城市生态补偿是指城市自然生态系统对由城市社会、经济活动造成的对城市生态环境的破坏所起的缓冲和补偿作用[45]。不同类型绿地（草地、乔木林地、灌木林地和绿篱）的城市生态补偿能力不一样。对于同一补偿目的，不同类型的绿地所需面积不一样；对于同种类型绿地，出于不同的补偿目的，所需要的面积也不一样。同时提出绿当量（green equivalent）的概念，即补偿某种单位污染物所需要的绿量。比如，将草地对各种污染物的补偿能力定义为单位绿当量，于是依据其他类型绿地与草地的补偿能力之比便可得到各种类型绿地的绿当量。

第三阶段是 2001～2006 年，这个阶段从经济学、生态学、法学视角对生态补偿进行不同角度的研究。

一是生态补偿费用说。生态补偿是因为对自然资源的开发造成了负的外部影响，要求开发自然资源的单位和个人对生态环境的损失进行补偿，补偿的目的是使外部成本内部化[46]。对环境破坏者而言，生态环境补偿费的缴纳是一种经济责任[47]；对整体社会而言，生态环境补偿费用的征收是控制生态环境被破坏的手段。

二是生态补偿保护说。对生态环境保护者保护资源环境的行为进行补偿，使生态环境保护者通过该保护行为增加收益[48]，激励生态环境保护者提高该行为的外部经济性，以达到保护资源的目的[49]。同时，对生态环境损害者损害资源环境的行为进行收费，使生态环境损害者的损害成本提高，减少环境损害者的外部不经济行为。

三是生态补偿协议说。生态补偿是一种制度性协议，由国家或地区制定政策协议约定向资源开发利用者损害资源环境的行为进行收费，向生态环境保护者保护资源环境的行为提供利益补偿，并将所征收的生态补偿费用补偿给生态环境保护者，将资源保护行为的惠益转达到资源开发利用者，以达到生态资源保护的目的[50]。

四是生态补偿效益说。由于生态保护区承担了主要的生态资源保护任务，被限制了经济发展，只能通过生态补偿获得地区效益。通过资源税、财政转移支付、投资等方式对生态保护区予以资金支持，提高该地区的经济效益，使该地区人民获得生态发展效益。协调生态保护区的生存权、发展权和环境权；协调生态效益、经济效益和社会效益[51]。

五是生态补偿国家说。由于环境资源的外部性，生态受益者无偿获得生态资源的好处，生态环境问题不太可能由私人之间协议解决，更多地需要通过国家政策协调，如要求生态受益者缴费，用于改善、维持及增强生态系统的服务功能[52]。尤其是要对自然资源开发利用者收费，因为他们直接导致了生态系统功能的减损。

第四阶段是 2007 年至今，这个阶段从制度安排上考虑对生态补偿进行全面定义。

一是生态补偿是协调制度。生态补偿要实现的是协调人与自然、人与人之间的关系。由环境破坏者或资源开发利用者出资，对生态系统的服务功能进行恢复，并保护环境，保证生态系统服务功能的持续性。协调生态受益者与生态补偿者之间的关系，对进行环境资源保护的人进行经济补偿，对因环境资源保护而放弃发展机会的地区进行经济补偿[53]，对自然保护区域进行投资建设。通过各种经济协调制度将保护环境资源的外部性利益内部化。

二是生态补偿是公平制度。生态资源丰富的地区不易进行经济建设，为了维护其生态系统服务功能要不断投入，而资源开发利用者和生态资源受益者享受了生态资源建设的惠益，就要进行补偿，以实现生态公平[54]。生态补偿是国家或地区通过各种经济手段协调生态受益者和补偿者之间的生态利益与经济利益，维护生态安全的措施[55]。对破坏环境的行为征收损害补偿、生态恢复和生态治理费用等[56]，对生态资源的受益者征收生态税或费，同时对保护生态环境的行为及因保护环境而丧失经济发展机会的行为予以生态补偿。

三是生态补偿是利益关系制度。生态补偿调整生态利益相关者，如生态牺牲者、生态保护者、生态破坏者、生态受益者等之间的生态和经济利益分配关系，实现生态公平、经济公平、社会公平。要求从国家、政府层面对为生态资源环境保护做出贡献的部门进行经济和非经济形式的补偿，并将其制度化、法治化[57]。只有协调好生态利益相关者之间的关系，才能将生态资源建设持久化，保护人们的生存权、发展权、生态权。

本书虽然以区际生态补偿为研究对象，但侧重生态补偿机制及生态补偿制度分析，因此，本书中的生态补偿含义主要为：①在补偿目的上，生态补偿是为了实现生态公平，维护生态安全，使生态系统能够持续供给生态环境服务产品；②在补偿行为上，生态补偿需要协调纵向或横向各利益相关者的经济利益和生态利益；③在补偿方式上，需要运用各种经济手段，建立补偿标准，对环境破坏者征收直接损害补偿费、生态恢复与治理费等，对生态产品使用者征收生态补偿税，对生态环境保护者补偿生态保护机会成本和建设成本。

（二）区际生态补偿的概念界定

1. 区际问题

区际问题主要是区际关系。区际关系一词最早出现在美国的《社会科学百科全书》中，书中叙述了美国经济萧条时期不同政策间的相互联系。后来一些学者，如 William Anderson、Nicholas Henry、Wright 等也对区际关系进行过界定。Wright 在《理解政府间关系》中，对区际关系做了较权威的定义，他认为区际关系是不同地区政府之间及它们的机构之间的联结、互动、相互依存以及政府官员之间的相互影响，不仅包括参与者的态度及行动，还涉及政策方面的问题[152]。此外，霍威特在《联邦主义管理：政府间关系研究》中、奈斯在《联邦主义：政府间关系的政治》中，也从不同角度对区际政府间关系进行了论述。

区际生态补偿在本书指跨省生态补偿，因为在我国省内的事务属于区域内事务，省内纵向财政支付上下级政府贯通，省内不同市或县的生态补偿问题可集中由省级政府解决。由于在实践中也出现了同一省内不同市、县进行跨区域流域生态补偿的现象，所以本书对省内跨市县生态补偿也有涉及。

生态环境问题主要涉及几类关系，一是人类与生态环境的关系问题；二是人类代际生态环境利用问题；三是不同区域之间的生态环境利用问题。生态环境的影响面很大，具有公共性，因此区域与区域之间会产生环境方向的关联，产生区际生态环境问题。由于区域与区域之间存在地理上的相邻性，即一个地方的生态环境问题，会影响到相邻区域的生态环境，这种环境问题需要不同的区域共同面对。

如最典型的上下游流域生态环境问题。如果上游区域追求经济效益乱砍滥伐，水土得不到涵养，植被被大量破坏，则中下游区域就会河床淤积，严重的会洪水泛滥。如果上游区域发展工业，排放大量污水，则中下游地区的生产、生活用水就难以保障。但如果上游地区放弃本身的经济发展，从财政中拿出一部分资金，用于治理环境，净化上游水源地，退耕还林、退耕还草，防风固沙，中下游地区就会无偿受惠。生态环境建设的上游地区在生态环境的治理中不一定会受益，受益的是中下游区域。从经济发展角度出发，上游区域在没有强大的经济效益驱动时，不会自己投资而使其他地区无偿受益。但是若上游区域不进行生态建设，中下游区域的生产和生活就难以为继。从经济可持续发展角度出发，上游区域与中下游区域要就生态环境问题进行协调，或通过中央政府解决。

2. 利益补偿问题

以前在不考虑生态环境产品和服务的情况下，天然的林木资源、天然的水资源等就是无偿使用的财富。这些生态功能地区一般交通不发达，经济也不发达。享受森林资源、水资源等的地区主要集中在人口密集的经济发达区域。生态资源的供给地区与生态资源的需求地区不一致，经济发达程度也不一样。生态资源的供给区域一般经济落后，没有能力改善生态环境以使其他区域受益，生态资源的需求地区若要获得生态资源产品和服务，就要对生态资源的供给区域进行一定的经济补偿，以保证对生态资源产品和服务长期性、持续性地使用，以及经济、社会的稳定发展。

可以说，区际政府合作是否顺利，直接影响着区际生态补偿的效果。完善的利益补偿关系构建，需要规范纵向政府间和横向政府间的支付制度，通过制度安排，达到政府间成本与收益的平衡；通过区际利益整合政策及相关利益协调办法，实现各区域生态补偿的利益分享。

3. 区际生态补偿

生态资源的供给地区生产生态资源产品和服务投入了大量的人力、物力和财力，但是这种投入产生的生态资源产品和服务，除了少量的资源产品外，生态系统服务功能价值，如涵养水源、防止水土流失、防风固沙等，被生态资源的需求地区无偿使用，区域之间的利益明显不公。对保护生态环境付出较多的一方，其提供的生态系统服务功能得不到补偿。投入越多，亏损越大。因为生态治理而进行的投入及因此造成的经济损失若全部由生态资源的供给地区承担，显失公平，且会造成越是贫穷的地区，付出得越多；越是富裕的地区，无偿享受越多。

生态付出与回报不对等的结果就是生态资源的供给地区不再提供或无力提供生态资源产品和服务。此时，生态资源的需求地区才会意识到，生态资源的供给地区对本区域的生态贡献，才不得不开始考虑，通过一定的付出，来获得生态资源供给地区提供的生态产品和服务。当生态资源的需求地区无偿享受的生态产品和服务越来越少，难以满足其基本生产生活需求时，生态资源的需求地区（即生态受益区）才有动力对生态资源的供给地区（即生态受偿区）进行区域与区域之间的生态补偿，即区际生态补偿。

二、区际生态补偿的实质

从狭义上说，区际生态补偿的实质就是"补"和"偿"。"补"指的是区际生态补偿中的受益区域对区际生态补偿中的生态系统功能提供区域的补贴，是对生态系统功能提供区域生态环境建设直接投入的补贴。"偿"指的是区际生态补偿中的受益区域对区际生态补偿中的生态系统功能提供区域的赔偿，是对生态系统功能遭受的破坏的赔偿，是对生态系统功能提供区域为生态环境建设放弃的收入的赔偿。

狭义的区际生态补偿指的是区际生态补偿中的受益区域对生态系统功能提供区域进行生态环境恢复建设、综合治理的成本的补偿，是资金的补偿。广义的区际生态补偿除了补偿生态系统功能提供区域进行生态环境恢复建设、综合治理的成本外，还要补偿生态系统功能提供区域因进行生态环境恢复建设、综合治理而放弃的经济收益的补偿，如果涉及生态移民，还包括对移民安置的补偿。另外涉及的还有生态补偿中的受益区域对生态系统功能提供区域生态产业转型成本的补偿。广义的区际生态补偿除了资金补偿，还包括实物补偿、技术补偿、政策优惠、教育指导补偿等[153]。

（一）区际生态补偿是一种横向补偿

生态环境建设具有正的外部效应，一个区域通过生态环境建设生产出来的产品和服务，可以被其他区域无偿使用，给其他区域带来好处。如果生产出来的是自然资源产品，存在市场定价问题，自然资源产品的交易会使生产该产品的区域内企业受益。但该自然资源产品还具有外部效应，如果该自然资源产品的定价过低，就会给自然资源的购买者带来价格优惠的好处。如果一个区域生产出来的是生态系统服务功能，这种功能没办法通过市场进行交易，只能由其他区域无偿使用，则理论上其他区域要对这种正的外部效应进行补偿。对于生态系统服务功能这类公共物品，一般要由政府进行生产，由政府进行补偿。若由上级政府进行补偿则为纵向补偿，若由同级政府进行补偿则为横向补偿。区际生态补偿是一种横向补偿。

（二）区际生态补偿是一种制度安排

区际生态补偿需要建立生态补偿制度。由于生态环境产品和服务的无偿使用性质，即使用中的非排他性和非竞争性，如果不通过政府的强制性，理性的经济人、企业、区域不会对其进行补偿。单方面补偿的结果是自己本身的利益没有多少增加，但付出的成本太高，且会被其他的人、企业、区域无偿占有、使用。生态产品和服务使用的无偿性，决定了生态环境的建设或生态环境的损失赔偿只能通过政府制定的法律法规强制执行。如果生态产品和服务产权明晰，区域之间对生态产品和服务的交易变得简单，则通过市场交易即可，但生态产品和服务的市场价格往往会通过一系列社会公认的算法及大量的协议确定，这种通过协议的交易实质上还是一种制度上的安排。

（三）区际生态补偿是使生态外部成本内部化的解决方案

区际生态补偿要求生态产品和服务的使用者付费，不能再无偿性地使用。由于生态产品和服务的受益区域不仅包括本区域，还包括相邻区域或其他区域，使用该生态产品和服务的相邻区域或其他区域就应该对生态产品和服务进行补偿。类似于本区域生产的产品销售到外地，本区域要获得其他区域的销售收入。生态产品和服务由相邻区域或其他区域使用，相邻区域或其他区域就要付费。将一个区域生产的生态产品和服务的好处，在使用该生态产品和服务的本区域、相邻区域或其他区域之间进行分摊，各自承担需要补偿的部分，从而使生态产品和服务的外部性得以在更广阔的区域之间内部化。

区际生态补偿的外部成本内部化见图2-1。

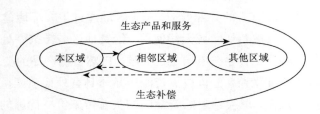

图 2-1　区际生态补偿的外部成本内部化

第二节　区际生态补偿的主体与客体

一、区际生态补偿的主体

区际生态补偿的主体分为区际生态补偿者和区际生态受偿者。

（一）区际生态补偿者

区际生态补偿者是区际生态补偿的受益者。

一是受益方政府。区际生态补偿中，受益方政府享受了生态服务的利益，经济发展、税收增加。根据"谁受益谁补偿"的原则，受益方政府应该补偿。在区际生态补偿中，受益方政府沿用以前不对生态环境进行补偿的观念，倾向于不补偿或少补偿。

二是上级政府。在区际生态补偿中，一个区域生产的生态产品和服务的好处由社会享受，很多时候上级政府通过法律法规的强制手段要求生态产品和服务的提供者或建设者提供生态服务，因此，要由上级政府支付相应的生态补偿费用。

三是区际生态补偿受益方的企业、社会组织和居民。区际生态补偿受益方的企业、社会组织和居民直接享受了生态产品和服务或生态建设的好处，所以要支付生态补偿金。区际生态产品和服务提供者为区际生态补偿受益方的企业、社会组织和居民提供了良好的发展条件，使其增加了收入，因此，区际生态补偿受益方的企业、社会组织和居民要通过缴纳国家或受益方政府地方税费或行政性费用的方式缴纳区际生态补偿金。

（二）区际生态受偿者

区际生态受偿者是指生态产品或服务的提供者。

区际生态受偿者主要是为生态环境做出贡献者。由于所处的地区为生态功能区，区际生态补偿的受偿者为了保护环境，牺牲了地方经济发展机会，相关的政府、集体、单位与个人应获得补偿。在区际生态补偿中，地区与地区之间的补偿活动一般是几个相关地区的政府进行财政转移支付，同时对利益受到损失的单位和个人进行补偿。比如，由于生态保护的需要，土地被划为保护地，受偿者即为国有土地的依法经营者和承包者与集体土地的依法承包者等。

二、区际生态补偿的客体

区际生态补偿的客体是区际生态补偿主体权利和义务的指向对象。当环境被破坏时，受到损害的不仅包括森林、耕地、流域、水资源、草原、海洋等有形的、物质性环境，还包括这些物质性环境提供的生态系统服务功能。区际生态补偿通过森林、耕地、流域、水资源、草原、海洋等建设项目，恢复邻近地区的生态系统服务功能。

第三节　区际生态补偿的原则

一、生态补偿的基本原则

生态补偿主要涉及人与自然、人与人之间的生态利益关系，具有一定的规律性，主要遵循以下原则。

（一）谁破坏谁付费原则

经济合作与发展组织（Organization for Economic Co-operation and Development，OECD），简称经合组织，在 1972 年提出了关于治理污染环境的谁破坏谁付费原则。该原则是指向损害他人生态利益的组织或个人征收费用。若对生态环境有破坏行为，即使得到主管部门的行政许可，也要按照一定的补偿标准对生态系统服务功能进行补偿。补偿内容主要分两个部分，一部分是直接补偿生态保护建设费用，另一部分补偿间接的生态机会成本。

（二）谁受益谁付费原则

生态环境保护不是一个地区的事情，因为它不仅为本地区提供各种生态服务和生态产品，还为本地区外的地区提供生态服务和生态产品，受益者范围更广，人员更多。受益者应该为生态环境建设者提供一定的资金、技术等补偿，从而保障生态环境建设者的生态保护措施能够有效实施。

（三）政府代表原则

生态资源环境的保护措施是否得当，不仅会影响当代人，还会影响后代人，生态环境的损失也会代际传递，后代也会受益或受到损失。个人或企业等私人单位除非利益驱使，否则不太可能主动承担自然资源代际传递的任务，只能由政府作为生态资源环境的代表，承担起生态保护建设责任和生态代际分配任务。

（四）谁保护谁受益原则

在生态功能区，当地居民长期的生产、生活受到严格限制，被禁止砍伐树木，或被限制生活以外的其他行业用水，生态功能区承担保护的责任，当地政府的税收、居民的生产生活为保护生态系统做出牺牲，他们应当受到补偿，从补偿中受益。

（五）谁使用谁交费原则

例如，在资源开发中，土地植被会受到一定程度的破坏，因此开发使用者要进行补偿。由政府设立生态补偿金制度，补偿金的征收要有依据。也可以引入第三方监测体系，保护监测公正、公平。

（六）谁受伤害谁得赔偿原则

生态系统一般具有外部正效应，但不排除保护过度，而使部分人群受到伤害。比如，在生态保护区，野生动物繁殖多，数量增长快，有时会跑出生态保护区，对附近居民造成人身伤害，从而产生外部负效应。此种情况，要对受到野生动物伤害、遭受人身或财产损失的家庭和个人进行补偿。

二、区际生态补偿的相关原则

除了生态补偿的基本原则之外，区际生态补偿还包括一些特有的相关原则。

（一）均衡协调原则

区际生态补偿不能由一个单独的区域完成，只能通过不同区域之间的合作来完成。虽然，如前面所述，生态产品和服务是公共物品，生态产品和服务的提供区域出于自身的利益最大化，不愿意提供，同时，生态产品和服务的受益区域出于自身的利益最大化，不愿意补偿。但是，如果双方或多方不进行合作，会引发更大的生态环境问题，从而使所有区域失去生态的基本自然条件。因此，区际生态补偿要求生态和经济相关各方必须进行均衡协调，才能使社会总体实现可持续发展。

（二）公平公正原则

区际生态补偿有众多的区际生态补偿主体，还有众多的区际生态受偿主体，因此这些主体是否积极参与，成为区际生态补偿的主要问题。对于生态补偿不同利益相关各方，只能本着公平公正原则，使提供生态产品和服务的一个区域或多个区域得到生态补偿，同时，享受生态产品和服务的一个区域或多个区域进行区际生态补偿。

区际生态补偿不是帮扶,从本质上来说,不是一个区域对另一个区域或多个区域的无偿补贴,也不是一个区域对另一个区域的无偿性帮助,而是因为获得生态产品和服务的区域享受了生态系统服务功能,就应该进行补偿,是公平交易。区际生态补偿要公平、公正,才能促进社会的全面发展和进步[154]。

（三）共享共建原则

生态环境建设的成果为很多区域所共享,因此,区际生态补偿的受益区域就要与生态产品和服务的提供区域共同建设。由生态产品和服务的提供区域进行生态保护和建设,区际生态补偿的受益区域承担部分生态保护和建设的费用。经济发达的区际生态补偿的受益区域也可以提供实物设备补偿或技术补偿,辅助生态产品和服务的提供区域。合理分担,共同建设,共同享受,实现区际生态补偿的受益区域与生态产品和服务的提供区域共赢。

（四）分区补偿原则

生态产品和服务的提供区域要按照建设重点进行规划分区。有的区域适宜进行生态保护,建立生态保护区,如森林自然保护区、湿地自然保护区等,有的区域适宜进行生态恢复,如已经受到工业污染的水源涵养区域、由自然资源开发导致的地表生态系统破坏区域等。对不同的区域要计算不同的投入成本,采取不同的区际生态补偿方法和不同的区际生态补偿标准。

（五）多层次原则

区际生态补偿多种多样,在空间上有区域内不同地区的生态补偿、区际生态补偿、国际生态补偿;在区域上下级关系上有纵向补偿和横向补偿;在生态类型上有耕地生态补偿、森林生态补偿、流域生态补偿、湿地生态补偿、草原生态补偿、自然保护区生态补偿、水资源开发生态补偿、矿产资源开发生态补偿、海洋生态补偿等;在生态功能区划上,有水源涵养型、水土保持型、防风固沙型、生物多样性维护型等。即使在同一种区际生态补偿类型中,如流域生态补偿,上游区域、中游区域和下游区域的生态补偿方式和标准也不一样。因此,针对不同的区际生态补偿要区别对待。

（六）循序渐进原则

区际生态补偿即跨区域的生态补偿,在本书中指的是跨省区域补偿,是近几年来出现的新现象。试点区域主要是国家重点建设的长江、黄河上游区域，以及经济比较发达，有能力提供给相邻区域生态补偿的区域。试点经验仍在摸索当中。国外的有些经验可以借鉴，但由于制度原因，国外的区际生态补偿多由企业或居民个人的意愿决定，而我国 2010 年已经对全国土地资源进行了功能区划，各区域的建设要按照功能区划进行。因此，在区际生态补偿方面没有现成的经验可供更多借鉴。只能通过不断拓宽试点范围，再在全社会铺开，并规范区际生态补偿中出现的各类问题。

（七）政府主导、市场调控原则

生态产品和服务的主要提供者是政府，这也是政府不可推卸的社会职能之一，目前的生态补偿多是纵向的生态补偿，即由上级政府补贴。由于区域财政政策由区域政府决定，因此区际生态补偿要通过不同区域政府的协商进行。区际生态补偿的主体首先是不同区域的政府，若区域间进行生态补偿的意愿不强，则要由上级政府进行推动。由于区际生态补偿涉及各方利益，而最好的利益配置机制就是市场，因此当区际生态产品和服务的产权清晰时，市场是最好的调控手段。并且，生态补偿项目需要大量资金、实物、技术的投入，而政府的财政负担能力有限，最终还是要营造全社会生态补偿的氛围，在市场机制的调节下，使生态补偿成为政府、企业、个人的自觉行为。

（八）易于操作原则

区际生态补偿涉及区际生态补偿主体和客体的确定、区际生态补偿方式的确定、区际生态补偿标准的确定等一系列的问题，在区际生态补偿项目论证的前期要考虑各方利益，但一旦进入执行阶段，就要尽可能地易于操作。学术界对于生态补偿的标准进行了较多的讨论，而且采用了复杂的生态经济模型，这些适宜于前期分配比例的公平性讨论，而在真正执行中，还是会按照社会大众可以接受的成本效益分析。在区际是否进行补偿和补偿标准方面，尽可能采用可实际实施的方法。

（九）先试点、后推广原则

区际生态补偿的制度是一种新生制度，通过试点，发现区际生态补偿的运行机制，然后根据客观形成的经验进行总结，通过试点经验，形成示范效应。区际生态补偿是生态补偿中的一大类问题，涉及不同区域之间的国土、环保、财政、水利、农业、林业、渔业、发展改革等众多部门的合作，比区域内部的生态补偿更加复杂，只能通过先试点，后推广进行。

第四节　区际生态补偿的理论基础

一、外部性理论

外部性也称外部效应或溢出效应。一个地区的工业污染排放影响其他地区，形成外部性，随着工业化进程的深入，环境的外部性问题越来越显著，成为各国学者讨论研究的对象。

外部性分为正外部性和负外部性。以上下游地区为例，若上游地区进行生态治理，使水源清洁，就给下游地区带来了好处，形成了正外部性；若上游地区工业污染物排放增加，会使下游地区的水质变差，形成了负外部性。

萨缪尔森等对外部性的经典定义为："外部性是指那些生产或消费对其他团体强征了不可补偿的成本或给予了无须补偿的收益的情形。"[155] Buchanan 和 Stubblebine 指出，一个个体的效用不仅由自己能够控制的行为满足，还由外部其他个体的行为满足[156]。经济主体获得的社会福利不仅受自己经济活动的影响，还受其他人经济活动的影响。兰德尔认为，外部性产生于行为人没有考虑到的范围，是行为人被强加的，这部分被强加的内容也许是被给予的，也许是被迫损失的，于是造成由于之前未被考虑的低效率现象。

（一）正外部性分析

正外部性分析，如植树造林能给社会带来外部收益（图 2-2）。图 2-2 中，S_0 为造林的私人供给，S_1 为社会供给，图中 S_0 和 S_1 之间的垂直距离即造林对社会的外部正效应，图中 A 点为市场最优均衡点，Q_0 为市场均衡量，B 点为社会最优均衡点，Q_1 为社会适合量。从图 2-2 中可见，由于外部正效应的存在，植树造林的社会适合量会大于市场均衡量。若要鼓励私人造林，就得补足 S_0 与 S_1 之间的差距，运用生态补偿机制，如环境补贴，使环境资源达到最优配置，使私人的植树造林行为得到补偿。

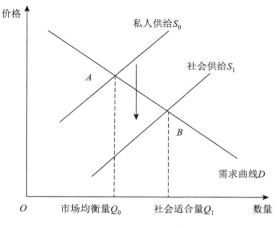

图 2-2　植树造林的外部收益

（二）负外部性分析

排污企业将污水排入流域中会影响居民的生态用水，造成健康危害，因此它具有负外部性，排污企业生产的产量越大，排出的污水越多，给附近及下游居民带来的危害越大。其生产的每一单位产品的社会成本远大于企业生产的私人成本，因此，在图 2-3 中，社会供给 S_1 在私人供给 S_0 之上，两条曲线之间的距离即排放污水的外部负效应。私人供给 S_0 与需求曲线 D 的交点 B 为市场最优均衡点，其市场均衡量为 Q_0；社会供给 S_1 与需求曲线 D 的交点即社会最优均衡点，Q_1 为社会适合量。对于负外部性问题，国家可以采取征排污税或生态补偿费的办法予以限制，通过这种办法，外部性内在化，从而实现私人均衡数量与社会最优均衡数量相一致。

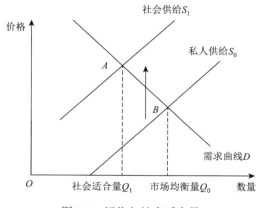

图 2-3　污染与社会适合量

二、公共产品理论

公共产品是和私人产品相对应的概念。私人产品在使用上具有排他性和竞争性，而公共产品在使用上具有非排他性和非竞争性，一个人使用不能排除其他人使用，也不用在市场上通过和其他人竞争获得。介于公共产品和私人产品之间的产品称为准公共产品。

由于生态产品和服务的社会利益大于企业生产的成本，企业生产出以后，个人可以无偿使用，企业没有办法收费，因此，生态产品和服务只能由政府提供。生态补偿税是人们享用生态环境产品的代价。政府对使用生态产品和服务的人群收费或收税，用税收支付生态产品和服务的成本，此时税收成为生态产品和服务的价格，税收不再是单纯的政府收入活动，税收的支配也不再是单纯的政府支出活动，此时政府作为生态环境公共产品的生产者，将税收作为公共产品的价格，进行生产环境资源的配置和调节。

（一）公共产品由市场提供的效率分析

图 2-4 中，公共产品供给曲线为 S，D_T 为公共产品社会需求曲线，D_H 为公共产品私人需求曲线，D_T 与 D_H 之间的垂直距离 BC 为公共产品外部收益。当公共产品的社会需求与社会供给相等时，即 A 点均衡产出量为 Q_0，此时，社会福利最大。若按照市场法则，公共产品的市场需求等于市场供给，均衡的产出量为 Q_1，即由 D_H 与 S 的交点 C 点决定。从图 2-4 中可以看出，$Q_1 < Q_0$，公共产品由市场均衡决定的产出量小于社会均衡产出量，需要政府出面生产公共产品，否则会出现效率损失，损失大小为 BAC 围成的三角形面积。

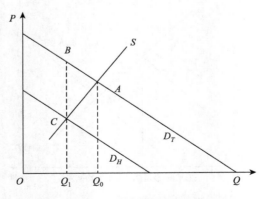

图 2-4　公共产品由市场提供的效率分析

（二）公共产品由政府提供的效率分析

在图 2-5 中，如果生态公共产品的社会需求全部由政府供给，利用税收进行生态产品的生产，供给的增加带来的消费者购买量的增加为 Q_2，此时生产的边际收益为零，$Q_2 > Q_0$，经济效率损失为三角形 AFE 的面积。

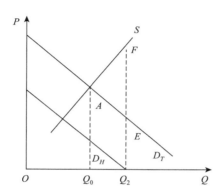

图 2-5 公共产品由政府提供的效率分析

（三）两种情况下的效率对比分析

在图 2-6 中，假定生态产品的供给弹性不变，如果外部性很大，则社会需求曲线 D_M 离市场需求曲线 D_H 较远，如果外部性较小，则社会需求曲线 D_N 离市场需求曲线 D_H 较近。通过公共产品的市场提供的效率分析和政府提供的效率分析得出，生产产品的供给一定会产生效率损失，无论提供主体是谁。提供主体在市场提供或政府提供之间进行选择，谁造成的损失最小，就由谁提供。

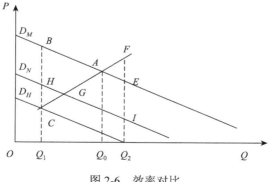

图 2-6 效率对比

如果外部性很大，则社会需求曲线为 D_M，生态产品政府提供的效率损失为三角形 AFE 的面积，生态产品市场提供的效率损失为三角形 ABC 的面积。生态产品市场提供的效率损失大于生态产品政府提供的效率损失，则应由政府提供生态产品。政府可通过收税或收费的方式，提供生态公共产品，在增加供给的同时，又通过提高价格有效控制过度消费。

如果外部性较小，则社会需求曲线为 D_N，生态产品政府提供的效率损失为三角形 GFI 的面积，生态产品市场提供的效率损失为三角形 GHC 的面积。生态产品政府提供的效率损失大于生态产品市场提供的效率损失，则应由市场提供生态产品。虽是由市场提供生态产品，政府仍可通过向企业发放生态补贴的方式，使企业增加生态产品的供给，达到社会最佳产出水平。

（四）公共产品的有效定价原则

公共产品的总需求曲线与私人产品的总需求曲线不同。私人产品的总需求曲线由全体消费者各自的需求曲线水平相加得到，而公共产品的总需求曲线是由全体消费者各自的需求曲线垂直相加得到的。

原因是每个消费者享受的公共产品数量相同，但每个消费者愿意支付或能够支付的价格不一样。

在私人产品的场合，每个消费者都面临同样的价格，这一价格水平等于边际成本。在图 2-7 中，$\Sigma D = D_A + D_B$，即私人产品的总需求曲线 ΣD 由消费者 A 的需求曲线 D_A 加上消费者 B 的需求曲线 D_B。假定市场价格为 P_0，则 $P_A = P_B = P_0 = \mathrm{MC}$，$\mathrm{MC}$ 为边际成本，即 $P_A = P_B = P = \mathrm{MC}$。

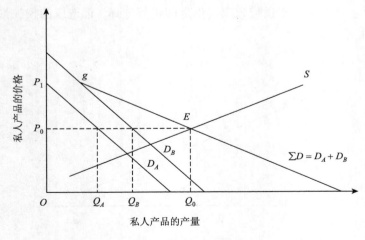

图 2-7　私人产品的定价

在公共产品的场合，每个消费者面临相同的产量和不同的价格，公共产品的总价格等于每个消费者支付价格的总和，也等于生产公共产品的边际成本。如图 2-8 所示，消费者 A 与消费者 B 获得的公共产品产量相同，均为 Q_0，消费者 A 愿意支付的价格为 P_A，消费者 B 愿意支付的价格为 P_B，公共产品的边际成本为 MC。在公共产品的总需求曲线 ΣD 和供给曲线 S 的交点 E 上，$P_0 = P_A + P_B = $ MC。

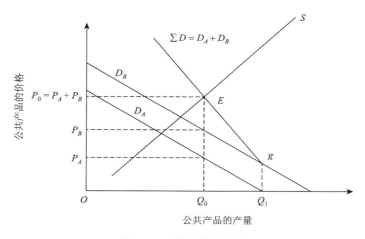

图 2-8　公共产品的定价

公共产品与私人产品的相同之处是都符合"价格等于边际成本原则"。公共产品与私人产品的不同之处在于公共产品的总价格是所有单个消费者支付价格之和，而私人产品的价格对于任何消费者来说都是一样的。

三、生态资本理论

生态资本将生态环境当作可带来收益的资本要素，要参与社会收益的要素分配。这种资本要素包括自然资源、自然资源产出、生态系统服务功能价值，既要求一定的总量又要求一定的质量。生态资本不一定是自然资本，人工建设的生态环境项目也可以成为生态资本，只要能够为人们使用，具有使用价值，就可以成为生态资本。

（一）生态资本的特征

生态资本将生态环境当作了一种经济活动的要素，因此，它的特征也主要分为两类，一类是资本要素的共同属性，另一类是生态资本要素的本质属性。

1. 整体增值性

生态系统服务功能价值是一个整体，不能分割。除了可开采、开发的自然资源外，生态系统服务功能受生态系统的整体性制约，是不能分割的。这种资本只能整体购买，整体消费，整体进行效益评价。

2. 长期受益性

生态资本的使用不会只有一个月、几个月、几年的时间，一般会是几十年，甚至一代代使用下去。因此，对于生态资本要素的使用要合理、适宜，不能过度使用，以免导致区域之间或代际的不平衡。

3. 双重竞争性

生态资本作为一种资本要素，遵循市场经济中的竞争规律，谁出价高谁获得。同时，生态资本具有生态系统服务功能，也要符合生态竞争规律，强调共融、共生、共赢。

4. 开放性与融合性

生态资本的受益区域不限于本地区，具有开放性，同时生态资本的使用涉及多元化的主体、多方监管，因此需要区域之间的协调与融合。

5. 极值性

生态资本不能够被人类无限度地使用，生态系统具有一定的承载力，生态资本超过生态系统的承载力时，就不能正常运营，甚至有可能给人类生产生活带来灾难性损失。

6. 不动性与逃逸性

生态资本不可移动，在空间上是固定的，有的区域具有生态资本，有的区域不具有生态资本。作为一种资本，会要求正常回报率，若回报率低，则会变换形态，进行风险逃逸，以其他的方式投入获得使用效益。

7. 替代性与转化性

生态资本作为一种资本要素，当其可以被人工生产出来时，就可能有很多的替代方式，可以和资本、土地、劳动力、技术等其他要素进行替代。同时也可以与其他要素相互转化。

8. 空间分布的不均匀性和严格的区域性

生态资本大多有空间区划，在各区域之间是不平衡分配的。而且在被使用的过程中，由于生态系统服务功能不同，生态资本在不同的区域具有不同的生态系统服务功能价值。

（二）生态资本产生的原因

人类早期对生态环境，一直是无偿使用的，所以各个经济活动单位在使用生态产品和服务的过程中，并没有付费，没有把它当作需要支付费用的资本要素去看待。直到人类的生态环境出现了重大问题，生态环境的破坏已经严重影响到人类生存及经济发展的时候，人类才重新审视生态环境的作用，将它作为一种稀缺资源，标价使用，即把生态资源作为一种类似资本的要素，在生产的过程中付费使用。将生态资源当作生产成本的一部分，单独列支，或将生态资源笼统归入土地代表的自然资源中，但将其显现化。

（三）生态资本的功能

人类最早对生态环境的认识，只是人类在环境中生存，这种环境是人类的生态活动外部环境。自然资源的开采和开发可以换得巨大的经济利益，各个国家按照资源禀赋的不同进行资源产品的交换，相互受益，共同发展。

随着生态环境破坏程度的加大，人类逐渐认识到，生态环境需要保护，它是人类的一种福利。比如，在具有严重空气污染的城市中和在具有清洁空气的城市中，生活质量是不同的。人类对自然的改造和破坏，使人类的生存受到了威胁，人类又重新向往着原始的清洁的生态环境，希望使生活的舒适度和享受度提高。

生态资本不再是单纯的物质载体，还具有保护人类生态环境的功能、使人愉快享受的服务功能、科研的功能、美学的功能等。

四、产权经济理论

产权经济理论是一种制度分析，属于制度经济学，产权经济理论重点考察产权结构的变化对人类活动的影响，研究如何降低社会成本，将市场失灵问题加以解决。产权经济理论的主要代表人物是科斯，在 20 世纪 50 年代末至 60 年代，科斯对社会现象背后的经济运行规则进行分析，并用产权结构来作为这些制度的基础。诺斯和托马斯认为，如果产权使社会生产行为更有价值，那么就会出现经济增长。这种产权的创立、提出和制定成本高昂……只有私人的潜在收益超过交易成本时，才会有人试图建立这种产权。政府承担保护和建立产权的责任，因为他们可以用比私人自发团体更低的成本做到这一点。但是，政府的财政动机也许会引导其建立对增长有害的产权而不是有益的产权；因此，我们不能保证有效率的制度安排总会出现[157]。按照《新帕尔格雷夫经济学大辞典》的定义，产权是一种通过社会强制实现的对某种经济物品的多种用途进行选择的权利[158]。科斯等认为，本质上，经济学是研究稀缺资源的产权……一个社会中的稀缺资源分配是指将权利在资源的使用中进行分配……而且经济学问题，也就是价格如何被决定的问题，其实就是产权应该如何界定和交换及应采取什么样的形式的问题[159]。Demsetz认为产权是一种社会工具。它之所以有意义，就在于它使人们在与别人的交换过程中形成了合理的预期。产权的一个主要功能是为实现外部效应更大程度的内部化提供动力[160]。

生态产品与服务具有外部性，产品的社会效益大于私人效益，而产权理论就是通过合理界定产权配置，从制度上实现社会效益与私人效益的公平，从而增加社会福利，减少社会损失。

五、博弈论理论

博弈论是一种对策分析。通过现代数学、运筹学，将不同利益主体之间的竞争或斗争用数学公式的方式形象地表示出来。博弈时要考虑对手的策略，并对不同利益主体行为进行预测，同时研究利益主体之间行动的优化策略。博弈论的数学分析法已成为经济学的基本分析工具之一。博弈论的要素包括：①局中人，每一个有权力做决策的主体；②策略，每一个有决策权的利益主体的行为方案；③得失，每个决策利益主体在不同策略选择后的得失；④结果，每个决策利益博弈后的结果；⑤均衡，不同的决策利益主体在进行某种策略后，达到了各方的利益均衡。例如，纳什均衡是一种稳定的博弈结果。

博弈一般分为合作博弈和非合作博弈。如果局中人之间有一个约定的协议，就是合作博弈；如果局中人之间没有一个约定的协议，就是非合作博弈。

博弈按照行为时间也可以分为静态博弈和动态博弈。静态博弈是在局中人相互不知道对方的想法，每一方都不知道对方的行动的情况下，博弈最后达到的状态。动态博弈是局中人的选择分时间先后，一方先做出选择，对方根据先选择一方的选择再决定自己的策略。

博弈按照局中人是否清楚各种对局情况下每个局中人的得益可分为完全信息博弈和不完全信息博弈。完全信息博弈是局中人完全了解对方的特征、策略选择方法和各种不同选择的收益。不完全信息博弈是局中人对对方的特征、策略选择方法和各种不同选择的收益只部分了解，没有准确的信息。

六、区域分工与合作理论

区域分工是把一定生产部门固定在国家一定地区的地域分工，也叫区际分工、（劳动）地域分工、地理分工。任何社会生产活动分工总是落实到一定地理空间上，而区域分工则往往以各区域的部门结构差异表现出来。

区域的专业化生产，会提高生产效益，使收益递增，同时获得区域经济竞争力。区域分工会使区域之间的联系增加，需要交易和相互协调，同时需要国家的宏观调控，从整体上调控各个区域的经济。

区域分工主要包括区域垂直分工和区域水平分工。区域垂直分工是将生产过程分成不同阶段，每个区域负责不同的阶段，进行专业化生产。区域水平分工是不同区域生产具有差异的产品或发展不同类别的经济。

区域分工产生于比较资源优势，可能是劳动地域分工，也有可能是地理分工。各个区域生产自己的优势产品，去交换其他区域生产的产品。交换来的产品一般是本区域不具备该种资源要素的产品，或自己不具备优势的产品。区域分工一方面需要区域内的专业化生产，另一方面需要区域间的密切联系，既具有国内分工的各种层次，也具有国际分工的各种层次。

区域分工具有外部性。由于区域间环境、经济、社会之间存在联系，在区域分工体系中，区域间形成相互的正面影响或负面影响，区域间的生产要素自由流动会使具有相对优势的区域产生乘数效应，带动整体功能效益提高。同时区域分工的负面影响也不可忽视，如果各个区域过分追逐自身利益最大化，有可能导致整体经济无效率。

七、多中心的公共经济理论

多中心的公共经济理论是由 Ostrom 提出的[161]，是指公共经济并不是只由政府垄断，企业和个人也可以参与公共经济，公共经济是由政府、企业和个人参与形成的混合性经济。

公益物品不适合用市场法则解决，一般组织公益物品的生产需要政府进行，但若政府的强制性手段运用不当，也会使区域的企业和居民受到损失。公益物品的价格标准不好量化，而且使监管更加困难。因此，公共经济领域，需要许多集体需求者与许多集体生产者共同行动，所有这些单位的经济活动，构成了复杂的混合经济形态。

（一）融资问题

市场经济中私人的成本和收益可以通过财务管理来核算，但公共经济中公共物品的成本与收益并不相关，没有办法通过财务管理来实现。通过政府的征税，难以确定征税的最优水平，也许征税过多，也许征税不能够满足公共物品生产的需要。如果公共物品的受益者并没有支出，就有可能使生产公共物品的资金不足。一般公共物品的受益者有很多个，如何在这些受益者之间分摊，是需要解决的问题。在解决办法中应尽量使税收与收益相当。

（二）用途管理问题

公共物品的成本与收益不相关，在不知道公共物品的需求方是谁的前提下，仍可以提供公共物品。当公共物品有着多种用途，并且这些用途相互冲突时，公共物品的提供就需要特定的规定、协议的约束。这些规定和协议要能够解决公共物品供给方的条件和公共物品需求方的用途。要考虑共同利益，才能处理好冲突，使社会的生活质量提高。公共物品的高质量提供需要公共经济组织对公共物品生产与消费的密切配合。

（三）协同生产问题

公共物品生产与消费进行协作才能使高质量的公共物品得以产出。首先，公共物品的生产与消费要素的优化配置不可能通过市场机制自动实现，需要各利益方主体共同努力，以达到各方利益均衡，因此各方需要协同作用。其次，公共物品涉及多个集体生产，多个集体消费，形成的关系既不是市场供给与需求的关系，也不是政府的行政命令，而是一种半市场的关系。公共物品的生产者与消费者之间的讨价还价可以促进公共物品生产绩效与信息水平的提高。最后，若在公共物品的集体生产与集体消费过程中产生了难以解决的冲突，则需要通过司法途径解决，维持半市场关系的正常运转。

第五节　区际生态补偿实践

一、区际生态补偿国际经验

（一）国际生态补偿——易北河治理

易北河是中欧主要航运水道之一，它上游在捷克境内，然后奔向西北，进入德国。自 20 世纪 20 年代起，易北河两岸陆续兴建和扩建了许多工业区，在易北河及支流上修建核电站、火力发电厂、冶金厂和化工厂等，导致易北河河水严重污染。以汉堡为例，在汉堡港河底，沉积了大量的重金属。严重的污染使本来应呈蓝色的河水变得浑浊而带臭味。1981 年，易北河两岸居民和环保工作者发出"立即行动起来，救救易北河！"的强烈呼声。

为长期减少流域两岸排放的污染物，提高农业灌溉用水质量，保持两河流域的生物多样性，德国和捷克决定共同治理易北河。两国人共同计划、制定治理的短中长目标，收集、监测水文数据，预警、解决沿海污染事故，宣传、公告双边工作情况、研究成果和政策法规[162]。

易北河的区际生态补偿是国家与国家之间进行生态补偿的典型案例，两国一起进行了 30 年的长期治理。收取居民和企业的排污费，污水厂收取一定比例然后上缴国家环保部门。流域两岸禁止建造厂房、从事集约农业，建立了 200 个自然保护区和 7 个国家公园。2000 年，在治理过程中，德国对捷克进行了经济补偿，提供了 900 万马克①，建设两国交界处的污水处理厂[163]。通过国际生态补偿，两国实现了经济与生态环境的改善与均衡[164]。

（二）国家基金生态补偿——哥斯达黎加国家森林基金支持

哥斯达黎加的生态补偿制度中最有名的是森林生态补偿制度。1996 年哥斯达黎加在修订的《森林法》中，对森林生态补偿制度进行了规定，自此森林生态补偿措施开始实施[165]。森林生态补偿主要涉及森林生态补偿供给方、生态补偿支付方。森林生态补偿的供给方主要是私有林地的所有者，森林生态补偿的支付方为饮料企业、电力公司等[166]。在实施森林生态补偿的过程中，生态补偿支付方支付的金额不能满足生态补偿供给方的要求，达不到补偿的资金规模。于是建立了国家森林基金用来解决支付金额不足的问题。国家森林基金主要通过征收化石燃料税获得，还包括一些国内和国际组织或个人的捐赠。根据 1996 年的《森林法》，哥斯达黎加建立了专门部门负责管理和实施生态补偿制度[167]。国家森林基金具有法律依据和具体实施办法，在哥斯达黎加的生态补偿制度中，发挥了重要作用。

国家森林基金国内的主要来源是化石燃料税、森林资源税、信托基金，国外的主要来源是世界银行等国际金融组织的贷款、债券、票据、捐赠等[168]。国家森林基金管理部门与私人林地所有者和企业签订协议，协议规定，定期支付给林地所有者环境服务费用，并向生态补偿需求方的私人企业收取费用。签订的协议基于保护森林生态的造林、森林保护、森林管理等目的，分为森林保护合同（占国家森林基金的 80%）、造林合同（占国家森林基金的13%）、森林管理合同（占国家森林基金的 6%）、自筹资金植树合同（占国家森林基金投资的 1%）[169]。

---

① 2002 年欧元取代马克，以现金形式正式流通。

哥斯达黎加的国家森林基金制度有立法依据、执行机构、市场协议，以及公众支持和社会对森林生态价值的认同，因此在生态补偿领域取得了相当大的成就。

（三）城市生态补偿——纽约市供水降低成本

纽约市水源99%来自北面的克鲁顿水系、凯兹基尔水系、特拉华水系3个地表水水源，以及1个地下水——皇后区的一个水井系统。在这主要的3个地表水系中，克鲁顿水系的流域面积最小，流域内城市化率最高，从而水质最差。20世纪80年代末期和90年代，克鲁顿水系水质恶化，达不到饮用水标准。其他两个水系——凯兹基尔水系和特拉华水系的污染问题并没有太严重[170]。

根据美国《饮用水安全法》和《地表水处理条例》，公共供水系统的水质必须符合一系列相关指标要求，若不达标，必须对从水系取用的水进行过滤处理。为保障供水系统水质，纽约市花费8亿多美元，为克鲁顿水系建造水净化厂。若继续为凯兹基尔水系和特拉华水系建造水净化厂，将花费60亿美元，外加每年3亿美元的维护费。因为投资于凯兹基尔水系和特拉华水系的水质保护使水质达标可以减少纽约市的财政开支，所以纽约市决定不建造水净化厂。美国环保署要求纽约市必须制定和实施有效的流域管理计划，保障水质达标，若不达标，则必须在凯兹基尔水系和特拉华水系建设水净化厂。

1997年，纽约市、凯兹基尔水系和特拉华水系社区、美国环保署和纽约州签署了《协议备忘录》。在备忘录中，确定了两个系统流域规划中的关键参数。由纽约市对凯兹基尔和特拉华水系内所有市、镇、村和农场进行直接补偿。补偿计划主要涉及两项主要内容。一是纽约市有在凯兹基尔和特拉华水系外建设项目的权利。早在1931年5月，美国联邦最高法院就授予了纽约市为维持其供水而在其行政管辖范围之外建设项目的权利，准许纽约市可从特拉华河上游取水，以增加供水总量。此外，在《关于纽约市供水和水源水质污染及恶化防治的规定》中，也能找到相关法律依据。二是为了满足凯兹基尔和特拉华水系内市、镇、村和农场的要求，采取了各方参与、多方持股的方法，并适当提高当地持股比例，如《协议备忘录》中规定，饮用水水源保护和经济发展活力彼此间并不矛盾，建立一种新的伙伴关系，开发和实施水源保护项目，维持并提高纽约市饮用水水质及流域内各社区的经济活力和社会特色是合作各方的共同目标。

通过该项目，凯兹基尔水系和特拉华水系的水质指标达到并超出了标准要求。该项目的成功取决于各方利益主体（小型企业、家庭、农户等）的协调和广泛参与，减少上游地区的肥料、污染物和病原体等农业径流污染物的数量。开展全面农场管理，既能保护农业资源，又能保护水质[171]。

从这个案例中可以看出，纽约市实施区际生态补偿比投资修建水净化厂节省大笔开支，且区际生态补偿保障了凯兹基尔水系和特拉华水系水源的持续性保护。

（四）自然保护区生态补偿——英国北约克摩尔斯国家公园保护

英国北约克摩尔斯国家公园具有典型的英格兰农村风光，为了保留英国北部传统的农业耕作方式，提高自然景观价值，1990 年英国开始实施北约克摩尔斯农业计划[172]。按照自愿参与原则，农场主和国家公园签订协议，由国家公园主管机关对农场主进行补偿。因为该区域 83%的土地为私有，相当于英国政府向土地私有者支付生态补偿。协议约定，农场主必须采用传统农耕方式生产、在农场工作的时间至少达到 50%、至少获得 50%的农场收入等。由于补偿条款具体得当，得到了大多数农场主的支持与参与，90%符合条件的农场主签订了协议，涉及 7441 公顷土地，补偿经费自 1990 年到 2001 年，从 5 万英镑增加到 50 万英镑。该计划成功保留了独特的传统农耕景观[173]。

（五）流域生态补偿——澳大利亚灌溉者为上游造林付费

在澳大利亚马奎瑞河的次水域地区（位于墨累河和达令河流域），由于上游森林砍伐，地下水水平面上涨，上涨的地下水中矿物质盐留在了地表，土地盐化侵蚀问题严重。要解决下游农业灌溉水问题，需要上游森林地区减少砍伐，并更新造林。上游森林的养护和管理由新南威尔士州政府林业部门负责，下游灌溉水的需求方为马奎瑞河食品和纤维协会（由马奎瑞河周边集水区的灌溉农民组成的协会）。为了获得符合条件的灌溉水源，上游造林者和下游灌溉者于 1999 年签订了引水控盐协议，由下游灌溉者对上游造林者进行生态补偿，新南威尔士州政府林业部门负责上游更新造林。该协议的主要目的是修复盐化土地，由政府和农业协会签订。协议约定，马奎瑞河食品和纤维协会在十年之内，对每公顷更新造林土地支付 42 美元，新南威尔士州政府林业部门使用该资金在区域内公有和私有土地上进行更新造林，向土地私有者支付林地使用费。该协议解决了土地盐化问题，其特点是政府和农业协会签订，造林管理由政府而不是林地私有者负责。

（六）产品生态补偿——欧盟生态标签

1992 年欧盟生态标签体系出台，目的是鼓励生态产品的生产及消费。如果生产者的产品获得了欧盟成员国制定机构颁发的生态标签，说明该产品符合欧盟规定的环保标准，产品数据已经通过规定测试，达到了规定的环保性能，即产品生产过程的能源节约、自然资源节约、三废排放等。

生态标签在欧盟的推动下获得了消费者的广泛认可，代表着欧盟对该种商品及生产厂家的肯定，产品的整个生命周期，包括设计、生产、销售各个环节都不会危害生态环境。

这样的产品的价格比一般产品的价格高，高 20%～30%，但是消费者为了生活健康更愿意购买有生态标签的产品。有生态标签的产品更容易获得消费者的信赖，企业也具有良好的企业形象。

（七）企业生态补偿——法国毕雷威泰尔矿泉水公司为保持水质付费

20 世纪 90 年代，法国毕雷威泰尔矿泉水公司为了获得清洁水资源同时降低生产成本，决定向上游农民付费，放弃建立水净化过滤工厂和迁移厂址的选择。这是企业对农户的生态补偿，在这个生态补偿项目中，没有政府部门管理和监控，完全由企业与农户谈判，是生态补偿市场化的典型。

毕雷威泰尔矿泉水公司希望水源地农户减少杀虫剂和硝酸盐、硝酸钾的使用，希望农户可以放弃使用农药、改变奶牛牧养方式、改进牲畜粪便的处理方法、放弃种植谷物，作为补偿，在最初长达 7 年的合作中，公司每年给予农户每公顷土地 230 美元的补偿费用，该计划在这 7 年间耗资 2450 万美元。该合作协议规定农户可自愿延长 18 年至 30 年，在合作期间公司向农户提供技术支持，并由公司承担购买新设备的费用（设备所有权为公司），公司与农户合作，使用新技术，降低了农户自己投资技术设备的风险损失。高额的生态补偿支付使该流域 40 平方公尺①的奶牛场全部参与，每个农场最初 7 年的花费约为 155 000 美元。

在这个项目中，虽然毕雷威泰尔矿泉水公司研究费用的 20%获得了法国农业部的支持，建设管理现代谷仓费用的 30%由法国水管理机构支付，但这些资金都是政府资助资金，政府并不是生态补偿协议的参与方。

---

① 1 平方公尺＝1 平方米。

二、国外区际生态补偿发展趋势

（一）交易行为从市场自愿性转向区域强制性

美国芝加哥气候交易所（Chicago Climate Exchange，CCX）是温室气体减排交易的市场平台，开展二氧化碳、甲烷、氧化亚氮、六氟化硫、全氟碳化物、氢氟碳化物等温室气体的减排交易[174]。

CCX 包含两类机构：一类是 CCX 的会员，即排放温室气体的实体，来自航空、汽车、电力、环境、交通等数十个不同行业的排放温室气体的实体单位，它们承诺达到一定的减排目标；另一类是 CCX 的参与者，即替代物和流动性的提供者，包括普通会员、注册参与会员、协作会员、抵消配额供应商、减排项目批发商、投资交易商及专项交易参与商等七类。交易所会员自愿减少温室气体排放，但在法律上要做出温室气体减排承诺，每位会员通过减排或补偿购买达到各自的减排量[175]。其交易系统由公开透明的交易平台、汇总和处理所有交易活动的清算和结算平台，以及用于记录和确定会员减排量及交易的碳金融工具的注册系统三个部分构成[176]。

CCX 由交易注册系统、交易平台、结算平台三部分组成。交易所的每位会员自愿减少温室气体排放，为督促会员实现减排目标，在法律上对会员承诺的减排量进行约束。CCX 以 1998～2001 年的温室气体排放量为基线，计划第一阶段（2003～2006 年），每年会员的温室气体排放量要减少 1%，达到四年减少 4%的目标。若不能达到减少排放的目标，会员会被处以罚金；计划第二阶段（2007～2010 年），所有会员的温室气体排放量要低于该基线的 6%。CCX 实行配额交易的模式，如果有会员提前完成减排目标，可将余下的减排指标转卖给其他交易所会员，价格通过竞标的形式确定。

芝加哥气候期货交易所是 CCX 下属全资子公司，是世界上第一个关于环境的期货交易所。碳排放权的期货交易与金融期货和期权的交易类似，交易双方均在期货交易所交易，发布购买和出售碳排放权的指令，芝加哥气候期货交易所将交易的双方报告给结算公司进行结算，结算公司与交易的每一方进行结算，承担着每一方交易的风险。交易方要缴纳保证金，期货佣金商收取交易方的保证金，并向结算公司缴纳保证金以维持席位。

由于碳排放权交易业务没有盈利，同时美国缺乏碳交易立法，2010 年底美国 CCX 结束了其开展了 8 年的碳限额交易[175]。虽然交易结束，但 CCX 使碳排放量 8 年内完成了 10%的绝对减排目标，成效显著。2010 年 7 月，CCX 的母公司被收购，收购公司为美国洲际交易所（Inter Continental

Exchange，ICE），美国洲际交易所同时还收购了欧洲气候交易所和芝加哥气候期货交易所。

在美国联邦政府层面缺乏碳交易立法的同时，州和地方政府开始进行强制减排，这样就使以前在 CCX 参加碳交易的会员，必须在州内被动强制性减排，结果就是这些会员退出 CCX。

2007 年后，邻近州逐渐形成了三大区域减排市场。在西部有"西部气候倡议"，包括加利福尼亚州、新墨西哥州，以及加拿大魁北克省等，形成地区性强制碳市场。在中西部还有中西部温室气体减排联盟，包括美国中西部七个州，分别是伊利诺伊州、艾奥瓦州、堪萨斯州、密歇根州、南达科他州、明尼苏达州和威斯康星州；还包括加拿大两个省——曼尼托巴和安大略[177]。在东部有"区域温室气体减排行动"，包括纽约州、新泽西州、特拉华州、缅因州、康涅狄格州、马萨诸塞州等十个州郡[178]。

三大区域减排市场都规定了强制碳排放。2015 年，"西部气候倡议"各州的市场涵盖排放量达 7.7 亿吨。中西部温室气体减排联盟计划从 2005 年到 2020 年，各成员减排 20%，到 2050 年减排 50%。东部"区域温室气体减排行动"在 2008 年初启动碳排放权交易。先给各成员分配碳排放许可权，然后各州建立交易账户进行碳交易，通过拍卖碳排放许可权使投资者能够在合适时机建仓[176]，获得投资价值和收益。

（二）市场型生态补偿项目在发达国家持续增长

以生态缓解银行为例，生态缓解银行旨在实现生物多样性净增益，抵消或偿付水电能源等行业企业开发项目造成的生态环境影响和经济社会成本。就地理范围而言，这一部门仍然是世界上较不发达的部门，对各国来说是最具挑战性的。目前生态缓解银行业务继续增长，但主要集中在发达国家，每年的交易额估计为 36 亿美元。这种补偿性缓解银行业务增长并没有在地理上传播，几乎所有的增长都发生在美国、澳大利亚、加拿大和德国。马来西亚在自愿的基础上，在北马里亚纳群岛建立了减灾银行，并在哥伦比亚进行试点工作。许多发展中国家（包括巴西、喀麦隆、中国、哥伦比亚、埃及、印度、莫桑比克和南非）允许开发企业支付补偿费用。生态缓解银行受政府政策或分包商的影响，被称为"许可责任缓解银行"，必须遵从政府许可。

在 2018 年有 120 个生物多样性生态补偿项目，其中 16 个用户资助项目和 104 个合规项目[179]。在流域生态补偿中，清洁水和防洪工作的受益者是直接的，而生物多样性的受益者是广泛的，这种受益是间接的或非物质的。生物多样性生态补偿项目并不存在能够代表许多受益者收取费用的供水机构，而且很难确定共同的衡量标准。因此，生物多样性生态补偿项目领域仍局限于 36 个国家，最成功的计划依赖于监管部门驱动。通过生态缓解银行恢复溪流和湿地生态环境需要强有力的法规，还要有可信的执行力和货币交换的共同协议的支持。就交易或项目执行数据的可用性而言，这个部门是最不透明的。据估计，全球每年的交易额为 25 亿～84 亿美元，存在付款追踪困难等问题。

生态缓解银行承担了开发商进行生态补偿的风险和复杂性问题。从效率和生态角度来看，大型生态缓解银行可以在设计、维护和监测方面实现规模经济效益，它们能够保护较大的连续区域，这比小的、独立的、许可负责的生态减灾项目更能够获得生态效益。一个有效的生态缓解系统需要强有力的法律、有效的监控和可信的执行力。然而，透明度低仍然是一个长期存在的问题。尽管市场规模庞大，但信贷价格数据仍难以获得，与碳排放等较新的市场相比，市场基础设施相对较少。

自愿性生物多样性补偿是一项政策发展项目，而且规模较小。因为社会企业责任和风险管理问题，它们通常采取企业一次性的项目形式。许多"自愿的"补偿实际上是"预先遵守的"补偿，即开发人员试图在预期的监管规定之前开发补偿。2008～2016 年报告的项目只有 16 个[179]，独立核查的项目更少。

（三）区际生态补偿开始从社会公平角度讨论

生态补偿既关注环境保护，也关注经济发展和当地人民与社区的需求。生态补偿强调实现不同地区社会经济发展成果，尤其是减轻地区间的不平等程度，减轻地域贫困和其他弱势群体（如妇女家庭）的边缘化程度。值得注意的是，有些人从根本上反对生态补偿，或任何以市场为基础的保护机制，因为他们反对将货币价值赋予自然。生态补偿的反对者有时会争辩说，一旦费用停止，保护也会停止，生态付费就会阻碍人们保护自然。

基于现有的科学文献，研究生态系统服务付费的有效性时可发现：大多数研究并没有将生态环境服务付费的实施区域与非生态系统服务付费的控制区或其他类型的反补贴例子进行比较。与此同时，现有的大多数证据表明，支付的费用往往太低，无法弥补农业发展或其他可用于土地的有利可图活动的机会成本。生态补偿项目最具吸引力的方面之一是：无论从字面上还是从比喻上，人们都能从这些投资中获得回报。从理论上讲，生态环境保护组织可以帮助减轻贫困，减少自然资源保护主义者和当地社区之间可能产生的冲突，同时将保护基金与造福地球的活动直接挂钩。当然，细节决定成败。私人股本计划通常是自愿的，土地所有者必须通过登记他们的土地来选择参与。但如果他们选择参与，那可能是因为他们的土地没有其他用途可以得到更好的补偿，这意味着土地可能从一开始就没有风险。而且，如果土地所有者真的有兴趣保留他们的那片森林，就不能确定他们即使没有得到报酬也不会保护那片森林。

还需值得注意的是，许多现有的生态补偿项目利用了联合国在发展中国家通过减少砍伐森林和减缓森林退化而降低温室气体排放（Reducing Emissions from Deforestation and Forest Degradation in Developing Countries，REDD+）的计划，增加碳汇，该计划的目的是将资金从发达国家向发展中国家转移，努力减少砍伐森林和森林退化产生的排放。REDD+也有它的批评者，他们说它和国际生态补偿是一种新殖民主义的形式——通过一种机制，已经开发了自然资源的富裕国家可以通过向较贫穷国家提供相对较少的资金来为他们的环境罪恶买单。与此同时，那些较贫穷的国家也被剥夺了经济发展机会，因为他们本可以自由开发他们认为合适的土地。由于这些原因，国际生态补偿项目的设计必须从头到尾考虑公平：在使用生态补偿计划方面，每个人都有机会注册自己的土地，如果他们愿意，在决策方面，每个人都能参与，每个人都认为决策过程是公平的；在结果分配方面，如果财务和环境利益是公平分配给参与者的，则这种分配被认为是公平的。

三、国内区际生态补偿发展趋势

（一）区际生态补偿利益由上级部委组织协调

新安江流域上游发源于安徽省黄山市，东入浙江，是浙江省重要的水源地，可谓"一江跨两省"。然而流域生态环境不能得到统一管理，导致流域水质不断恶化。2008年，两省交界断面水质恶化到非常差的五类水，严重影响浙江省居民用水。

2011年，新安江启动了跨省流域生态补偿试点，由财政部和环境保护部（简称环保部）①牵头，为全国首例。启动的主要原因是：①新安江流域水质一直较好，具有开展生态补偿项目较好的条件和基础；②新安江只涉及两个省，主要流域在黄山、杭州两市，关系相对比较简单，两省两市均有保护水资源的迫切需求。新安江干流2/3在安徽省黄山市境内，为浙江水质最佳湖泊千岛湖的主要入境水，千岛湖水库为下游及长三角地区可持续发展提供了重要水资源保障。

---

① 2018年组建生态环境部，不再保留环保部。

但一开始试点实施进展缓慢，主要原因是安徽、浙江两省对交界断面水质标准存在分歧。浙江省提出应以湖泊类水质为基准，而安徽省认为应以河流类水质为基准。这两个标准对水质要求不同。按照湖泊类水质标准，一类水总磷含量限值为 0.01mg/L，二类水总磷含量限值为 0.025mg/L，三类水总磷含量限值为 0.05mg/L［总磷作为污染物排放基本控制项目之一，《污水综合排放标准》（GB 8978—1996）中，污水综合排放标准将磷酸盐（实为总磷）列为第二类污染物控制项目］。按照河流类水质标准，一类水总磷含量限值为 0.02mg/L，二类水总磷含量限值为 0.1mg/L，三类水总磷含量限值为 0.2mg/L。由此可见，湖泊类水质三类水总磷含量限值，在河流类水质的标准中可以评价为二类。

另外，按照安徽省使用的河流类水质标准，总氮（体现水富氧化的指标）不包含在评价范围内，而浙江省要求的湖泊类水质标准中包含总氮指标。

最后双方在国家部委的协调下，以总磷、总氮、氨氮、高锰酸盐指数四项指标常年年平均浓度值作为考核基准值，赋值为 1。如果水质监测计算值大于 1，说明水质没有达到基准，由上游对下游补偿；如果水质监测计算值小于 1，说明水质比基准情况好，由下游对上游补偿；若水质没有变化，则双方互不补偿；双向补偿的协议，使双方异常关注两省交界断面水质的变化。为了监测水质，交界处三座水质监测站每天监测六次，浙江省与安徽省在每月第一个星期二共同提取水样，监测四项指标[180]。

第一轮试点定于 2012～2014 年，在补偿金额上，中央财政出资 3 亿元，浙江省与安徽省分别出资 1 亿元，每年生态补偿金额 5 亿元[181]。在监测机构上，除了浙江省与安徽省分别检测外，环保部作为第三方机构也进行数据监测和试点考核。

在这三年的试点中，水质测算值分别为 0.833、0.828、0.823，全部小于 1，每年都由下游的浙江省补偿上游安徽省。三年试点通过国家验收，成效显著，不但千岛湖水质提高，上游地区的水质也同样得到改善。

第一轮试点的成功，并不意味着生态补偿项目的继续，是否继续试点、继续进行水质保护，获得生态补偿的安徽省比支付方浙江省更有意愿。2015 年 6 月，在两省还未达成新的试点协议时，安徽省向黄山市拨款 1.1 亿元，启动了第二轮试点实施工作。2015 年 9 月，国务院提出新安江水环境补偿试点工作要纳入中央顶层设计。

但在此期间浙江省提出了新的异议，其认为，第一轮试点是以总磷、总氮、氨氮、高锰酸盐指数四项指标常年年平均浓度值作为考核基准值的，进行第二轮试点时应该以 2012～2014 年的均值 0.828 作为标准。安徽省认为仍使用第一轮试点的基准,将水质稳定系数 0.85 作为标准,因为随着水质类别的提高,在高标准上再提高,目标较难达到。另外,安徽省希望提高补偿金额,同时延长试点期限;而浙江省希望提高水质,增加供水量。

2015 年 10 月财政部、环保部下达新安江流域试点接续支持政策,明确表态 2015~2017 年继续进行资金支持,第二轮试点开始实施。实施标准按照 2012~2014 年的平均检测值作为基准值 1,水质稳定系数从 0.85 提高到 0.89。第二轮的水质考核要求明显提高。

在第二轮试点中,中央财政资金的支持力度还是 3 年提供 9 亿元,但是不是每年 3 亿元,而是第一年 4 亿元、第二年 3 亿元、第三年 2 亿元递减补助。两省约定,若水质检测值小于 1,浙江省补偿安徽省 1 亿元,若小于 0.95,浙江省再补偿安徽省 1 亿元;若水质检测值大于 1,安徽省补偿浙江省 1 亿元。

在第二轮试点中,2015 年、2016 年的检测值分别为 0.886 和 0.856,都低于 0.95。安徽省每年获得浙江省 2 亿元的生态补偿。

为了筹集生态环保基金,安徽省黄山市发起绿色发展基金,联合国家开发银行、国开证券等机构,首期筹集 20 亿元,主要投资于环境保护、垃圾处理、污水治理、绿色产业发展等领域。同时,申请国家开发银行贷款 56.5 亿元用于新安江综合治理。申报亚洲开发银行环境贷款项目,探索 PPP 模式联合私人企业及社会资本参与新安江生态环境保护建设[182]。

第二轮试点于 2017 年验收后,2018 年 10 月,开始进行 2018~2020 年第三轮试点。在水质考核中加大总磷、总氮的权重,氨氮、高锰酸盐指数、总氮和总磷四项指标权重分别由原来的各 25%调整为 22%、22%、28%、28%,相应提高水质稳定系数,由第二轮的 0.89 提高到 0.90。

（二）区际生态补偿由两区域向多区域发展

2016 年 3 月 21 日,广东省与福建省签订了汀江-韩江流域水环境补偿协议,同时与广西壮族自治区签订了九洲江流域水环境补偿协议,这是广东省首次与邻省签订跨省生态补偿协议。根据协议,广东省与福建省进行 2016~2017 年的汀江-韩江流域水环境补偿,补偿金额为 2 亿元;与广西壮族自治区进行 2015~2017 年的九洲江流域水环境补偿,补偿金额为 3 亿元。广东省与福建省、广西壮族自治区加强合作,实行联防联控,统一决策,共同治理流域生态环境[183]。

上下游各省相互约定,如果上游来水水质达标或改善,由下游省支付上游省生态补偿金;反之,若上游来水水质不达标或恶化,由上游省补偿下游省。若河流界断面水质部分达标,整体未达标,则按达标来水量比例和不达标来水量比例共同计算补偿金额，上下游省份共同对流域水治理负责。

对于省界断面水质的监测，由第三方中国环境监测总站确定水质监测指标，组织各省界断面水质监测站共同监测。在省界流域建设水质自动监测站，采用自动检测与手工监测相结合的方法，相互补充数据。协议期每年 3 月，中国环境监测总站确定上年水质监测数据，确认水质是否达标。

在补偿标准的确定方面，广东省与福建省签订的汀江-韩江流域水环境补偿协议约定 2016 年和 2017 年汀江、石窟河（中山河）、梅潭河（含九峰溪）跨省界断面年均值达Ⅲ类水质，水质达标率 100%，象洞溪跨省界断面年均值达Ⅴ类水质，达到Ⅴ类水质的比例为 50%～100%（具体比例数值可由两省协商自定）。财政部依据中国环境监测总站的水质监测报告、目标完成情况确定奖励资金，该奖励资金支付给上游福建省使用。上游福建省和下游广东省两省每年各出资 1 亿元，按照双向补偿原则，相互补偿。

广东省与广西壮族自治区签订的九洲江流域水环境补偿协议中，对补偿标准的确定以九洲江流域的石角断面作为考核监测断面，考核指标为总磷、氨氮、pH 值、五日生化需氧量、高锰酸盐指数 5 项。考核目标为省界断面年均值达到Ⅲ类水质，年度水质达标率要求递增，即 2015～2017 年水质达标率按照 60%、80%、100%递增，逐年分别达到目标。

另外，广东省除了与福建省、广西壮族自治区达成流域生态补偿协议外，与湖南省、江西省针对东江、西江、北江流域干流或支流的治理与补偿也建立了联防联治协议框架，从流域污染防控、监测与预警、突发事件应急、纠纷协调处理等方面建立联动机制，保障环境安全。

（三）上下级区域相互补偿

2014 年 2 月 26 日，山东省人民政府办公厅印发了《山东省环境空气质量生态补偿暂行办法》。2015 年 12 月 8 日，山东省人民政府办公厅印发了修改后的《山东省环境空气质量生态补偿暂行办法》。将《山东省环境空气质量生态补偿暂行办法》第八条"污染物浓度以微克/立方米计。生态补偿资金系数为 20 万元/（微克/立方米）"修改为"污染物浓度以微克/立方米计。生态补偿资金系数为 40 万元/（微克/立方米）"。该办法自 2016 年 1 月 1 日起施行，有效期 2 年。

该办法强调省级向市级、市级向省级对空气质量改善的贡献加大补偿力度。如果市级空气质量改善，提升了全省空气质量水平，由省级对市级从上到下进行生态补偿；反之，如果市级空气质量恶化，影响了全省空气质量水平，由市级对省级从下到上进行生态补偿。市级支付给省级的生态补偿金由省级统筹使用，支付给其他对空气质量改善做出贡献的城市。这种补偿不仅是纵向的上下相互补偿，同时还包括城市 A—上级部门（省级）—城市 B 方向的横向补偿。

补偿标准以各设区市的细颗粒物（$PM_{2.5}$）、二氧化硫、二氧化氮、可吸入颗粒物（PM_{10}）四类污染物的季度平均浓度同比变化情况为考核指标，权重分别为 60%、15%、10%、15%。总目标是空气质量逐年改善。并按自然气象对大气污染物的稀释扩散条件，将全省 17 个市按空气平均质量水平分类，其中空气平均质量较好的 4 个市，包括青岛、日照、威海、烟台为一类，稀释扩散调整系数为 1.5；空气平均质量较差的 13 个市，包括济南、潍坊、泰安、临沂、淄博、菏泽、莱芜、滨州、枣庄、东营、济宁、德州、聊城为另一类，稀释扩散调整系数为 1。考核数据采用山东省环境信息与监控中心提供的各设区市的城市环境空气质量自动监测数据，每月数据在省环保厅官网发布。

补偿资金计算公式为：考核得分 = [(上年同季度 $PM_{2.5}$ 平均浓度–本年考核季度 $PM_{2.5}$ 平均浓度) ×60% +(上年同季度 PM_{10} 平均浓度–本年考核季度 PM_{10} 平均浓度)×15% + (上年同季度 SO_2 平均浓度–本年考核季度 SO_2 平均浓度)×15% + (上年同季度 NO_2 平均浓度–本年考核季度 NO_2 平均浓度)×10%]×稀释扩散调整系数；污染物浓度以微克/立方米计，生态补偿资金系数为 40 万元/(微克/立方米)，某设区的市补偿资金额度 = 考核得分×生态补偿资金系数。

（四）区际综合补偿机制渐趋形成

京津冀三地因地理位置唇齿相依，在生态与经济上广泛开展"一体化"合作，在环保领域，为了控制日益严重的环境污染，只有联防、联控、协同一体化还不够，还需要京津冀在环保领域进行跨地区合作。

作为北京的前沿生态屏障和重要的水源汇集区，河北省承德、张家口地区阻挡着西北地区的风沙侵袭。2009 年，北京市与河北省启动实施京冀生态水源保护林建设合作项目，远期规划造林 100 万亩。京冀生态水源保护林建设合作项目自 2009 年实施以来，2012 年对张家口市的建设范围进行了扩大，同时建设标准也由 500 元/亩，提高到了 1000 元/亩。2019 年京冀生态水源保护林建设合作项目实施方案已编制完成，北京市园林绿化局批复准予实施。计划完成造林 10 万亩，完成投资 1 亿元。2019 年完成 10 万亩造林计划后，2009～2019 年共造林 100 万亩[184]。

2011 年，中央已批准北京、天津等七个省市开展碳排放权交易试点，并在 2012 年出台了《温室气体自愿减排交易管理暂行办法》[185]。北京市碳交易试点启动后，在机制设计上引入抵消机制，支持符合规定的核证温室气体自愿减排量按照 5%的比例进入北京市碳市场作为配额的补充。2014 年，北京市发展和改革委员会、河北省发展和改革委员会和承德市人民政府联合发布了《关于推进跨区域碳排放权交易试点有关事项的通知》，将承德市水泥行业纳入跨区域碳排放权交易体系，使承德市碳汇项目可以在北京碳市场进行跨区碳交易。2014 年 12 月底，北京市与河北省跨区域碳排放权交易第一单承德丰宁千松坝林场碳汇项目正式上市挂牌交易，交易价格每吨 36 元到 38 元[186]。截至 2015 年底，承德市林业碳汇累计成交量逾 7 万吨，实现了超过 250 万元的林业碳汇收益，对完善京津冀水源涵养功能区的生态补偿机制进行了有益探索。

2016 年 6 月，河北省与天津市就引滦入津上下游横向生态补偿的跨界断面、水质标准、监测指标、补偿方案、治理重点等内容达成一致意见。2017 年 6 月，河北省与天津市正式签署《关于引滦入津上下游横向生态补偿的协议》，确定了《引滦入津上下游横向生态补偿实施方案》《引滦入津上下游横向生态补偿监测方案》。根据补偿方案，河北省、天津市共同出资设立引滦入津生态补偿资金，2016～2018 年河北省与天津市每年各出资 1 亿元，共 6 亿元，财政部依据考核目标完成情况确定奖励资金，支付给上游河北省用于污染治理[187]。

考核目标采用《地表水环境质量标准》（GB 3838—2002）规定的单因子评价法进行评价，河北与天津两省市交界的黎河桥、沙河桥两个跨界断面 pH 值、高锰酸盐指数、化学需氧量、氨氮、总磷年均浓度全部达到Ⅲ类水质标准。黎河桥、沙河桥要求 2016 年、2017 年、2018 年月监测结果水质达标率分别达到 65%、80%、90%。若达到或优于考核目标，天津市资金全部拨付给河北省（若 2018 年未达到考核目标，达标率高于 80%但低于 90%，天津市拨付 9200 万元）；若未达到考核目标，或引滦入津河北省界内出现重大水污染事故并影响水库的供水安全（以环保部核定为准），天津市不拨付资金给河北省。中央财政 2016 年奖励资金 3 亿元和河北省 2016～2018 年落实资金每年 1 亿元均已下达。

京津与承德市更多在项目及帮扶方面进行各类补偿活动。

2014 年以来，京津冀协同发展取得了阶段性成效。截至 2016 年 12 月 19 日，承德市与 183 家央企和京津企业开展合作，对接合作项目 734 个，协议总投资 4824.9 亿元，累计完成投资 1048.2 亿元。

　　承德市 7 个县是京津对口帮扶县，2016～2020 年承德市滦平县、丰宁县由北京对口帮扶，每个县每年获得帮扶资金 5000 万元，5 年累计 5 亿元；承德市围场县、承德县、隆化县、平泉县①、兴隆县 5 个县由天津市对口帮扶，每个县每年获得帮扶资金 4000 万元，5 年累计 10 亿元。

　　天津有关部门与承德市分别签署了《开展现代农牧业合作框架协议》《关于对口支援建设高等职业院校框架协议》《推进旅游一体化框架协议》《支援建设承德津冀六沟产业园区框架协议》，津冀两地携手，开展精准帮扶，推动两省市协作向纵深发展。2018 年 5 月天津中德应用技术大学支持建设的国办全日制大专院校——承德应用技术职业学院正式成立，改革创新示范区办学资源和基础设施；2020 年承德津冀六沟产业园区、怀丰产业园等与京津共建园区，规划管理、引进项目、发展产业、培训人才。

---

　　① 2017 年，平泉撤县设市。

第三章 区际生态补偿模式分析

区际生态补偿模式是指不同地区生态补偿主体承担生态补偿责任的具体形式，从不同的角度，对区际生态补偿可以有不同的模式划分。

第一节 区际生态补偿条块模式分析

按照补偿条块，区际生态补偿模式可以分为纵向补偿和横向补偿。

一、纵向补偿

纵向补偿即中央和地方各级财政资金是补偿资金的重要来源，生态补偿由上级政府统筹后转移。全国的大型重点生态补偿项目由中央顶层设计和总体部署，地方各级资金配套。地方性生态补偿项目由省、市、县地方财政资金补偿。从 2005 年开始，我国逐步实施生态补偿机制。我国现在实行的重点生态功能区生态补偿制度，是以纵向转移支付为主的补偿机制，这种机制虽然为地方生态补偿提供了资金基础，在一定程度上缓解了重点生态功能区所在地方政府在生态保护上的财政支出压力，但在实际运行中出现了不少问题。

以三江源自然保护区为例，三江源地区是黄河、长江和澜沧江的发源地，是我国淡水资源的重要补给地，被誉为"中华水塔"，地处青海省青藏高原腹地，是目前全国面积最大的自然保护区，保护区面积为 15.23 万平方千米[188]。三江源生态保护区分为三个部分，长江源园区、黄河源园区和澜沧江源园区。2000 年，青海省政府批准三江源自然保护区为省级自然保护区，2003 年 1 月经国务院批准成为三江源国家级自然保护区。三江源生态补偿完全属于中央政府—省级政府—自然保护区的纵向生态补偿模式，是以中央政府为主体的纵向生态补偿，且属于中央政府主导型。三江源自然保护区政策规划一览表，见表 3-1。

表 3-1 三江源自然保护区政策规划一览表

时间	主体	政策内容
2000 年 5 月	青海省政府	批准建立三江源省级自然保护区

续表

时间	主体	政策内容
2001 年 9 月	青海省政府	批准成立青海三江源自然保护区管理局
2003 年 1 月	国务院	批准成为三江源国家级自然保护区
2003 年 6 月	青海省政府	编制《青海三江源自然保护区生态保护和建设总体规划》
2005 年 1 月	国务院	国务院批准实施《青海三江源自然保护区生态保护和建设总体规划》
2008 年 11 月	国务院	出台《关于支持青海等省藏区经济社会发展的若干意见》,明确提出在青海建立三江源国家生态保护综合试验区,建立生态补偿机制
2010 年 10 月	青海省政府	提出《青海三江源国家生态保护综合试验区总体方案》,发布了《关于探索建立三江源生态补偿机制的若干意见》
2011 年 11 月	国务院	批准实施《青海三江源国家生态保护综合试验区总体方案》,进一步推动了三江源生态补偿政策的落实
2012 年 10 月	青海省政府	上报《青海三江源生态保护和建设二期工程规划》
2013 年 12 月	国务院	通过《青海三江源生态保护和建设二期工程规划》
2014 年 1 月	国家发展和改革委员会（简称国家发展改革委）	印发《青海三江源生态保护和建设二期工程规划》
2015 年 1 月	青海省政府	印发《青海三江源生态保护和建设二期工程项目管理办法》等八个管理办法
2016 年 3 月	中共中央办公厅、国务院办公厅	印发《三江源国家公园体制试点方案》
2016 年 6 月	青海省政府	三江源国家公园管理局挂牌成立
2017 年 8 月	青海省政府	施行《三江源国家公园条例（试行）》（我国首个国家公园条例）

三江源是我国最重要的生态功能区,为了保护三江源的生态系统,国家每年给予大量的财政转移支付。《青海三江源自然保护区生态保护和建设总体规划》中的生态补偿首先是资金补助,国家投资 75 亿元用于三江源国家级自然保护区的保护和建设。

三江源主体功能区综合试点规划实施一期工程为 2005～2013 年,历时 9 年,包括生态保护与建设项目、农牧民生产生活基础设施建设项目、支撑项目三大类项目,退牧还林、退耕还林还草、封山育林、湿地保护、水土流失治理、沙漠化土地防治、黑土滩治理、鼠害治理、生态移民等 22 个子项目工程,对三江源 4 个州的财政收支有重大影响,主要通过一般性转移支付制度进行生态补偿。三江源生态保护和建设二期工程总投资达 160 亿元,治理范围从 15.2 万平方千米扩大至 39.5 万平方千米,从 2013 年到 2020 年,历时 8 年。2020 年,正式设立三江源国家公园。

二、横向补偿

横向补偿是指补偿资金由同级地方政府间转移支付。由于横向补偿突破了地方行政辖区的界限，开展省际生态补偿支付，需要由上一级中央政府相关职能部门主导，协调不同省份的生态和经济利益，组织、引导、推进跨省生态补偿行动。建立不同行政区域的横向生态支付制度，必须要有一个由国家相关部门的代表和地方政府派出的代表共同组成的组织机构，负责日常事务处理。一般情况下跨省生态补偿要由国家相关部门牵头，组织各个地方政府进行谈判，协调各个地方政府的意愿和利益，监督生态补偿财政转移支付资金使用的情况，将省际零散的短期性非系统转移支付，统一到长期系统性的常规转移支付制度中。

横向补偿方面，财政部和环保部一起在新安江流域做了横向生态补偿机制试点。

我国的横向补偿一般不是单一进行的，而是纵横结合进行补偿，如2014年广东省中山市首先建立纵横结合的生态补偿政策。在横向补偿方面实行各个区镇之间的相互补偿。主要做法是，先将全市的公益林面积和耕地面积相加，再除以全市面积［（全市公益林面积＋全市耕地面积）/全市面积］，得出全市的平均数。然后各个镇区的公益林面积和耕地面积相加，再除以各镇区面积［（各镇区公益林面积＋各镇区耕地面积）/各镇区面积］，得出各个镇区的占比数值。再用各个镇区的占比数值与全市平均数进行比较，得出全市有13个镇区的占比超出全市平均水平，11个镇区的占比低于平均水平。这样13个镇区为横向生态补偿的受偿者，获得补偿资金，11个镇区为横向生态补偿的受益者，支付补偿资金。生态受益的各镇区支付生态补偿资金上缴市财政，通过市财政统筹将资金划拨给生态受偿的各镇区，实现横向生态补偿。

广东省中山市的横向补偿是上一级政府通过财政统筹完成的。同时这种横向补偿伴随着纵向补偿，市和镇区的生态补偿资金财政分担比例为4∶6。实际上形成了市级纵向补偿，区镇横向补偿的纵横结合模式。

2015～2017年，广东省中山市基本农田生态补偿分别执行100元/（年/亩）、150元/（年/亩）和200元/（年/亩）标准，其他耕地生态补偿分别执行50元/（年/亩）、75元/（年/亩）和100元/（年/亩）标准；公益林生态补偿方面，分别调整为80元/（年/亩）、100元/（年/亩）和120元/（年/亩）。新标准基本弥补了无法出租生态林地的损失[189]。

广东省中山市的补偿办法有别于以往单一以公益林为补偿对象或单一

以农田为补偿对象的生态补偿方式，而是将基本农田扩充为耕地，将耕地面积和公益林面积结合，综合进行计算。以全市平均数为基准区分受益镇区和受偿镇区，在镇区之间横向补偿。同时伴随着上一级财政纵向补偿，既体现了区域均衡公平，又实现了全区域统筹。

三、两种补偿模式的比较

纵向补偿一般适用于大部分地区都需要生态保护的区域，从省级和国家级层面调配资金解决生态保护亟待解决的问题。这些区域如果依靠外部区域的横向补偿，会造成入不敷出，一旦得不到外部区域的横向补偿，就会给本区域经济和生态带来严重后果。横向补偿一般适用于经济比较发达、只有少部分地区需要生态保护的区域，不需要生态补偿的地区经济实力远远超过需要生态补偿的地区，形成横向补偿的驱动力，区域内具有地区间横向补偿的经济能力，对于落后地区的生态补偿基本还是以纵向补偿为主，经济较发达的地区可以尝试纵向补偿与横向补偿相结合。

目前，横向转移支付的定位为补充性定位，不以财政均等化为目标，由于生态成本外溢，其是各省之间的一种外部补偿。目前我国政府采用的一直是纵向转移支付模式，因此，横向转移支付与传统纵向转移支付之间的关系，从地位上看，横向转移支付制度只能作为传统支付制度的有益补充作用，而不是处于主导地位。同时，为了整合各种资源，保证资金不被挪用，地方政府应设立生态补偿基金，并保证相对独立运行。在此基础上，中央政府可考虑对生态补偿横向转移支付制度的效果进行严格监审，并将其列为地方官员绩效考核的重要内容，从而使其不断规范。例如，省际的流域生态补偿标准，可以将流域的省界断面水质指标作为测算生态补偿标准的因素系数。当省界断面水质高于考核指标时，下游省份向上游省份进行生态补偿；当省界断面水质低于考核指标时，则由上游省份向下游省份进行生态补偿。

第二节　区际生态补偿空间尺度模式分析

一、区域内不同地区的生态补偿

区域补偿模式主要指按行政区划分的省际区域内进行生态补偿的模式。由于在同一行政区划内部，上下政策贯通，实行起来较为容易。区域内不同县、区之间也存在生态补偿关系。

2015 年 1 月，北京市首次实行水环境区域补偿。《北京市水环境区域补偿办法（试行）》适用于北京市行政区域内流域上游和下游区县之间，主要考核跨界断面水质浓度和污水治理任务指标。补偿金额由市财政局与各区县财政局结算。

针对上下游流域的跨界断面水的主要补偿办法是：①如果上游区县向下游区县排水的水质不达标，则上游区县对下游区县予以补偿，当无入境水流，跨界断面出境污染物浓度超出该断面水质考核标准，或有入境水流，跨界断面出境污染物浓度比入境污染物浓度高时，其浓度相对于该断面水质考核标准每变差 1 个功能类别，补偿金标准为每月 30 万元；②如果区域流域水质得到改善，出境污染物浓度小于或等于入境污染物浓度，但水质仍不达标，水质每变差 1 个功能类别考核标准，补偿金额为每月 15 万元；③如果流域水有多种类别的污染物同时超标，要累加计算补偿金额。

针对污水治理的补偿金主要有两个来源，一个是实行跨区污水处理的中心城区，另一个是未完成年度污水治理项目、年度污水处理率不达标、未完成污水处理阶段目标的其他区县。污水治理目标补偿主要是实行跨区污水处理的中心城区应当缴纳的污水处理任务补偿金，以及其他区县政府未按期完成年度污水治理项目建设、未达到年度目标污水处理率或未完成市政府确定的污水处理阶段目标任务时应当缴纳的补偿金。跨区污水治理年度补偿金的40%用于区域配套管网建设和运行维护补贴，30%用于污水治理项目，30%用于跨区污水处理设施所在区。其他区县政府缴纳的年度补偿金的 70%用于本区县，30%用于下游区县。

除北京外，河南、山东菏泽、江苏南通和苏州等省市也制定了各自的水环境生态补偿协议或办法，对上游进入本地区、本地区进入下游的水质进行奖惩，以提高水质，减少跨界污染事件的发生。

二、区际生态补偿

区际生态补偿主要指一个国家内，不同省份之间的跨区生态补偿。各省份的经济发展情况、环境保护办法等的差异，尤其是各地区之间生态利益的平衡问题，使区际之间的生态补偿困难重重。

我国区际生态补偿最引人关注的当属浙江、安徽两省关于新安江流域水环境补偿协议的多轮谈判。2010 年 12 月，新安江流域生态补偿作为全国首个跨省流域生态补偿试点，根据奖优罚劣的渐进式补偿机制进行操作。由中央财政每年拿出 3 亿元，安徽、浙江两省各拿 1 亿元，总共 5 亿元作为流域生态补偿基金。如果从安徽省流入浙江省的流域水质高于基本标准，浙江省补偿安徽省 1 亿元，反之则由安徽省补偿浙江省 1 亿元。由于两省分歧较多，涉及水质标准、补偿指数的测算公式、补偿额度等内容，尽管财政部、环保部会同皖浙两省历时两年多研究制定的《新安江流域水环境补偿试点实施方案》已经成文下发，但双方的争议却仍未结束。生态补偿机制从酝酿到实施，前后经历了长达 8 年的时间。

2017 年 6 月，河北省与天津市正式签署《关于引滦入津上下游横向生态补偿的协议》。由河北省和天津市共同出资建立生态补偿基金，2016～2018 年，两地每年各出资 1 亿元，三年一共 6 亿元。同时中央财政根据河北省流域水治理情况，最高每年奖励 3 亿元。如果河北省流入天津市的水质达到考核标准，则天津市进行补偿；如果水质达标率高于 80%但低于90%，则天津市补偿 9200 万元；如果河北省流域治理的水质不达标，则天津市不补偿。2016 年，中央财政生态补偿金已下达。2019 年 12 月，河北省和天津市进行了该协议的第二期生态补偿，还是河北省、天津市每年各出资 1 亿元，三年一共 6 亿元。同时中央财政每年补助的生态补偿金为2 亿元。

另外，2015 年 1 月 1 日开始执行的《北京市水环境区域补偿办法（试行）》更是跨三省（直辖市）的补偿制度，考虑了京津冀协同。该补偿方案虽然主要是北京市各区县的区域内纵向补偿，但也考虑到下游与其他省市的横向补偿，首先由市级统筹生态补偿金，然后等国家出台跨省（直辖市）的流域生态补偿办法后，按国家政策执行。可见，跨省（自治区、直辖市）生态补偿合作虽然难度较大，但已是大势所趋。

三、国际生态补偿

国际生态补偿模式是指国与国之间的生态补偿模式。这种补偿模式以国与国之间的双边协议达成为基础。

例如，在流域治理上，1933 年通过的《田纳西河流域管理局法》规定，田纳西河流域管理局统筹兼顾，负责田纳西河流域的综合规划、开发与管理。在区域治理方面，美国与加拿大在 1972 年共同签署了《大湖区管理协议》，规定了两国政府在大湖区的污染治理和保护方面的权利、责任、义务，为解决包括伊利湖在内的五大湖区的环境污染问题、维护该地区的生态平衡提供了政策依据及管理办法。

德国境内有多条跨境流域，与邻国合作也是德国进行水污染治理的手段。德国自 1970 年以来，与法国、荷兰、瑞士和卢森堡等莱茵河沿岸国家陆续签署了《保护莱茵河免受化学污染的波恩公约》《保护莱茵河免受氯化物污染公约》《保护莱茵河公约》等，确定了向莱茵河排放污水的标准。德国成立了专门的流域管理机构，加强与同流域沿岸地区的合作，共同承担污染治理责任。

第三节 区际生态补偿长效发展模式分析

从现实来看我国的生态补偿形式是以国家财政支付为主的输血式补偿。由于国家的财政投入与流域生态补偿资金需求相比杯水车薪，存在着巨大的资金缺口；又由于输血式生态补偿无法解决发展权补偿，生态保护和建设投入上自我积累、自我发展及补偿额度难以量化的问题。所以从长远看，我国流域生态补偿应当为以造血式补偿为主，输血式补偿为辅的混合模式。

一、输血模式

输血式生态补偿主要指生态补偿金由各级财政转移支付，主要是资金补偿和实物补偿。

（一）资金补偿

资金补偿模式，如 2006 年《全国湿地保护工程实施规划（2005—2010年）》实施以后，国家对湿地保护区开始加大资金投入力度，"输血"后对龙江湿地的保护变得更有力度。作为黑龙江省首批湿地保护补助试点，2010年，三江湿地获得了 600 万元的生态效益补偿，这笔资金及时地助力了湿地的建设。这是保证湿地可持续发展的重要举措。利用这笔补贴，保护区新雇佣了管护员，解决了管护人员不足的难题，有效地遏制了乱砍盗伐、乱捕滥猎、盗拉湖沙、开垦湿地等违法行为；同时，加大了科研监测力度，保障了管护工具的维修费、保险费。2010 年，黑龙江省首次获得湿地保护补助试点投资 3550 万元，全省 8 个自然保护区被纳入试点范围，主要用于增加管护人员、购置安装视频监测设备、建设监测站点，全面提升了湿地的管护能力。

2015 年，江西财政花费近 21 亿元为生态补偿"输血"。江西省在财政增收趋紧、民生等刚性支出增加的情况下，如何做到最大限度地为生态"输血"是主要的问题。面对经济下行压力加大的形势，2015 年前三季度，江西省一般公共预算支出增幅超过收入增幅，财政运行压力明显。在收入增速减缓的形势下，各级财政积极筹措资金，优化支出结构。在财政增收趋紧的同时，江西省对生态的投入不减反增，生态补偿力度不断加大。2016 年起，江西省筹集的 20.91 亿元率先用于在全国实施覆盖全境的流域生态补偿，成为当时全国流域生态补偿覆盖范围最广、资金筹集量最大的省份。这笔资金筹措到位，主要通过整合中央资金和省级专项资金，省财政新增的支持资金，设区市和县里的资金，及社会、市场上的募集资金。江西省属于经济欠发达省份，但江西省却是我国生态补偿制度建设的先行省份，每年投入十多亿元生态补偿资金保护鄱阳湖和五条主要河流。为最大限度地解除资源约束，释放生态环境压力，2015 年江西省以全国第 18 位的财力为生态"输血"，主要靠财政盘活、整合存量来解决问题。

（二）实物补偿

　　实物补偿模式，如 2012 年浙江武义石碛水库淹没实物补偿政策规定，实物补偿范围是水库淹没区和工程建设涉及的土地及地面附着物，包括：①土地类，耕地（包括水田、旱地，下同）、园地、林地、建设用地等；②林果特类，毛竹、杉木、松木、杂木、茶叶、果树、树苗及其他农作物等；③房产类，集体（单位）和私人房产；④其他类，房屋附属设施；⑤基础设施类，电力、通信、道路、广播电视及其他生产生活等专项设施。实物补偿标准依据《中华人民共和国土地管理法》（以下简称《土地管理法》）、《中华人民共和国森林法》（以下简称《森林法》）等法律法规及有关政策规定，按照库区淹没实物详查时核实的面积、数量、类别、等级、权属等给予补偿。以武义县为例，具体补偿标准如下。第一，土地类，库区淹没线以下的国有土地，由政府收回；征收的集体土地按武义县人民政府当年征地补偿区片综合地价执行。第二，林果特类，耕地、园地上种植的林果、苗木达到每亩株数标准且连片面积在 0.15 亩以上的，按面积计算补偿。零星林果木指房前屋后、田边地角、河边路旁和耕地上种植的零星林果木。第三，房产类，对移民户按被征收房屋建筑占地面积每平方米补助 80 元。对在下厅前安置区放弃幢房安置而选择集体公寓式安置的移民户，给予每人 30 000 元的一次性奖励。屋基附属物补偿标准为取得合法用地手续并已砌好墙脚的，按批建占地面积每平方米补偿 60 元。年久失修房屋已倒塌的，平基和砌墙脚费用按土地契证占地面积每平方米补偿 60 元。第四，基础设施类，属村（组）集体所有的道路、便桥、电灌、水渠、护岸、堰坝等设施按规划复建或新建。电力、通信、道路、广播电视等设施的复建或新建项目，由主管部门负责规划建设，原则上不另行补偿。第五，室内水、电，移民户的室内水、电，每户补偿水 500 元，电 1200 元。第六，坟墓按时迁移的，经验收符合要求，单穴补偿 1000 元，双穴补偿 1300 元，多穴补偿 1500 元。

二、造血模式

造血式生态补偿是力求通过人为的项目安排的方式将补偿资金安排到被补偿地区，促进被补偿地区"造血"机能的培养和发展，改变以往资金直接输入的生态补偿模式。其具体形式主要有建设-经营-转让（build-operate- transfer，BOT）模式、生态经济模式、补偿贸易模式、租赁模式和特许经营模式[190]。

（一）BOT 模式

区际生态补偿者多为经济发达地区，掌握高科技的生态项目建设能力，有可能承担建设该生态项目，在项目开发、建设中培训生态补偿的受偿者，即生态产品和服务的提供者，掌握项目的管理与运营。项目建设完成后，区际生态补偿者将该项目移交给区际生态受偿者经营，并在后期持续提供技术支持。区际生态补偿者所提供的额外投资可以由区际生态补偿双方协商，或者抵消部分区际生态补偿金，或者按投入的股份分红，或者无偿赠予区际生态受偿方。

（二）生态经济模式

生态经济模式是由区际生态补偿者预付生态补偿金，或一次性支付协议期限内的生态补偿金，用于投资生态产品的生态补偿模式。同时，生态补偿者为了使这些生态产品能够更好地打开市场，有更多的销路，可以提供智力和技术支持及人才技术服务。

（三）补偿贸易模式

补偿贸易模式是在区际生态补偿者与区际生态受偿者相互交换产品、要素等的基础上进行的。在生态产品和服务提供者建设生态项目的前期，区际生态补偿者有可能对该生态补偿项目建设资金缺乏的部分进行额外的投资。区际生态补偿者投入在生态补偿项目中的资金、设备和技术等由区际生态受偿者生产的药材等有价产品进行偿还。

（四）租赁模式

租赁模式是区际生态补偿者或区际生态受偿者为了发展生态项目而租赁对方的生产要素。比如，区际生态补偿者租赁区际生态受偿者土地的模式。区际生态补偿者有非污染建设项目需要土地，区际生态受偿者所在地区可承接该项非污染建设项目，并将相对价格较低的土地租给生态补偿者。

（五）特许经营模式

特许经营模式是在区际生态受偿者有较好的生态旅游开发项目，但没有资金时采用。区际生态补偿者具有生态旅游项目的开发能力，愿意承担开发的风险，需要区际生态受偿者特许经营，并保证生态环境保护工作到位。

三、输血造血结合模式

（一）飞地经济模式

飞地经济模式具有合作共赢性、优势互补性等特征。生态地区引入飞地经济模式，对于加快生态地区经济社会发展、缩小与其他地区发展差距、保护地区生态环境具有重要的意义。

飞地经济是指两个互相独立、经济发展存在落差的行政地区打破原有行政区域限制，通过跨空间的行政管理和经济开发，实现两地资源互补、经济协调发展的一种区域经济合作模式。作为一种新的区域经济合作发展模式，飞地经济不仅注重合作双方的共赢，而且注意飞出地的主体性发挥。民族地区通过引入飞地经济发展模式，不仅可以突破民族地区经济社会发展的桎梏，保护民族地区生态环境，而且可以最大限度地发挥地方社会的主动性与创造性。

飞地经济主要存在"借鸡生蛋""筑巢引凤""净地托管"三种发展模式。"借鸡生蛋"主要是指借其他地方的工业园区来发展自己的招商引资项目。"筑巢引凤"主要是指在其他地方现有开发区中划出一片，固定用作专业园区，形成"园中园"，或者在园区之外的某个地方设立新的产业园区，但新的园区仍被视为现有开发区的延伸。"净地托管"是指工业园规划不变、行政区划不变，拆迁安置由飞入地地方政府完成后，净地交给飞出地建设、管理、开发。目前，上述三种飞地经济模式在湖北省宜昌市民族地区都有所表现，其合作级别既有县县级、县乡级，也有乡镇级。2011 年五峰土家族自治县与枝江市合作共建的"民族工业园"属于县县级的"净地托管"模式，2013 年宜都市潘家湾土家族乡在陆城十里铺工业园区建立的潘家湾民族工业园属于县乡级的"园中园"，2005 年在陆城、聂家河、红花套等乡镇工业园区引进的宜都静女制衣有限公司、宜都市安吉汽车修理有限公司等则属于乡镇级的"借鸡生蛋"模式。

（二）生态产业模式

生态产业实质上是生态工程在各产业中的应用，从而形成生态农业、生态工业、生态第三产业等生态产业体系。生态工程是为了人类社会和自然双双受益，着眼于生态系统，特别是社会-经济-自然复合生态系统的可持续发展能力的整合工程技术。促进人与自然和谐，经济与环境协调发展，从一味追求经济增长或自然保护，走向富裕（经济与生态资产的增长与积累）、健康（人的身心健康及生态系统服务功能与代谢过程的健康）、文明（物质、精神和生态文明）三位一体的复合生态繁荣。

生态产业是按生态经济原理和知识经济规律组织起来的基于生态系统承载力，具有高效的经济过程及和谐的生态功能的网络型进化型产业。它通过两个或两个以上的生产体系或环节之间的系统耦合，使物质、能量能多次利用、高效产出，资源环境能系统开发、持续利用。企业发展的多样性与优势度、开放度与自主度、力度与柔度、速度与稳定度达到有机结合，使污染负效应变为正效益。生态产业与传统产业相比较，具有显著特征。

（三）生态旅游模式

生态旅游是具有保护自然环境和维持当地人民生活双重责任的旅游活动。生态旅游的内涵更强调对自然景观的保护，是可持续发展的旅游。通过生态旅游，生态建设地区可以获得收益，并将收益部分用于生态补偿。

比如，福建省东北部的屏南县 2016 年被列入国家重点生态功能区。屏南县自然景观奇特，风景名胜众多，有世界地质公园、国家级风景名胜区、国家 5A 级旅游景区白水洋·鸳鸯溪，天星山国家森林公园等。"十三五"期间屏南县实施东区旅游生态城开发建设项目，打造集生态旅游、养老养生、文化教育、公共服务和商住开发为一体的城市新区，总规划面积 6000 亩。2023 年上半年，屏南县接待游客 271.05 万人次，旅游综合收入达 22.23 亿元。

第四节　区际生态补偿生态类型模式分析

一、耕地生态补偿

根据 2021 年修订的《中华人民共和国土地管理法实施条例》第三十二条，省、自治区、直辖市应当制定公布区片综合地价，确定征收农用地的土地补偿费、安置补助费标准，并制定土地补偿费、安置补助费分配办法。地上附着物和青苗等的补偿费用，归其所有权人所有。社会保障费用主要用于符合条件的被征地农民的养老保险等社会保险缴费补贴，按照省、自治区、直辖市的规定单独列支。申请征收土地的县级以上地方人民政府应当及时落实土地补偿费、安置补助费、农村村民住宅以及其他地上附着物和青苗等的补偿费用、社会保障费用等，并保证足额到位，专款专用。有关费用未足额到位的，不得批准征收土地。

以河北省为例，2020 年《河北省土地管理条例》中关于河北省征地补偿标准的规定如下。征收耕地的安置补助费，为该耕地被征收前三年平均年产值的四倍至六倍。征收耕地以外的其他农用地和建设用地的安置补助费，为该土地所在乡（镇）耕地前三年平均年产值的四倍至六倍。征收未利用地的，不支付安置补助费。

支付土地补偿费和安置补助费后，尚不能使需要安置的农民保持原有生活水平的，经省人民政府批准，可以再增加安置补助费。但是，土地补偿费和安置补助费的总和不得超过下列限额：①征收耕地的，不得超过该耕地被征收前三年平均年产值的三十倍；②征收耕地以外的其他农用地和建设用地的，不得超过该土地所在乡（镇）耕地前三年平均年产值的二十五倍。征收土地的青苗补偿费按当季作物的产值计算。地上附着物补偿费标准由设区的市人民政府制定，报省人民政府批准后执行。

二、森林生态补偿

（一）森林生态补偿的概念界定

森林生态补偿的模式主要是通过设立国家基金的方式完成的。

国外森林生态补偿以哥斯达黎加为例进行说明。哥斯达黎加地处南美洲，是世界上生态多样性最复杂的地区之一。为了保护生态，哥斯达黎加从 1979 年开始实施森林生态补偿制度。该制度中最有借鉴意义的是设立国家森林基金。根据该国《森林法》（1996 年）成立的基金管理组织，专门负责管理和实施森林生态补偿制度。基金主要来源于以下几个方面：国家投入，包括化石燃料税收入、森林产业税收入和信托基金项目收入；与企业签订协议收取的资金；来自世界银行等国际组织的贷款和赠款，以及特定的债券和票据等。

在操作程序上，林地的所有者须先向基金管理组织提交申请，请求将自己的林地加入该制度中；基金管理组织受理后，双方签订合同（共四类，即森林保护合同、造林合同、森林管理合同、自筹资金植树合同）；而后，基金管理组织按约定支付环境服务费用，林地的所有者按约定履行造林、森林保护、森林管理等义务。这项生态补偿制度取得了成功，在其运行后的短短十几年时间（1996～2014 年）里，哥斯达黎加的森林覆盖率提高了 26%。

我国的森林生态补偿主要是指森林生态效益补偿。森林生态效益补偿是指国家在保留森林面积的基础上为了充分发挥生态效益而建立的，它主要是由国家投资筹建，然后森林生态效益的经营者需要以再向国家缴纳一部分的补偿费用的方法来维持生态效益资金循环链条，这些资金再反过来对森林进行保护和管理的一种法律机制。在我国的《森林法》中明确提出要建立森林生态效益补偿基金的基本设想，这部法律主旨是由国家承担这些资金的主体，并通过林业管理部门的预算管理，再由民营注入推动力，使这一机制能够可持续的运行下去。

森林生态效益补偿基金是指各级政府依法设立用于公益林营造、抚育、保护和管理的资金。森林生态效益补偿用于国家级公益林的保护和管理。国家级公益林是指根据国家林业局①、财政部联合印发的《国家级公益林区划界定办法》（林资发〔2017〕34 号）区划界定的公益林林地。

从 2010 年起，中央财政依据国家级公益林权属实行不同的补偿标准：国有的国家级公益林补偿标准为每年每亩 5 元；集体和个人所有的国家级公益林补偿标准从原来的每年每亩 5 元提高到 10 元。2013 年，中央财政进一步提高补偿标准，将集体和个人所有的国家级公益林补偿标准从每年每亩 10 元提高到 15 元。2015 年，将国有国家级公益林补偿标准由每年每亩 5 元提高到了 6 元，2016 年进一步提高到 8 元。各地区的公益林补偿标准也不一样，有的地区按公益林所有者分为国有公益林补偿、集体和个人公益林补偿两类，有的地区按行政级别分为国家公益林补偿和省级公益林补偿，且不同类型的公益林补偿标准不同，具体标准以当地官方发布的文件为准。

以山西省为例，根据山西省财政厅、山西省林业和草原局修订的《林业改革发展资金管理办法》（晋财资环〔2021〕64 号），中央财政森林生态效益补偿补助标准为：国有林 10 元/亩，集体和个人所有公益林（政策到期的上一轮退耕还生态林）16 元/亩，包括管护补助和公共管护支出。管护补助主要用于林权权利人经济补偿、管护国家级公益林的人员和公用经费、一线设施建设及维护、设备购置等支出；公共管护支出按照每年每亩 0.25 元的标准提取，主要用于地方各级林草主管部门开展国家级公益林监督检查和评价等方面的支出。委托国有林场管理的非国有的国家级公益林，对有林地、疏林地、未成林造林地，按照国家管护补助标准补偿林权权利人；对灌木林地、宜林地，按照国家补偿补助标准的 50%补偿林权权利人，其余由省级财政统筹安排，主要用于受托管理国有林场购买管护劳务、公用经费、一线设施建设及维护、设备购置、监督检查和评价等支出，并建立同步调整机制。

---

① 2018 年组建国家林业和草原局，不再保留国家林业局。

（二）区际森林生态补偿

区际森林生态补偿最典型的是碳汇交易，就是发达地区出钱向森林地区购买碳排放指标，这是通过市场机制实现森林生态价值补偿的一种有效途径。这种交易是一些地区或企业通过减少排放或者吸收二氧化碳，将多余的碳排放指标转卖给需要的地区或企业，以抵消这些国家的减排任务。

以新疆维吾尔自治区喀什市麦盖提县为例。新疆维吾尔自治区喀什市麦盖提县是全国唯一完全嵌入沙漠的县，沙漠化面积占该地区总面积的90%，沙尘灾害频发，生态环境十分脆弱。为了落实中央生态文明建设理念，打造绿色文明的社会生活环境，从2013年起，麦盖提县政府启动了公益性生态林建设工程，多方吸引社会资本和当地企业参与绿色麦盖提建设。在极端恶劣的自然条件下，麦盖提县人民不畏风沙酷暑，连续多年奋战，在塔克拉玛干大沙漠西南缘沙地上建造起近20万亩的生态林带，树立了一道南疆大漠的绿色长城。

麦盖提县造林碳汇项目作为新疆地区第一个正式启动的碳汇造林项目，旨在将该地区种植的人工生态公益林开发成符合国家温室气体自愿减排规则的林业碳汇项目，利用市场化手段通过碳交易机制为未来的生态林建设开创新的资金渠道，为新疆生态文明建设和可持续发展提供新的路径和方向。该项目设计文件中确定的造林面积共计10万余亩，树种以新疆杨为主，预计在40年的计入期内产生4 567 227.32吨二氧化碳当量（carbon dioxide equivalence，CO_2e），年减排量114 180.68吨CO_2e。

2017年，国家正式启动全国碳排放权交易市场，以生态脆弱地区为主的公益性生态林将成为碳汇的主要供给方，市场化交易手段将为我国生态补偿机制提供新的动力，前景十分广阔。该项目的启动为新疆地区其他类似项目提供了宝贵经验[191]。

三、流域生态补偿

流域生态补偿是流域环境综合管理的经济手段。随着流域水污染的日益严重和水源地保护任务的日益艰巨，流域环境综合管理被提上日程。由于流域途经的地区较多，这也是区际生态补偿的重点内容。

（一）流域生态补偿的概念界定

2015年11月，江西省率先实施覆盖全境的流域生态补偿。江西省政府印发《江西省流域生态补偿办法（试行）》，决定2016年首期筹集全省流域生态补偿资金 20.91 亿元。这意味着江西省成为全国流域生态补偿覆盖范围最广、资金筹集量最大的省份，实现了自筹资金、跨流域横向补偿等几大政策领域的创新突破。

江西省是长江中下游地区的重要水源省份，鄱阳湖流域占全省总面积的 94%，全省五条主要河流全部汇入鄱阳湖，调蓄后经湖口汇入长江，流域具有完整的生态系统。《江西省流域生态补偿办法（试行）》的出台，对保护好鄱阳湖"一湖清水"，探索建立大湖流域生态保护机制，具有举足轻重的作用，对保障长江中下游和东江流域水生态安全具有重大的战略意义。

《江西省流域生态补偿办法（试行）》探索建立了中央财政争取一块、省财政安排一块、整合各方面资金一块、设区市与县（市、区）财政筹集一块、社会与市场上募集一块的"五个一块"流域生态补偿资金筹措方式，流域范围内所有县（市、区）对促进全省流域可持续发展和水环境质量的改善承担共同责任；综合考虑了流域上下游不同地区受益程度、保护责任、经济发展等因素，在资金分配上向"五河一湖"及东江源头保护区等重点生态功能区倾斜，体现了共同但有区别的责任；流域生态补偿资金分配将水质作为主要因素，同时兼顾森林生态保护、水资源管理因素，对水质改善较好、生态保护贡献大、节约用水多的县（市、区）加大补偿，这将进一步调动各县（市、区）保护生态环境的积极性。

（二）区际流域生态补偿

新安江流域生态补偿机制试点是全国第一个跨省流域生态补偿机制试点。新安江流域生态补偿机制试点取得了阶段性成效，新安江水质保持优良并持续改善，流域内各级干部"保护第一、科学发展"的政绩观进一步确立，广大群众生态保护的意识进一步增强，保护母亲河已成为全社会共识。这为我国探索建立跨区域、跨流域生态补偿机制积累了宝贵的经验。

新安江发源于黄山市休宁县境内海拔 1629 米的六股尖，地跨皖浙两省，为钱塘江正源，是浙江省最大的入境河流。流域总面积 11 452.5 平方千米，干流总长 359 千米，其中，安徽境内流域面积 6736.8 平方千米（黄山市 5856.1 平方千米、绩溪县 880.7 平方千米），干流长 242.3 千米。新安江安徽段平均出境水量占千岛湖年均入库水量的 60% 以上[①]。水质常年达到或优于地表水

---

① 《黄山：生态文明建设的"新安江实践"》，https://www.ah.gov.cn/zwyw/ztzl/zysthjbhdchtk/dfxd/554154701.html，2022-07-19。

河流Ⅲ类标准，是下游地区最重要的战略水源地，是华东地区最坚实的生态安全屏障，也是目前全国水质最好的河流之一。

在国家层面的组织协调和皖浙两省的共同推进下，从 2012 年开始，皖浙两省接续开展了三轮新安江生态补偿机制试点，中央财政及安徽省、浙江省财政累计拨付新安江上游地区补偿资金 60.2 亿元。补偿实施以来，新安江流域水质稳定向好，连续 11 年达到考核要求，跨省断面水质保持地表水Ⅱ类标准以上，每年向千岛湖输送近 70 亿立方米干净水。

2023 年 6 月 5 日，浙江省人民政府、安徽省人民政府在安徽合肥签署《共同建设新安江-千岛湖生态保护补偿样板区协议》。为推动单一补偿向综合补偿升级，此次生态补偿样板区建设在补偿标准、补偿理念、补偿方式、补偿范围等方面全面提档、扩面升级，补偿标准更高。从 2023 年开始，双方每年出资额度从过去的最多出资 2 亿元提升到 4 亿元至 6 亿元，补偿资金总盘增至 10 亿元，并从 2024 年开始，资金总额在 10 亿元基础上参照浙皖两省年度 GDP 增速，建立逐年增长机制。补偿理念更新，引入了产业人才补偿指数 M 值，构建资金、产业、人才全方位的补偿成效评价体系，作为两省分配补偿资金的重要依据。

四、湿地生态补偿

湿地泛指暂时或长期覆盖水深不超过 2 米的低地、土壤充水较多的草甸，以及低潮时水深不过 6 米的沿海地区，包括各种咸水、淡水沼泽地、湿草甸、湖泊、河流，以及洪泛平原、河口三角洲、泥炭地、湖海滩涂、河边洼地或漫滩、湿草原等。按《关于特别是作为水禽栖息地的国际重要湿地公约》的定义，湿地系指不论其为天然或人工、长久或暂时之沼泽地、湿原、泥炭地或水域地带，带有静止或流动，或为淡水、半咸水或咸水水体者，包括低潮时水深不超过 6 米的水域。潮湿或浅积水地带发育成水生生物群和水成土壤的地理综合体，是陆地、流水、静水、河口和海洋系统中各种沼生、湿生区域的总称。

在湿地保护中，每个湿地都是个性鲜明的生态系统，岸上水下相互作用，动物植物相互依存，生态链缺了哪一环，都可能使湿地出现问题。湿地保护具有公共产品属性和外部性特征。湿地的保护者往往并不是最大的受益者，从短期来看，他们甚至是最直接的受害者，无论是退耕还湿还是生态移民，对于生活在湿地区域或者周边的人们而言，都需要他们做出放弃多年来已近乎固化的"靠山吃山"的生活习惯决定。湿地保护具有公共产品的外部性特征，进行湿地生态补偿可以将具有外部性的生态效益内部化，让湿地生态保护者获得一定的经济补偿。

《中共中央 国务院关于 2009 年促进农业稳定发展农民持续增收的若干意见》明确要求，启动湿地生态效益补偿试点。2009 年 6 月召开的中央林业工作会议再次要求建立湿地生态补偿制度。2010 年，财政部建立了中央财政湿地保护补助专项资金，会同国家林业局开展湿地保护补助工作。2011 年 10 月，财政部、国家林业局联合印发了《中央财政湿地保护补助资金管理暂行办法》，为加强湿地保护、建立湿地生态补偿制度奠定了坚实的基础。2010 年和 2011 年，中央财政共安排预算 4 亿元开展湿地保护补助项目，取得了明显成效。

中央财政湿地保护补助资金（以下简称补助资金）是指中央财政预算安排的，主要用于林业系统管理的国际重要湿地、湿地类型自然保护区及国家湿地公园开展湿地保护与恢复相关支出的专项资金。补助资金的安排和使用应坚持以下原则：①多渠道筹集资金，中央财政适当补助；②突出重点，集中投入；③区分轻重缓急，分步实施。补助资金主要用于以下支出范围：①监测、监控设施维护和设备购置支出，具体包括监测和保护站点相关设施维护、巡护道路维护、围栏修建、小型监测监控设备购置和运行维护等所需的专用材料费、购置费、人工费、燃料费等；②退化湿地恢复支出，具体包括植被恢复、栖息地恢复、湿地有害生物防治、生态补水、疏浚清淤等所需的设计费、施工费、材料费、评估费等；③管护支出，湿地所在保护管理机构聘用临时管护人员所需的劳务费等。

五、草原生态补偿

（一）草原征用补偿

草原使用权和承包经营权是农牧民所享有的基本权利，按照 2020 年 1 月 1 日起施行的《土地管理法》第四十八条规定，征收农用地的土地补偿费、安置补助费标准由省、自治区、直辖市通过制定公布区片综合地价确定。制定区片综合地价应当综合考虑土地原用途、土地资源条件、土地产值、土地区位、土地供求关系、人口以及经济社会发展水平等因素，并至少每三年调整或者重新公布一次。同时第四十七条规定县级以上地方人民政府拟申请征收土地的，应当开展拟征收土地现状调查和社会稳定风险评估，并将征收范围、土地现状、征收目的、补偿标准、安置方式和社会保障等在拟征收土地所在的乡（镇）和村、村民小组范围内公告至少三十日，听取被征地的农村集体经济组织及其成员、村民委员会和其他利害关系人的意见。征用农牧民集体所有的草原，要兼顾国家、集体、个人三者的权益，依法妥善安置好草原承包者的生产和生活，做到其生活水平不降低。

集体草原补偿是征用单位向原所有权单位支付有关开发、投入、产出的补偿。集体经济组织为了提高草原的产值，方便牧民群众生产，对其开发利用时进行的投入，如兴修水利灌溉系统，修建牧道、药浴池、配种站、牲畜圈舍、农村引水设施、围栏、防火设施等基础设施投入进行适当补偿。

国家所有的草原绝大多数已承包到户，这是广大农牧民的基本生产、生活资料。建设使用这部分草原意味着承包经营者将失去基本生产生活资料，因此必须对其进行补偿。补偿也应包括两部分：一是对农牧民失去草原的补偿；二是对畜牧业生产基础设施建设投入损失的补偿。

（二）草原恢复补偿

2010 年，国家发展改革委和财政部联合印发了《关于同意收取草原植被恢复费有关问题的通知》和《关于草原植被恢复费收费标准及有关问题的通知》，这是依据《中华人民共和国草原法》出台的两个重要的政策性文件。进行矿藏勘查开采和工程建设征用或使用草原的单位和个人，应向省级草原行政主管部门或其委托的草原监理站（所）缴纳草原植被恢复费。因工程建设、勘查、旅游等活动需要临时占用草原且未履行恢复义务的单位和个人，应向县级以上地方草原行政主管部门或其委托的草原监理站（所）缴纳草原植被恢复费。草原植被恢复费的收费标准由各省、自治区、直辖市价格主管部门会同财政部门核定，并报国家发展改革委、财政部备案。草原植被恢复费纳入财政预算管理，专项用于草原行政主管部门组织的草原植被恢复、保护和管理。使用范围包括：草原调查规划、人工草原建设、草原植被恢复、退化沙化草原改良和治理、草原生态监测、草原病虫害防治、草原防火和管护等开支。

六、自然保护区生态补偿

自然保护区是指对有代表性的自然生态系统、珍稀濒危野生动植物物种的天然集中分布区、有特殊意义的自然遗迹等保护对象所在地的陆地、陆地水域和海域，依法划出一定面积予以特殊保护和管理的区域。建立自然保护区是保护生态环境和自然资源的有效措施，是维护生态安全的有力手段，是实现永续发展的重要保障。自然保护区属于禁止开发区域，严禁在自然保护区内开展不符合功能定位的开发建设活动。地方各有关部门要严格执行《中华人民共和国自然保护区条例》等相关法律法规，禁止在自然保护区核心区、缓冲区开展任何开发建设活动，建设任何生产经营设施；在实验区不得建设污染环境、破坏自然资源或自然景观的生产设施。

自然保护区可以分为核心区、缓冲区和实验区。相关法律规定,自然保护区内保存完好的天然状态的生态系统,以及珍稀、濒危动植物的集中分布地,应当划为核心区。核心区外围可以划定一定面积的缓冲区,只准进入从事科学研究观测活动。缓冲区外围划为实验区,可以进入从事科学试验、教学实习、参观考察、旅游以及驯化、繁殖珍稀、濒危野生动植物等活动。

广西壮族自治区贺州市按照"谁开发、谁保护,谁破坏、谁恢复,谁受益、谁补偿,谁污染、谁付费"的原则,创建生态补偿基金,由市级财政和龟石水库下游 4 个受益县(区)每年共安排 1000 万元划入基金账户,生态补偿基金达 4000 万元,对保护区的核心区、缓冲区和实验区 5500 多名群众每人每年给予 1500 元补助;对保护区符合低保、农村危旧房补助条件的群众给予优先考虑,发放低保金 330 多万元;保护区群众全面享受入园、农村义务教育、高中助学金、大学新生入学等政策补偿,分别给予在校小学生、初中生每人每年 1000 元、1250 元生活补助。

七、水资源开发生态补偿

在水资源的开发与利用的过程中,不仅出现了水资源和水环境遭到严重破坏的现象,同时对城乡居民的社会经济的生存和健康发展造成了严重的威胁,尽管近几年人们逐渐意识到了这一点,并采取适当的行政和法律手段来扭转,但由于缺乏足够的有关水资源价值的知识,所采取的措施缺乏广泛的经济和社会基础,导致预期与现实相差甚远。

(一)以财政转移支付方式为主导

在《中华人民共和国水污染防治法》第八条中就有了很明确的规定,即国家通过财政转移支付等方式,建立健全对位于饮用水水源保护区区域和江河、湖泊、水库上游地区的水环境生态保护补偿机制。水资源丰富但发展落后的地区在为经济快速发展地区提供生产生活用水的同时要承受着经济发展快速的地区产生的工业废物,由于发展落后地区的财政能力有限,久而久之便形成了这样一种情况:一方面在经济发达地区,享受着落后地区带来的生态服务,另一方面,落后地区的发展没有得到任何补偿。为避免继续加剧地区间的发展不平衡,我国在建立生态补偿的转移支付制度中主要采用两种方式:一种是传统的纵向转移支付方式,另一种是近几年来所说的横向转移支付制度。横向转移支付制度是对纵向转移支付制度的一个有益的补充。

在水资源受到污染时往往因为现行制度下不同政府部门之间的分工不是十分明确,且水资源涉及多个行政区域,在确定责任主体和补偿责任方面有很大困难，多方面导致当地居民无法得到补偿，在这种状况下，国家又不能直接放任该地居民承受水资源环境生态破坏所带来的后果，便只能通过财政转移支付来补偿当地居民。这种制度状态下，很难真正做到"损害担责"，本该进行的水资源生态补偿反而变成了国家财政以帮扶名义进行的补偿。

（二）以新兴的水权交易为辅

进行水权交易，不仅能够有效地提高水资源的利用效率，并且能使水资源丰富但发展落后的地区在为发达地区提供生产生活所用水的同时，自身的经济得到迅速发展，发展落后的地区通过收取转移水权的收入，以此进行水资源的保护和管理，虽然水量减少但是可以在水资源受到污染时进行合理的治理。在水权交易方面，由于和水资源国家所有权存在一定的冲突，加上我们国家目前并没有一个十分成熟的规范化水权市场，通过水权交易进行的水资源污染补偿方式还有待进一步完善。

2000 年 11 月 24 日东阳、义乌水权转让一案打破了我国水权市场空白，标志着我国水权市场的正式诞生。东阳市把无偿弃水和农业节水变成了有偿收入，实现了资源的优化配置，对水利基础设施及农业生产发展起到了积极的促进作用。

随着经济的快速发展，发达地区的城市用水必然挤占落后地区的农业用水，出现农业用水向城市用水的转移情况。在实务中水权交易能够使水资源产生更高的效益，从而避免因开发高价水资源而造成生态破坏，但同时也会产生一种不好的结果，经济落后的农村地区可能会因为水权可以换取利益而无节制地进行水权交易进而侵犯到国家水资源的所有权。

《中华人民共和国水法》规定，水资源属于国家所有。近些年来各地进行的尝试并非真正意义上的水权交易，充其量只是水量转让。水权交易是指水资源使用权的部分或全部转让，通常先由国家将水权分配给各省市，各省市再细分到基层，各地用不完的指标则可以相互交易。之前的水量转让是两地政府之间以协商形式进行相互协调，而水权交易则是在国家赋予地方使用权的基础上，按照市场原则公开交易，这是质的飞跃。

八、矿产资源生态补偿

矿产资源生态补偿是指对矿产资源开发过程中造成的生态破坏进行赔偿和对生态环境进行治理恢复。完善的矿产资源生态补偿制度能够有效减少和遏制矿产资源开发利用过程中对环境的破坏。

（一）征收矿产资源补偿费

为了保障和促进矿产资源的勘查、保护和合理开发，维护国家对矿产资源的财产权益，根据《中华人民共和国矿产资源法》及 1994 年 2 月 27 国务院令第 150 号《矿产资源补偿费征收管理规定》（1997 年 7 月 3 日国务院令第 222 号修改），在中华人民共和国领域和其他管辖海域开采矿产资源，应当依照规定缴纳矿产资源补偿费。矿产资源补偿费是一种财产性收益，它是矿产资源国家所有权在经济上的实现形式。矿产资源补偿费由中央和地方共享。地矿主管部门会同同级财政部门负责征收。

矿产资源补偿费由所在市自然资源主管部门和区、县级地矿主管部门会同同级财政部门负责征收。中央直属矿山企业、市属国有矿山企业和跨区县矿山企业的补偿费，由市自然资源主管部门负责征收，其他各类矿山企业的补偿费由区县地矿主管部门负责征收。

按照《矿产资源补偿费征收管理规定》第五条的计算公式，矿产资源补偿费收费标准是：征收矿产资源补偿费金额 = 矿产品销售收入×补偿费费率×开采回采率系数。

2013 年，《国土资源部关于进一步规范矿产资源补偿费征收管理的通知》（国土资发〔2013〕77 号）指出，矿山开采回采率高低直接反映矿产资源的开发利用水平，所有应考核开采回采率的矿山要严格按照国务院令第 150 号规定的方式，即矿产资源补偿费征收金额 = 矿产品销售收入×费率×开采回采率系数（核定开采回采率与实际开采回采率之比），运用开采回采率系数的实际结果计算征收金额，实际开采回采率高于核定开采回采率，开采回采率系数小于 1，相应地少缴，反之多缴，充分发挥开采回采率系数的引导和调节作用。

（二）征收矿山地质环境治理恢复基金

根据国家关于矿产资源权益金制度改革的要求，2017 年财政部、国土资源部①、环境保护部联合印发的《关于取消矿山地质环境治理恢复保证金建立矿山地质环境治理恢复基金的指导意见》，以基金的方式筹集治理恢复资金，专项用于矿山地质环境治理恢复与监测。2019 年 7 月，《自然资源部关于第一批废止和修改的部门规章的决定》（自然资源部令第 5 号）对《土地复垦条例实施办法》和《矿山地质环境保护规定》进行了修改，明确了矿

---

① 2018 年组建自然资源部，不再保留国土资源部。

山地质环境保护与土地复垦方案、编制与监管要求，并调整基金的使用范围，将采矿生产项目的土地复垦费用预存纳入基金，实行统一管理。其中第十七条修改为："采矿权人应当依照国家有关规定，计提矿山地质环境治理恢复基金。基金由企业自主使用，根据其矿山地质环境保护与土地复垦方案确定的经费预算、工程实施计划、进度安排等，统筹用于开展矿山地质环境治理恢复和土地复垦"。第三十一条修改为："违反本规定，未按规定计提矿山地质环境治理恢复基金的，由县级以上自然资源主管部门责令限期计提；逾期不计提的，处 3 万元以下的罚款。颁发采矿许可证的自然资源主管部门不得通过其采矿活动年度报告，不受理其采矿权延续变更申请"。

九、海洋生态补偿

海洋生态补偿是调整海洋开发与海洋生态保护关系，促进海洋资源集约利用和海洋生态环境保护的有效途径，也是长远之策。海洋生态补偿的手段主要如下。

一是财政转移支付。我国自 1994 年实施分税制以来，财政转移支付成为中央平衡地方发展和补偿的重要途径。自 2010 年起，我国相继开展了海域海岸整治修复工程和海岛的整治修复工程，有效保护了海洋资源环境，提升了资源环境承载能力。财政转移支付为生态补偿提供了资金保障，依靠财政转移支付政策，从制度上制定与保护海洋生态环境相关的生态补偿支出项目，用于保护和利用海洋资源。

二是专项基金。专项基金是我国开展海洋生态补偿的重要形式，由国家或地方财政专项资金，对有利于海洋生态保护和建设的行为进行资金补贴和技术扶助。例如，中央海岛保护专项资金用于海岛的保护、生态修复。海洋捕捞渔民转产转业专项资金用于吸纳和帮助转产渔民就业、带动渔区经济发展、改善海洋渔业生态环境的项目补助。

三是重点工程。政府通过直接实施重大海洋生态建设工程，不仅可以直接改变项目区的生态环境状况，而且为项目区的政府和民众提供了资金、物资和技术上的补偿。海洋自然保护区、海洋特别保护区、海洋公园及海洋生态文明示范区建设，对于引导当地居民转变生产生活方式、减轻生态环境压力具有重要的积极意义。

四是资源税（费）。征收资源税（费）是"使用者付费"原则的体现，一方面为资源保护提供了一定的资金支持，实现资源的稀缺价值；另一方面则通过资源价格的变化，引导经济发展模式。2020 年施行的《中华人民共和国资源税法》规定在中华人民共和国领域和中华人民共和国管辖的其他海域开发应税资源的单位和个人，为资源税的纳税人，应当缴纳资源税。《中华人民共和国渔业法》和《渔业资源增殖保护费征收使用办法》对渔业资源增殖征收保护费做出了相关规定。

五是倾倒收费制度。倾倒收费制度是指一切向海洋倾倒废弃物者，都必须按照国家的有关规定，缴纳用于补偿海洋环境污染的费用。依据《中华人民共和国海洋环境保护法》，我国建立了海洋倾倒许可证制度。海洋倾倒许可证制度在激励海洋开发工程建设减少污水排放，促进排污企业加强污染治理，节约和综合利用资源，促进海洋环境保护事业的发展过程中发挥了重要作用。

2006 年国务院印发的《中国水生生物资源养护行动纲要》第五部分第二条明确提出"完善工程建设项目环境影响评价制度，建立工程建设项目资源与生态补偿机制，减少工程建设的负面影响，确保遭受破坏的资源和生态得到相应补偿和修复。对水利水电、围垦、海洋海岸工程、海洋倾废区等建设工程，环保或海洋部门在批准或核准相关环境影响报告书之前，应征求渔业行政主管部门意见；对水生生物资源及水域生态环境造成破坏的，建设单位应当按照有关法律规定，制订补偿方案或补救措施，并落实补偿项目和资金。相关保护设施必须与建设项目的主体工程同时设计、同时施工、同时投入使用"。

2007 年 12 月农业部①发布的《建设项目对海洋生物资源影响评价技术规程》第八条指出，建设项目对海洋生物资源与生态环境保护应该按照"谁开发谁保护、谁受益谁补偿、谁损害谁修复"的原则；工程造成海洋生物资源量损害的，要依据影响的范围和程度，制定补偿措施；工程造成渔业生产作业范围缩小、渔民传统作业方式改变而致使渔民收入下降的，应提出具体补偿措施或建议；工程造成工程周边渔民完全无法从事渔业生产的，应提出切实可行的安置措施或建议。

2016 年 1 月山东省出台全国首个海洋生态补偿管理办法。山东省财政厅、山东省海洋与渔业厅联合印发《山东省海洋生态补偿管理办法》（以下简称《办法》），自 2016 年 3 月 1 日起施行，共分 5 章 26 条，分别对海洋生态补偿的概念、范围、评估标准、核定方式、征缴使用等进行了明确，是海洋生态文明建设的一项制度创新，同时也是全国首个海洋生态补偿管理规范性文件。《办法》明确，海洋生态补偿是以保护海洋生态环境、促进人海和谐为目的，根据海洋生态系统服务价值、海洋生物资源价值、生态保护需求，综合运用行政和市场手段，调节海洋生态环境保护和海洋开发利用活动之间利益关系，建

---

① 2018 年组建农业农村部，不再保留农业部。

立海洋生态保护与补偿管理机制。海洋生态补偿包括海洋生态保护补偿和海洋生态损失补偿。海洋生态补偿遵循环境公平、社会公平，坚持使用资源付费和谁污染环境、谁破坏生态谁付费原则，实行资源有偿使用制度和生态补偿制度。

在《办法》第二章海洋生态保护补偿管理中，说明海洋生态保护补偿是指各级政府履行海洋生态保护责任，对海洋生态系统、海洋生物资源等进行保护或修复的补偿性投入。海洋生态保护补偿资金主要包括各级财政投入、用海建设项目海洋生态损失补偿资金等。鼓励和引导社会资本参与海洋生态保护建设投入。海洋生态保护补偿范围主要包括海洋自然保护区、海洋特别保护区、水产种质资源保护区；划定为海洋生态红线区的海域；省或设区的市人民政府确定需保护的其他海域；国家一类、二类保护海洋物种；列入《中国物种红色名录》中的其他海洋物种；渔业行政管理部门确定需保护的其他海洋物种。《办法》中海洋生态保护补偿形式主要有：浅海海底生态再造，实行播殖海藻、投放人工鱼礁等，恢复浅海渔业生物种群；海湾综合治理，修复保护海洋生态、景观和原始地貌，恢复海湾生态服务功能；河口生境修复，实行排污控制、河口清淤、植被恢复，修复受损河口生境和自然景观；优质岸线恢复，清理海滩和岸滩，退出占有的优质岸线，恢复海岸自然属性和景观；潮间带湿地绿化；其他需要进行的海洋补偿形式。

之后一些沿海省（自治区、直辖市）或城市陆续出台了一些海洋生态补偿管理的办法与条例。2017 年 9 月，福建省出台《福建省海岸带保护与利用管理条例》；2017 年 11 月，江苏省连云港市出台《关于加强海洋生物资源损失补偿管理工作的意见》；2018 年 4 月，厦门市出台《厦门市海洋生态补偿管理办法》（有效期 3 年）；2019 年 10 月，广西壮族自治区出台《广西壮族自治区海洋生态补偿管理办法》（有效期 5 年）；2020 年 6 月，河北省出台《河北省海洋生态补偿管理办法》（有效期 5 年）；2020 年 9 月，海南省三亚市出台《三亚市潜水活动珊瑚礁生态损失补偿办法》（有效期 5 年）；2020 年 12 月山东省出台《山东省海洋环境质量生态补偿办法》（有效期 3 年）；2020 年 12 月，海南省出台《海南省生态保护补偿条例》；2021 年 7 月，广东省出台《海岸线占补实施办法（试行）》（有效期 3 年）。

第五节　区际生态补偿生态功能区划模式分析

一、主体功能区规划及重点生态功能区

2006 年以来，国家发展改革委组织编制了《全国主体功能区规划》，指

导地方编制省级功能区规划，为建立生态补偿机制提供了空间布局框架和制度基础。2010年《国务院关于印发全国主体功能区规划的通知》（国发〔2010〕46号），将我国国土空间分为以下主体功能区：按开发方式，分为优化开发区域、重点开发区域、限制开发区域和禁止开发区域；按开发内容，分为城市化地区、农产品主产区和重点生态功能区；按层级，分为国家和省级两个层面。

优化开发区域、重点开发区域、限制开发区域和禁止开发区域，是基于不同区域的资源环境承载能力、现有开发强度和未来发展潜力，以是否适宜或如何进行大规模高强度工业化城镇化开发为基准划分的。

城市化地区、农产品主产区和重点生态功能区，是以提供主体产品的类型为基准划分的。城市化地区是以提供工业品和服务产品为主体功能的地区，也提供农产品和生态产品；农产品主产区是以提供农产品为主体功能的地区，也提供生态产品、服务产品和部分工业品；重点生态功能区是以提供生态产品为主体功能的地区，也提供一定的农产品、服务产品和工业品。

优化开发区域是经济比较发达、人口比较密集、开发强度较高、资源环境问题更加突出，从而应该优化进行工业化城镇化开发的城市化地区。

重点开发区域是有一定经济基础、资源环境承载能力较强、发展潜力较大、集聚人口和经济的条件较好，从而应该重点进行工业化城镇化开发的城市化地区。优化开发和重点开发区域都属于城市化地区，开发内容总体上相同，开发强度和开发方式不同。

限制开发区域分为两类：一类是农产品主产区，即耕地较多、农业发展条件较好，尽管也适宜工业化城镇化开发，但从保障国家农产品安全以及中华民族永续发展的需要出发，必须把增强农业综合生产能力作为发展的首要任务，从而应该限制进行大规模高强度工业化城镇化开发的地区；一类是重点生态功能区，即生态系统脆弱或生态功能重要，资源环境承载能力较低，不具备大规模高强度工业化城镇化开发的条件，必须把增强生态产品生产能力作为首要任务，从而应该限制进行大规模高强度工业化城镇化开发的地区。

禁止开发区域是依法设立的各级各类自然文化资源保护区，以及其他禁止进行工业化城镇化开发、需要特殊保护的重点生态功能区。国家层面禁止开发区域，包括国家级自然保护区、世界文化自然遗产、国家级风景名胜区、国家森林公园和国家地质公园。省级层面的禁止开发区域，包括省级及以下各级各类自然文化资源保护区、重要水源地以及其他省级人民政府根据需要确定的禁止开发区域。

各类主体功能区见图 3-1,在全国经济社会发展中具有同等重要的地位,只是主体功能不同,开发方式不同,保护内容不同,发展首要任务不同,国家支持重点不同。对城市化地区主要支持其集聚人口和经济,对农产品主产区主要支持其增强农业综合生产能力,对重点生态功能区主要支持其保护和修复生态环境。

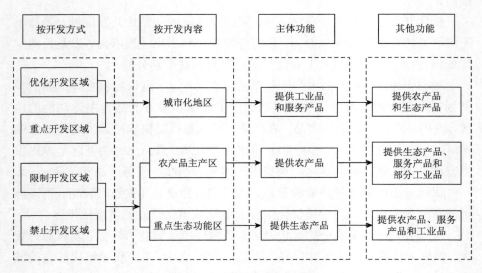

图 3-1   主体功能区分类图

国家重点生态功能区属于限制开发区域或禁止开发区域。国家重点生态功能区要以保护和修复生态环境、提供生态产品为首要任务,因地制宜地发展不影响主体功能定位的适宜产业,引导超载人口逐步有序转移。

(1)水源涵养型。推进天然林草保护、退耕还林和围栏封育,治理水土流失,维护或重建湿地、森林、草原等生态系统。严格保护具有水源涵养功能的自然植被,禁止过度放牧、无序采矿、毁林开荒、开垦草原等行为。加强大江大河源头及上游地区的小流域治理和植树造林,减少面源污染。拓宽农民增收渠道,解决农民长远生计,巩固退耕还林、退牧还草成果。

(2)水土保持型。大力推行节水灌溉和雨水集蓄利用,发展旱作节水农业。限制陡坡垦殖和超载过牧。加强小流域综合治理,实行封山禁牧,恢复退化植被。加强对能源和矿产资源开发及建设项目的监管,加大矿山环境整治修复力度,最大限度地减少人为因素造成新的水土流失。拓宽农民增收渠道,解决农民长远生计,巩固水土流失治理、退耕还林、退牧还草成果。

(3)防风固沙型。转变畜牧业生产方式,实行禁牧休牧,推行舍饲圈养,以草定畜，严格控制载畜量。加大退耕还林、退牧还草力度，恢复草原植被。加强对内陆河流的规划和管理，保护沙区湿地，禁止发展高耗水工业。对主要沙尘源区、沙尘暴频发区实行封禁管理。

（4）生物多样性维护型。禁止对野生动植物进行乱捕滥采，保持并恢复野生动植物物种和种群的平衡，实现野生动植物资源的良性循环和永续利用。加强防御外来物种入侵的能力，防止外来有害物种对生态系统的侵害。保护自然生态系统与重要物种栖息地，防止生态建设导致栖息环境的改变。

国家禁止开发区域的功能定位是：我国保护自然文化资源的重要区域，珍稀动植物基因资源保护地。根据法律法规和有关方面的规定，国家禁止开发区域共 1443 处，总面积约 120 万平方千米，占全国陆地总面积的 12.5%。今后新设立的国家级自然保护区、世界文化自然遗产、国家级风景名胜区、国家森林公园、国家地质公园，自动进入国家禁止开发区域名录。

各省（自治区、直辖市）及新疆生产建设兵团要根据国务院有关文件精神、规划确定的开发原则和以下具体原则，编制省级主体功能区规划并组织实施。省级主体功能区原则上划分为优化开发、重点开发、限制开发和禁止开发区域四类，也可根据国土空间评价划分为三类，但应有限制开发和禁止开发区域。限制开发区域应区分为农产品主产区和重点生态功能区。

二、重点生态功能区生态补偿

为加强生态环境保护，推进基本公共服务均等化，2008 年起，中央财政设立国家重点生态功能区转移支付，通过明显提高转移支付补助系数等方式，加大对青海三江源、南水北调中线水源地等国家重点生态功能区和国家级自然保护区、世界文化自然遗产等禁止开发区域的一般性转移支付力度。

2014 年，为了加快生态文明制度建设，避免重蹈"先污染，后治理""先破坏，后修复"的覆辙，按照"完善对重点生态功能区的生态补偿机制"等要求，经国务院批准，中央财政又将河北环京津生态屏障、西藏珠穆朗玛峰等区域内的 20 个县纳入国家重点生态功能区转移支付范围，享受转移支付的县市已达 512 个。2008～2014 年，中央财政累计拨款国家重点生态功能区转移支付 2004 亿元，其中，2014 年 480 亿元。

同时，财政部会同环保部继续对国家重点生态功能区环境状况和自然生态进行全面监控和评价，并根据生态环境监测结果实施相应奖惩。

第六节　区际生态补偿运作模式分析

从运作模式上分类，区际生态补偿可以大致分为政府补偿、市场补偿和社会补偿三种形式。

一、政府补偿

根据中国的实际情况，政府补偿机制是目前开展生态补偿最重要的形式，也是目前比较容易启动的补偿方式。政府补偿机制是以国家或上级政府为实施和补偿主体，以区域、下级政府或农牧民为补偿对象，以国家生态安全、社会稳定、区域协调发展等为目标，以财政补贴、政策倾斜、项目实施、税费改革和人才技术投入等为手段的补偿方式。政府补偿方式中包括下面几种：财政转移支付、差异性的区域政策、生态保护项目实施、环境税费制度等。

区际生态补偿中的政府补偿模式主要包括：财政转移支付、生态补偿税、生态补偿专项资金、财政补贴、生态移民、生态补偿保证金、项目支持与对口援助、优惠贷款。

1. 财政转移支付

区际生态补偿中，生态区和经济区通常由不同的行政区管理，一般不能由生态区直接向经济区索取生态建设补偿费用，而只能通过国家或上级政府在经济区征税，然后以财政转移支付形式向生态区提供生态补偿费用。从全国来看，经济区是财政收入的主要来源，需要通过法律规定，按照财政收入的一定比例提取生态补偿费，建立生态补偿基金。建立科学的生态保护和建设业绩评价体系，由国家或上级政府组织对生态区环境保护实效进行全面评估，实行转移支付。

1）中央政府财政转移支付

中央政府在安排生态补偿财政转移支付资金时，主要针对全局性的补偿问题，将全国作为一盘棋，通盘考虑，加大对中西部地区、生态效益地区的转移支付力度，改进转移支付办法，突出对生态地区的转移支付，设立重点生态区的专项资金和西部生态补偿与生态建设基金。对欠发达县实行税收增量返还和激励性转移支付办法，促进县域经济的协调发展。

2）省级财政转移支付

省级财政转移支付应根据本省具体情况，合理安排财政转移支付的方向、规模，明确投资重点、分配使用原则和专项资金的使用范围等内容。重点是对重要生态功能区的支持，关注本省欠发达地区的生态补偿的落实。设立环境整治与保护专项资金，整合现有市级财政转移支付和补助资金。在资金安排使用过程中，市级各部门明确倾斜性的生态环境保护项目，结合年度环境保护和生态建设目标责任制考核结果安排项目。根据当地排污总量和生态环境部公布的污染物治理成本测算，安排补偿资金的额度，原则上应按上年度辖区内环境污染治理成本的一定比例安排补偿资金。各省、市等地方政府可以就本地区生态环境项目设立地方补偿资金，并可在补偿计划上单列出对物权受限人的补偿。设立这种多层次的补偿资金可以对地方环境保护起到刺激作用，同时形成上下多层的互动机制。

　　3）建立乡镇财政保障制度

　　首先，针对分税制改革带来的地方乡镇财政收入减少的现状，县财政通过转移支付补足乡镇生态补偿资金缺口。其次，针对部分乡镇在保护生态环境方面所做的牺牲，县财政应将增加的生态保护补偿预算资金，列入每年度财政预算。

　　财政投入是构建生态补偿机制的重要组成部分，财政应根据不同的生态保护和生态补偿的要求，以不同的形式，制定不同的财政补偿投入政策，采取不同的措施，加大对环境保护建设的投入力度，补偿维持生态环境良性循环的公共资金。

　　2. 生态补偿税

　　生态补偿资金筹措渠道是多方面的，但生态税收收入是其中重要的来源。借鉴国外先进的生态税收建设经验，完善生态税收政策，建立与生态补偿机制相适应的生态税收体系，是税制改革的要求，也是经济、社会、环境和谐发展的需要。

　　1）资源税

　　（1）资源税的课征范围。资源税的课征范围除包括自然资源中的矿产资源（非金属矿原矿、金属矿原矿、黑色金属矿原矿、石油、天然气、煤炭）和盐之外，还可以开征：①水资源税，以解决我国日益突出的缺水问题；②森林资源税和草场资源税，避免和防止生态破坏行为；③稀缺性的可再生资源可以纳入资源税征税范围；④土地使用税，将在农村占有土地用于非农业生产纳入土地使用税征税范围之中，对于农民居住用地给予税收优惠，平衡城乡之间土地使用税的税收负担。

　　（2）多层次的资源税体系。完善的资源税体系应该涵盖开采者开发资源、生产者耗费资源、消费者消费以资源为原材料而生产的产品及对其产生的废弃物进行处置的整个过程。在各个环节，根据各自的特点，设置相应的税种，形成协调统一、目标一致的资源税体系。第一，在开采阶段，设置资源税。引导资源的合理开发，限制在资源开采过程中发生"采富弃贫"的现象。第二，在生产阶段，设置生态税。首先在生产过程中限制使用稀缺资源以及不可再生资源，对以稀缺资源和不可再生资源为原料进行生产的行为征税；对生产过程中使用替代品行为给予一定的税收优惠。其次根据生产过程对环境的影响，限制生产行为以减少对自然环境产生的污染，避免走西方发达国家在工业化过程中所走的"先污染，再治理"的弯路。第三，对产品的消费行为，通过科学地设置消费税税目，对消费行为和消费习惯进行限制或鼓励，通过引导消费行为，诱导消费方向，间接影响资源品在生产中的运用和资源的开发。这种间接作用在市场经济条件下效果更好。第四，对废弃物的处置征收环境保护税，使企业产生的外部成本通过税金的形式集中起来，为国家治理环境提供资金保证。通过上述各环节的协调统一，实现资源的合理开发和有效利用。

（3）资源税的计税依据和税率。对资源税的计税依据和税率的合理配置分两个层次。首先以开采量为计税依据，设计合理的定额税率，在这一层次主要解决对绝对地租的分配问题，即所有权垄断应取得的收益。然后，再以销售价格为计税依据，设计合理的比例税率，在这一层面上解决相对地租，即经营垄断带来的超额利润。将资源税的计税依据从销售数量改为开采量，使企业积压的资源产品也负担税收，增加了企业的成本，使企业从关心本企业微观效益角度合理安排资源的开发，引导企业珍惜与节约国家资源，避免过度开采。以销售价格为计税依据，使资源税的税额随着资源价格的变动而变动，价格杠杆和税收杠杆相互协调，发挥调节作用。

2）消费税

为了增强消费税的环境保护效应，筹措生态补偿资金，对现行的消费税进行改革。扩大消费税征收范围，将天然气、液化气、煤炭等二氧化碳排放量大的能源类产品作为应税消费品；把一些可能造成环境破坏的产品（如电池、杀虫剂、一次性塑料用品等）纳入征税范围，达到以较低的成本刺激厂商或个人减少污染。适当提高含铅汽油的税率，以抑制含铅汽油的消费，推动汽车燃油无铅化进程。在继续实行对不同排气量的小汽车适用差别税率的基础上，应对排气量相同的汽车，视其是否安装尾气净化装置而实行区别对待，并应明确规定对使用"绿色"燃料的汽车免征消费税，以促使消费者和制造商做出有利于降低污染的选择。

3）环境保护税

在生态经济建设过程中，各国都在努力寻求经济发展、环境保护和税制建设的最佳结合点，环境税收政策日益发挥重要作用。各国政府的环境保护税大致可分为以下几种。

（1）对污染排放物进行课税。征收此类税的目的是利用税收政策限制或禁止某些经济活动。主要税种有二氧化碳税、二氧化硫税、水污染税、固体废物税、垃圾税等。

（2）对有污染环境后果和资源消耗较大的产品征税。征收此类税的目的在于通过课税促进企业最大效率地利用能源、燃料和原料，并能回收循环使用，减少废物的遗弃与排放，减轻环保压力，并节约能源。主要税种有润滑油税、旧轮胎税、饮料容器税等。

（3）对造成其他社会公害的行为征税。例如，为了控制噪声对人类生活环境的危害，针对飞机和工业交通所产生的噪声，根据噪声水平和噪声特征征收噪声税；为减小城市交通压力，改善市区环境开征拥挤税。

依法设立的城乡污水集中处理、生活垃圾集中处理场所超过国家和地方规定的排放标准向环境排放应税污染物的，应当缴纳环境保护税。企业事业单位和其他生产经营者贮存或者处置固体废物不符合国家和地方环境保护标准的，应当缴纳环境保护税。

4）排污收费制度

逐步扩大排污收费的范围，将各种污染源纳入收费范围内，制定严格的征收标准，加大收缴力度。按照"污染者付费"原则，将环境要素成本量化纳入企业生产成本，按照"谁开发谁保护，谁利用谁补偿"的原则，建立公平合理的生态补偿机制。我国于 1982 年公布实施了《征收排污费暂行办法》，2018 年 1 月 1 日排污费已经停征。

3. 生态补偿专项资金

生态补偿专项资金是各级政府对因保护和恢复生态环境及其功能，经济发展受到限制的村（含涉农社区，下同）给予经济补偿而设立的专项资金。

生态补偿资金每年补偿一次，资金由各级财政预算安排，并按照政府政策文件规定补偿对象和标准拨付。当年安排的生态补偿专项资金有结余的，可结转下年使用。

生态补偿专项资金由各地区根据各地生态保护责任履行情况和考核结果制定分配办法，报各镇人大审查、备案，并接受监督。

生态补偿专项资金主要用途。各地区获得的生态补偿资金主要用于生态环境保护、农户补偿、农田和环境基础设施建设、社会公益事业建设等。

各地区使用生态补偿资金时，由利益方提出使用方案，经当地代表会议审议通过，报属地政府备案。使用方案和使用结果应作为政务公开重要内容向社会公开。

生态补偿专项资金不得用于发放村政府干部工资、奖金、津贴及福利等；不得用于考察、旅游、接待及购置交通工具等支出。

4. 财政补贴

政府财政预算外资金来源主要包括环境保护税、资源使用费等。根据国际的经验，这种形式的补贴经常应用在能源部门。其做法是对使用矿物燃料的企业征收较高的税费，用这部分收入来补贴不使用矿物燃料的企业。对于有利于资源保护的经济行为减免税费，如对农民减免农业税、特产税、教育附加费等，同样可以起到鼓励正确的行为方式的作用。我国中央财政除了进行生态补偿转移支付外，还对国家级自然保护区、国家级风景名胜区、国家森林公园、国家地质公园等禁止开发区给予补助。

5. 生态移民

生态移民也称环境移民，指原居住在自然保护区、生态环境严重破坏地区、生态脆弱区，以及自然环境条件恶劣、基本不具备人类生存条件的地区的人口，搬离原来的居住地，在另外的地方定居并重建家园的人口迁移。中国是从 2000 年开始实施生态移民的，仅西部地区就约有 700 万名居民实现了移民。

生态移民的原因主要有两个。一是为了保护或者修复某个地区特殊的生态而进行的人口迁移，如三江（长江、黄河、澜沧江）源地区的大规模移民。三江源是中国最大的生态功能区和水源涵养地，对广大中下游地区乃至全国的可持续发展起着生态屏障作用，由于人类活动加剧了这个地区生态的退化，因此采取自然修复的办法，将当地居民移往他处。二是自然环境恶劣，当地不具备就地帮扶的条件而将当地人民整体迁出的移民，如贵州省麻山地区，因水土资源不断流失而呈现"石漠化"（石质荒漠化）现象，当地人民失去生存的基本条件，不得不迁往他乡。

从移民的目的来看，生态移民通过将生活在恶劣环境条件下的居民搬迁到生存条件更好的地区，一是可以避免人类对原本脆弱的生态环境继续进行破坏，使生态系统得以恢复和重建；二是可以通过异地开发，逐步改善落后地区人口的生存状态；三是减小自然保护区的人口压力，使自然景观、自然生态和生物多样性得到有效保护。

6. 生态补偿保证金

保证金是为了保证履行某种义务而缴纳的一定数量的资金，如在证券市场融资购买证券时，投资者所需缴纳的自备款；投标建设工程的企业在投标活动中，随投标文件一同交给招标人的一定形式、一定金额的投标责任担保；为能确保购买到某一商品或某项服务时，预付给商家的押金或定金等。支付保证金的目的就是确保权益人得到自己的权益，同时促使相关义务方履行责任的保障。

生态补偿保证金主要存在于矿山开发领域。1977 年，美国国会通过的《露天采矿管理与复垦法》（Surface Mining Control and Reclamation Act，SMCRA）。根据 SMCRA，任何一个企业进行露天矿的开采，都必须得到有关机构颁发的许可证：矿区开采实行复垦抵押金制度，未能完成复垦计划的其押金将被用于资助第三方进行复垦；采矿企业每采掘一吨煤，就要缴纳一定数量的废弃老矿区的土地复垦基金，用于 SMCRA 实施前老矿区土地的恢复和复垦。英国的《环境保护法》、德国的《联邦矿产法》等也都作了类似的规定。2006 年，我国国务院批准同意在山西省开展煤炭工业可持续发展试点；同年，财政部会同国土资源部、国家环境保护总局①出台了《关于逐步建立矿山环境治理和生态恢复责任机制的指导意见》，要求按矿产品销售收入的一定比例，提取矿山环境治理和生态恢复保证金。

比如，矿山环境治理恢复保证金是指采矿权人按 2009 年 5 月 1 日起施行的《矿山地质环境保护规定》提取，按照"企业所有、政府监管、专款专用"的原则，由企业在财政部门指定的银行专户存储的，用于其矿山环境治理和生态恢复的专项资金。矿山环境治理恢复保证金是为了保证采矿权人履行矿山环境治理恢复义务而缴纳的资金。《中华人民共和国矿产资源法》明确规定：开采矿产资源，必须遵守有关环境保护的法律规定，防止污染环境；耕地、草原、林地因采矿受到破坏的，矿山企业应当因地制宜地采取复垦利用、植树种草或者其他利用措施；开采矿产资源给他人生产、生活造成损失的，应当负责赔偿，并采取必要的补救措施。因此，矿山企业有责任对由矿产资源开发利用造成的生态环境破坏进行治理恢复。建立矿山环境治理恢复保证金制度的实质就是为了贯彻"谁污染谁治理，谁破坏谁恢复"的环保原则，促进采矿权人在采矿过程中保护矿山环境，并确保在闭坑、停办、关闭后受破坏的矿山生态环境得到治理恢复而实施的一项特别的经济手段和措施。

---

① 2008 年组建环境保护部，不再保留国家环境保护总局。2018 年组建生态环境部，不再保留环境保护部。

2017 年 11 月我国财政部、国土资源部、环境保护部联合印发《关于取消矿山地质环境治理恢复保证金 建立矿山地质环境治理恢复基金的指导意见》明确取消保证金制度，以基金的方式筹集治理恢复资金。该意见规定，企业应将退还的保证金转存为基金，用于已产生矿山地质环境问题的治理。同时，建立矿山地质环境动态监管机制，加强对企业矿山地质环境治理恢复的监督检查。

7. 项目支持与对口援助

项目化管理有利于提高资金使用的科学化、规范化和精细化水平。生态红线补偿资金应制定年度保护计划或方案，实行项目化管理。要深入调查，确定保护工作重点。补偿资金实行项目专账管理，做到专款专用，有利于区际生态补偿项目的实施。同时，可制定配套的资金管理办法，加强全过程监督管理，建立报备制、财务公示制、审计制等相关制度。制定完善的管理考核细则，定期评估资金使用绩效。将生态保护管控纳入综合考评体系，建立健全生态资产审计制度，保障生态资产和生态环境安全，如承德与北京、天津开展了跨区域碳排放权交易项目、滦河跨界流域补偿项目等。

对口援助是具有鲜明中国特色的财政资源横向转移和区域合作机制，是发达地区支持欠发达地区发展的一种临时制度安排，是促进区域协调发展的重要手段，其重要内容之一是发达地区用本地区财政收入为受援地区提供资金支持。此外，对口援建的形式不是简单的财政资金投入，还包括物资、人才、产业发展等方面的帮扶。

在部分地区，援助方在选择项目、确定项目、确定投资规模的时候应该更多地征求当地政府尤其是当地群众的意见，以使援建资金能够普惠到更多的群众。同时，由于群众的生产生活急需恢复，确定的援建项目缺乏充足时间进行详细论证，或多或少地影响了项目的科学选择。

通过对口援助这种形式，可以使发达地区更好地参与落后地区的发展。无论从国家层面上的长远战略来看，还是从区域经济学的角度来看，对口支援机制引导发达地区的资金向欠发达地区流动，符合区域协调发展的原则，为区际生态补偿工作提供了可参考的模式。

8. 优惠贷款

区际生态补偿可使用绿色金融贷款，以低息贷款的形式向有利生态环境的行为和活动提供一定的启动资金，鼓励当地人从事该行为和活动。同时，贷款又可以刺激借贷人有效地使用贷款，提高资金的使用效率。

我国国家开发银行的定位、开发性金融的本质决定了在生态补偿资金提供上，会以国家开发银行为主。2011 年全国首个跨省流域生态补偿机制试点，在新安江启动实施。2012 年 2 月，国家开发银行与安徽省政府召开高层联席会议，签署《共同推进安徽省"五大领域"重点项目建设合作备忘录》，协议明确约定由国家开发银行安徽分行提供融资 200 亿元用于支持新安江流域水资源和生态环境综合治理。

在做法上，合理利用信贷资金，引导信贷资金支持生态补偿项目；有效利用国债这一有利的筹资手段，动用社会闲置资金进行生态补偿，解决资金缺口问题；提高金融开放度、资信度和透明度，保持投资制度的一致性和稳定性，创造良好的条件，积极吸引国外资金直接投资于生态项目的建设。

二、市场补偿

生态补偿可以通过市场交易进行。交易的对象可以是生态环境要素的权属，也可以是生态环境服务功能，或者是环境污染治理的绩效或配额。通过市场交易或支付，兑现生态（环境）服务功能的价值。区际生态补偿的市场补偿模式包括排污权交易、水权交易、碳汇交易、生态标签等。市场本身并非生态补偿最重要的工具，政府在资源分配方面，更应该扮演好创造市场、保证市场公平的角色。建立生态补偿的市场，并且保证它高效、正常地运转。

（一）排污权交易

排污权交易是指在一定区域内，在污染物排放总量不超过允许排放量的前提下，内部各污染源之间通过货币交换的方式相互调剂排污量，从而达到减少排污量、保护环境的目的。它的主要思想就是建立合法的污染物排放权利即排污权（这种权利通常以排污许可证的形式表现），并允许这种权利像商品那样被买入和卖出，以此来进行污染物的排放控制。

排污权交易作为以市场为基础的经济制度安排，对企业的经济激励在于排污权的卖出方排污权交易。由于超量减排，排污权剩余，之后通过出售剩余排污权获得经济回报，这实质是市场对企业环保行为的补偿。买方由于新增排污权不得不付出代价，其支出的费用实质上是环境污染的代价。排污权交易制度的意义在于它可使企业为自身的利益提高治污的积极性，使污染总量控制目标真正得以实现。这样，治污就从政府的强制行为变为企业自觉的市场行为，其交易也从政府与企业行政交易变成市场的经济交易。可以说排污权交易制度不失为实行总量控制的有效手段。排污权是指相关排污企业经过有权部门核定和许可，允许排污单位在一定范围内排放污染物的种类和数量。

排污权交易起源于美国。美国经济学家戴尔斯于 1968 年最先提出了排污权交易的理论，并首先被美国国家环境保护局（U. S. Envioronmental Protection Agency，EPA 或 USEPA）用于大气污染源及河流污染源管理。面对二氧化硫污染日益严重的现实，美国国家环境保护局为解决通过新建企业发展经济与环保之间的矛盾，在实现《清洁空气法》所规定的空气质量目标时提出了排污权交易的设想，引入了"排放减少信用"这一概念，并围绕"排放减少信用"从 1977 年开始先后制定了一系列政策法规，允许不同工厂之间转让和交换排污削减量。而后德国、英国、澳大利亚等国家相继实行了排污权交易的实践。排污权交易是当前受到各国关注的环境经济政策之一。

在做法上：①首先由政府部门确定出一定区域的环境质量目标，并据此评估该区域的环境容量；②推算出污染物的最大允许排放量，并将最大允许排放量分割成若干规定的排放量，即若干排污权；③政府可以选择不同的方式分配这些权利，并通过建立排污权交易市场使这种权利能合法地买卖。在排污权市场上，排污者从其利益出发，自主决定其污染治理程度，从而买入或卖出排污权。

排污权是指排污单位经核定、允许其排放污染物的种类和数量。自 2007 年以来，我国国务院有关部门组织天津、河北、内蒙古等 11 个省（自治区、直辖市）开展排污权有偿使用和交易试点，取得了一定进展。为进一步推进试点工作，促进主要污染物排放总量持续有效减少，2014 年 8 月，国务院办公厅发布了《关于进一步推进排污权有偿使用和交易试点工作的指导意见》。

（二）水权交易

水权交易以水权人为主体。水权人可以是水使用者协会、水区、自来水公司、地方自治团体、个人等，凡是水权人均有资格进行水权的买卖。水权交易所发挥的功能，是使水权成为一项具有市场价值的流动性资源，通过市场机制，促使用水效率低的水权人考虑用水的机会成本而节约用水，并把部分水权转让给用水边际效益大的用水人，使新增或潜在用水人有机会取得所需水资源，从而达到提升社会用水总效率的目的。

水权交易通常在两个层次上进行，即农业灌溉区内用水者之间（同一水区内）的交易和农业用水者与都市用水者之间（不同水区内）的交易。仅通过这两种交易所获利益就相当可观。

水权交易市场可以分为正式的与非正式的两种类型，其差别在于交易是否通过行政或法院系统加以制度化。必须经过严谨的行政或司法程序来规范水市场的运作，称为正式市场，这是世界各国的主要发展趋势。非正式市场是一种历史文化的传统习惯（如农户间以抽取时间计量的一次性水量转移），随着社会日趋复杂，水资源日益匮乏，加上对环保的日益重视，非正式市场已经面临相当大的改革压力，开始向制度化与正式化方向发展。

正式市场的出现通常是由于非农业用水者对于水量的急迫需求，因此正式市场成为推动农业与非农业水权交易的最主要动力。例如，美国加利福尼亚州的水银行及得克萨斯州里奥格兰德瓦利地区中 99%的水权交易都是农业与非农业部门之间的交易，其中都市用水者的交易量占 45%以上。很多文献显示，由于转移用水的补偿，农业用水转移非农业用水会同时提升双方的效用，且由此导致的农业产量的减少并不显著（农民节水意识的提高而改进灌溉技术）。

水权交易市场的具体运作，首先要分配水权，其次是制定交易规则。

1）水权交易分配水权

由于水量具有不确定性，因季节和年份变化很大，在国外多数流域将水权定义为流量的比率，即水权人拥有总水量的固定百分比，而实际拥有的水量是不确定的。水权的授予可以根据降水量、灌溉面积、土地面积等来计算，且必须建立历史数据库。对于新水权需求者则以拍卖方式授予，前提是政府必须确定该水没有其他使用者。地下水与地表水必须适用相同的规定，虽然也有适用不同的规定者（如亚利桑那州），但基本上地下水与地表水的交易方式应该相同，以避免产生市场交易的漏洞。

2）水权交易制定交易规则

不同的交易过程会在很大程度上影响交易成本。采用何种交易规则要视具体情况而言，最终目的在于保证交易市场效率的同时，尽可能地使交易成本最小化。综合国外已有做法，交易规则大体可以有以下几种设计。

（1）建立买卖双方交易的公布栏。买卖双方的信息必须充分、公开，而设计公告栏是实现交易信息公开的主要方式。例如，科罗拉多河北部水利区在 20 世纪 50 年代曾经将买卖双方所欲交易的价格与地点贴在公告栏上，买方按出价价格的高低排列，卖方则按出售水量的多少排列，一目了然，由交易双方自行寻找适当的价格与数量。这种方式虽然简单，但成交价格不一致，也容易受到先后顺序的影响。

（2）将交易价格固定。1991 年加利福尼亚州水银行就是采取这种方式，仅有两种固定价格。这种做法的优点在于使水市场的运作不会有投机行为，缺点在于价格本身无法确切反映市场供需变化。也有学者提出水银行可根据地区水量的需求程度制定一种允许价格随供需浮动的机制。

（3）以密封投标方式进行买卖双方的拍卖。投标者皆以秘密的投标方式出价，买卖双方的投标者分别将按照购买数量与出售价格的高低加以排列，以便增加成交机会，并且不断重复这种过程，一直到所有待出售的水量售完才停止拍卖程序。为避免交易过程过于烦琐，此交易不适用于过多水权人之间的交易[192]。

2014 年 7 月，我国水利部印发了《水利部关于开展水权试点工作的通知》，提出在宁夏、江西、湖北、内蒙古、河南、甘肃和广东 7 个省区启动水权试点。水权制度是落实最严格水资源管理制度的重要市场手段，是促进水资源节约和保护的重要激励机制。水权试点的内容主要包括水资源使用权确权登记、水权交易流转和水权制度建设三方面。在用水总量控制的前提下，通过水资源使用权确权登记，依法赋予取用水户对水资源使用和收益的权利；通过水权交易，推动水资源配置依据市场规则、市场价格和市场竞争，实现水资源使用效益最大化和效率最优化。我国水权水市场建设总体上还处于探索阶段，面临着不少困难和问题。未来各地水权交易形式的确定，应当因地制宜，结合实际需求探索、采取适宜的水权交易流转方式。

（三）碳汇交易

碳汇交易就是发达国家出钱向发展中国家购买碳排放指标，这是通过市场机制实现森林生态价值补偿的一种有效途径。这种交易是一些国家通过减少排放或者吸收二氧化碳，将多余的碳排放指标转卖给需要的国家，以抵消这些国家的减排任务，并非真正把空气打包运到国外。

碳汇交易是基于《联合国气候变化框架公约》（United Nations Framework Convention on Climate Change，UNFCC）及《京都议定书》对各国分配二氧化碳排放指标的规定，创设出来的一种虚拟交易，即因为发展工业而制造了大量温室气体的发达国家，在无法通过技术革新降低温室气体排放量达到《联合国气候变化框架公约》及《京都议定书》对该国家规定的碳排放标准的时候，可以采用在发展中国家投资造林的方式，以增加碳汇，抵消碳排放，从而降低发达国家本身总的碳排量的目标，这就是所谓的"碳汇交易"。

2014 年，作为全国首个跨区域碳排放权交易试点，北京碳汇交易的均价在 40～50 元/吨，在全国 7 个碳排放权交易试点省市中价格最高，同时是最稳定的。2014 年 12 月 18 日，京冀正式启动跨区域碳排放权交易试点建设，明确了跨区域碳排放权交易市场的体系构架，利用北京现有基础和政策体系推动市场建设，优先开发林业碳汇项目，积极利用市场化机制吸引社会资本参与跨区域节能减排和生态环境建设。截至 2015 年 10 月

20 日，北京碳市场已经累计实现 530 万吨碳配额交易，其中京冀碳汇交易 7 万吨，为林业碳汇项目业主创造收益超过 250 万元。

丰宁满族自治县潮滦源园林绿化工程有限公司按照相关文件规定，开发了承德丰宁千松坝林场碳汇造林一期项目，经审定，该项目第一个监测期（2006 年 3 月 1 日至 2014 年 10 月 23 日）内核证的碳减排量为 160 571 吨二氧化碳。北京市发展和改革委员会按照相关规定，预签发了 60%，即 96 343 吨二氧化碳。

2014 年 12 月 30 日，丰宁满族自治县潮滦源园林绿化工程有限公司将千松坝林场碳汇造林一期项目的核证减排量在北京环境交易所①挂牌交易，当天成交 3450 吨，成为首单成交的京冀跨区域碳汇项目。该项目挂牌首日，眉州东坡餐饮管理（北京）有限公司就率先采购了 1550 吨河北承德林业碳汇项目生产的核证减排量，用于 2015 年的碳排放履约。在 7 万吨京冀碳汇交易中，北京东方石油化工有限公司（简称东方石化）是最大的客户，交易量为 5 万吨。2012 年以来，东方石化先后进行了 4 轮生产运行的调整，停产无边际贡献的装置，更新高耗能的设备，同时进行转型调整，使"碳资源"转换为"碳资产"，出售富余的碳配额，为企业创造效益。承德丰宁千松坝林场林业碳汇项目在北京环境交易所上线以后，东方石化测算出当年最大限度可使用 5 万吨林业碳汇项目配额用于履约，于 2015 年春节前购买了这个项目的 5 万吨核证减排量，并全部用于 2015 年履约。据东方石化财务部负责人介绍，通过购入林业碳汇项目、出售碳配额，该公司也创造了一种新型收益，其中，每吨碳汇的收益在 10 元左右。

（四）生态标签

欧盟生态标签（eco-label）又名"花朵标志""欧洲之花"。为鼓励在欧洲地区生产及消费"绿色产品"，欧盟于 1992 年出台了生态标签体系，作为权威认证。因该标签呈一朵绿色小花图样（图 3-2），获得生态标签的产品也常被称为"贴花产品"。"贴花产品"在欧洲市场上享有很高的声誉。

为使欧盟地区及欧洲经济区的消费者能够识别欧盟官方认可的"绿色产品"，欧盟于 1992 年通过第 EEC880/92 号条例出台了生态标签体系。该条例

图 3-2　欧盟生态标签

---

① 2020 年更名为北京绿色交易所。

于 2000 年通过欧盟 1980/2000 号条例又被进一步修改补充，允许贸易商及零售商可以为自己品牌的商品申请生态标签。

欧盟生态标签制度是一个自愿性制度。欧盟建立生态标签体系的初衷是希望把生态保护领域中各类产品的佼佼者选出，予以肯定和鼓励，从而逐渐推动欧盟各类消费品的生产厂家进一步提高生态保护意识，使产品从设计、生产、销售到使用，直至最后处理的整个生命周期内都不会给生态环境带来危害。

生态标签制度面向所有日常消费产品，但不包括食品、饮料、药品及医疗器械。欧盟在选择可授予生态标签的产品类别时，主要考虑产品的以下几个特点。

（1）应在欧盟市场上有庞大的销售与交易量。

（2）应在产品一个或多个生命周期阶段中，对自然环境产生重大影响。

（3）如果消费者选择符合生态标准的该类产品会对改善环境起到积极作用。

（4）如果产品或服务贴有生态标签可以给生产商带来竞争优势。

（5）销售的产品主要用于最终消费。

生态标签已经为各种非食品和非医疗产品组建立了标准，包括洗涤剂、纸巾卷、笔记本电脑、衣物和游客住宿。平均每四年对标准进行修订，以反映技术创新，如材料的演变、制造工艺或减排量以及市场的变化，这样可以确保生态标签继续代表最高的环保性能。

生态标签认证计划涵盖了广泛的产品组。科学家、工业界、各行各业的专家和非政府组织都参与了严格的环境和使用适应性标准的制定。每套标准都要经过这些利益相关者之间的几轮讨论。欧洲委员会最终决定了采用这些标准。由于每种产品和服务的生命周期都不同，因此需要对标准进行调整以适应每种产品类型的特征。

我国环境标志是一种官方的产品证明性商标，见图 3-3，图形的中心结构表示人类赖以生存的环境，外围的 10 个环紧密结合、环环相扣，表示公众共同保护环境；同时 10 个环的"环"字与环境的"环"同字，其寓意为"全民联合起来，共同保护人类赖以生存的环境"。获准使用标志的产品，不仅要质量合格，而且其生产、使用和处理过程均符合特定的环境保护要求，与同类产品相比，具有低毒少害、节约资源等优势。

我国环境标志计划诞生于 1993 年。1994 年 5 月 17 日中国环境标志产品认证委员会成立，与国际生态标签计划对接的中国环境标志计划开始实施。2002 年 11 月成立了国家环境保护总局环境认证中心［中环联合（北

单色标识

双色标识

图 3-3　中国环境标志

京）认证中心有限公司]，承接了中国环境标志产品认证委员会秘书处的职能，成为国家授权的唯一环境认证机构。

中国环境标志计划是在市场经济条件下引导社会、公众、企业不断改进环境行为，促进可持续消费、推动绿色发展的有效手段。该计划从正式启动至 2019 年，形成了包括标准制定、认证检查和质量保证等完整的管控体系，产品涉及汽车、建材、纺织、电子、日化、家具、包装等多个行业，形成 101 大类产品标准，涵盖了 4000 多家企业、93 万多种型号产品。

三、社会补偿

（一）生态保险

建立生态补偿与生态保险协调体系。针对生态风险引入生态保险，建立生态风险分散机制，并通过生态保险筹集生态补偿资金。生态保险在保护参保双方利益的同时，对环境污染对受害方造成的损失进行赔付，并对保障生态安全的措施进行补充拨款。保险机制可以成为使生态环境损失大大降低的风险调节器与管理手段。这种直接的经济激励机制的应用可以作为对社会与自然相互关系进行调节的传统经济手段与法律手段的有益补充，也是"污染者付费"原则得到实施的生态经济手段。生态保险实质上不仅是用来对受害人造成的损失进行赔偿的手段，而且对投保人来说是对生态环境损害的预先安排，保证在生态损失产生后能够有效消除损失。

（二）非政府组织参与

生态补偿基金的建立，光靠政府财政是远远不够的，还需要充分发挥社会力量和民间资本的作用，鼓励各种类型的非政府组织参与生态保护项目。为弥补生态补偿资金的不足，建议进一步拓展融资渠道，探索建立生态补偿基金，由非政府组织或民间资本出资，建立起从资金筹措、资金运作到监督机制的完整的基金运作体制。近年来环保类非政府组织在水源地生态保护等方面所起的作用开始显现。例如，2008 年由上海青浦区政府、上海市绿化和市容管理局及世界自然基金会联合启动的大莲湖湿地生态修复项目，通过一年时间恢复湿地、净化水质，已成为将湿地修复、生态农业、社区参与和长效管理相结合的成功示范。建议努力推广此类模式，"政府搭台，非政府组织唱戏"，充分发挥环保类非政府组织等社会组织的积极作用，使之成为促进上海水源地生态建设迅速发展的有益补充。

第七节　区际生态补偿支持模式分析

区际生态补偿的支持模式即从用什么标的物进行补偿的角度划分不同的模式，按照补偿的标的物形态可以分为资金补偿、实物补偿、智力补偿。

一、资金补偿

资金补偿指直接或间接向受补偿者提供资金支持。具体的资金补偿方式有很多，主要有补偿金、补贴、减免税收、退税、信用担保的贷款、财政转移支付、贴息、赠款等。资金补偿能够使区际生态环境建设投入和经济社会发展有一定的资金来源。

比如，生态直补是对个人进行生态保护这一行为进行的补偿，是"以奖代补、以奖促保"形式的有益探索。直补到户的方式建立了财政补贴个人安全直达的"绿色通道"，维护了国家惠农政策的严肃性，确保了补贴政策落实到位。生态直补提高了国家财政补贴资金的到户率和使用率，可以避免以往国家拿出很多钱，实际只有很少一部分钱能发放到个人手上的现象，能够有效保障资金的使用安全，尤其是可以充分调动农民积极性，推动农民更积极地参与到生态保护中来。再比如，2016 年 4 月 19 日，山东省 2016 年第一季度空气质量生态补偿结果公布。省级及时兑付生态补偿资金 3385 万元，其中淄博、滨州、德州等 15 市第一季度空气质量同比改善，共获得省级补偿资金 3937 万元，济宁、枣庄 2 市由于空气质量出现不同程度同比恶化，分别缴纳省级赔偿资金 456 万元、96 万元。

二、实物补偿

实物补偿指补偿者运用物质、劳动力和土地等进行补偿，解决受补偿者的部分生产要素和生活要素问题，改善受补偿者的生活状况，增强生态环境保护和建设的能力。例如，生态移民的实物补偿即由征地人以其自有房产的物权对被征土地的原使用权人作补偿的形式。2016 年 4 月，湖南涔天河库区首推长效实物补偿。涔天河库区地处林区，山地多、水田少，农村移民搬迁安置后不会种田，难有稳定的生活来源。涔天河库区在全省首次增加长效实物补偿安置方式，农村移民 21 000 多人，选择这一新的生产安置方式。生活安置方面，每个移民还可获得 25 平方米的砖混结构住房。涔天河水库设计使用年限达150 年。在此年限内，涔天河库区移民年年享受长效实物补偿。根据《湖南涔天河水库扩建工程库区农村移民长效实物补偿实施管理办法》，若水库不再运行，由水库项目法人负责复垦被淹没土地，移交移民耕种。

三、智力补偿

智力补偿是指为被补偿者提供免费的智力服务，如培训专门的技术或管理人员等。开展智力服务，向受补偿地区提供技术咨询和指导，培养受补偿地区或群体的技术人才和管理人才，输送各类专业人才，提高受补偿者的知识技能、科技含量和组织管理水平。需要从智力方面消除不利于生态环境保护和经济社会发展的消极影响，加速形成受偿地区的知识技能积累能力和自我发展能力。

第四章 区际生态补偿标准的确定

合理确定补偿标准是实现区际生态补偿公平价值目标的关键，是对生态服务进行合理定价的依据，也是生态补偿机制中的一个难点，补偿标准不能偏离"谁污染谁付费"的原则。从生态补偿对象方面来看，生态服务的价值应体现补偿对象保护生态环境的投入、机会损失，以及调整产业结构、改变传统方式所产生的成本；从生态补偿受益主体方面来看，针对不同的生态服务类型，综合考虑不同类型受益主体消费生态服务的经济价值、生态价值和支付能力，确定相应的补偿额度。对于受益主体难以清晰界定的生态产品，其补偿应以政府为主。补偿标准是建立在正确评估生态服务价值的基础上的，根据生态服务的不同类型，结合各地区的支付能力，确定各类受益对象的支付标准。

第一节 生态补偿标准确定的理论分析

生态产品为公共物品，从理论上讲，市场规律在此类产品的资源配置上存在失效问题，那么生态产品的价格，即生态补偿标准是不能用市场规律来分析的。但从全社会角度看，公共物品是存在公共需求的，由政府来供给。生态产品是社会中一部分人对另一部分人进行供给，从需求和供给总量上看，供需要达到社会均衡。目前，生态补偿标准的确定主要有三种理论：生态系统服务功能价值理论、市场理论、半市场理论。

一、生态系统服务功能价值理论

生态补偿是以生态产品的价值论为基础的，生态系统服务功能具有价值属性。生态系统服务的提供者向生态系统服务的享受者提供了优质的生态系统产品和服务，该价值就是生态补偿的标准。1997 年 Costanza 等在测算全球生态系统服务价值时，首先将全球生态系统服务分为 17 类子生态系统，之后采用或构造了物质量评价法、能值分析法、市场价值法、机会成本法、影子价格法、影子工程法、费用分析法、防护费用法、恢复费用法、人力资本法、资产价值法、旅行费用法、条件价值法等一系列方法，分别对每一类子生态系统进行测算，最后进行加总求和，计算出全球生态系统每年能够产生的服务价值。每年的生态系统服务总价值为 16 万～54 万亿美元，平均为 33 万亿美元。33 万亿美元是 1997 年全球国民生产总值（gross national product，GNP）的 1.8 倍[193]。

二、市场理论

市场中的主要表现是供求关系，其通过价格机制的自发作用，实现资源最优配置。市场主体是平等的，生态产品提供者和生态产品享受者可以平等地协商，讨论生态产品的价格或生态补偿的标准，从而使生态产品实现最优配置。这种协调可以是政府与企业、个人之间，政府与政府之间，其通过平等的协商，使生态产品的供给与需求达到平衡。在生态产品和服务的补偿中，生态产品中最具市场化的是水权交易和碳排放权交易。

三、半市场理论

生态产品和服务作为公共物品，其市场建立非常困难，市场机制对特殊的生态产品和服务不发挥作用。半市场理论可以解决生态补偿的标准确定问题。半市场理论是由供给方确定供给标准，需求方确定需求标准，得到两方给出的供给曲线和需求曲线。半市场理论实际上是对生态补偿提供者的标准进行评估，同时对生态补偿接受者的标准进行评估，在分析双方的影响因素情况下，最终确定生态补偿的标准。

曼昆在《经济学原理》中，提出的半市场理论修正后的公式如下：

$$P = f(Q_s, Q_d)$$
$$Q_d = f(I, P_s, P_r, A, N_d)$$
$$Q_s = f(I_n, T, A, N_s)$$

其中，P 为价格；Q_s 为供给曲线；Q_d 为需求曲线；I 为收入；P_s 为相关产品价格；P_r 为偏好；A 为预期；N_d 为需求者数量；N_s 为卖者数量；I_n 为投入；T 为技术。

近似地，生态补偿标准的半市场理论公式如下：

$$S = f(Q_s, Q_d)$$
$$S_s = f(Q_s) = f(Ma_s, Mi_s, \varepsilon)$$
$$S_d = f(Q_d) = f(Ma_d, Mi_d, \varepsilon)$$

其中，S 为生态产品与服务的补偿标准；S_s 为生态产品与服务供给方的补偿标准；S_d 为生态产品与服务需求方的生态补偿标准；Ma 为宏观因素；Mi 为微观因素；ε 为其他因素。

从微观因素分析，对生态产品与服务供给方而言，影响其生态补偿标准的主要因素是收入、生态补偿投入的直接成本和机会成本；对生态产品与服务需求方而言，影响其生态补偿标准的主要因素是收入、意愿、预期等。从宏观因素分析，对生态产品与服务供给方而言，影响其生态补偿标准的主要因素是国家各级政府制定的生态产品与服务补偿税费标准；对生态产品与服务需求方而言，影响其生态补偿标准的主要因素是空气、水源水质等的污染程度等。

参照前述影响生态补偿的宏观、微观因素，生态补偿标准的确定一般从五个方面进行核算。

一是生态产品和服务的直接投入及机会成本。

生态产品和服务的直接投入及机会成本是从生态产品与服务的供给方出发核算补偿标准。直接投入是生态产品和服务的提供者在生产生态产品和服务的过程中直接发生的各类投入。机会成本是生态产品和服务的提供者为了提供生态产品和服务而放弃的其他发展机会所获得的收入中最高的。一般核算机会成本时，是以生态产品和服务的提供者在提供生态产品和服务之前，利用现有资源所能获得的正常收入计算的。从理论上讲，这两部分之和应该是生态补偿的最低标准。

二是生态受益者的获利。

生态受益者的获利是从生态产品和服务的需求方出发核算补偿标准。生态产品和服务是公共物品，具有正外部性，一般生态受益者不会主动为该类产品和服务支付费用，从而使生态产品和服务的提供者不能得到应有的回报。当生态产品和服务成为稀缺品时，生态产品和服务的需求方会为了自己的利益要求生态产品和服务的供给方提供生态产品和服务。这就使具有正外部性的生态产品和服务内部化，需要生态产品和服务的需求方，即生态受益者，向生态产品和服务的提供者支付这部分费用。支付多少费用，双方可协商，通过生态产品和服务的交易市场进行，也有可能按政府制定的资源价格来计算，作为生态补偿的标准。按这种方法核算，只要生态产品和服务的提供者觉得能够弥补生态产品和服务的直接成本及机会成本，其就有动力采用新的技术来降低成本，并将持续不断地提供生态产品和服务。

三是生态破坏的恢复成本。

这类成本的产生主要是针对资源开发的生态活动。资源开发会在一定范围内造成植被破坏、水土流失等，影响水源涵养、水土保持、生物供养等。因此，资源开发者在开发后要进行生态恢复，对资源开发者的生态补偿标准以环境治理和生态恢复的成本核算为参考。

四是生态系统服务的价值。

生态系统服务指人类生存与发展所需要的资源归根结底都来源于自然生态系统。自然生态系统不仅可以为我们的生存直接提供各种原料或产品（食品、水、氧气、木材、纤维等），而且在大尺度上具有调节气候、净化污染、涵养水源、保持水土、防风固沙、减轻灾害、保护生物多样性等功能，进而为人类的生存与发展提供良好的生态环境。对人类生存与生活质量有贡献的所有生态系统产品和服务统称为生态系统服务。

生态系统服务的价值类型具有多样化的特征，一般分为直接利用价值、选择价值和存在价值。直接利用价值主要指生态系统产品所产生的价值，包括食品、医药及其他工农业生产原料，景观娱乐等带来的直接价值。直接利用价值可用产品的市场价格来估计。间接利用价值主要指无法商品化的生态系统服务功能，如具有维持生命物质的生物地球化学循环与水文循环、维持生物物种与遗传多样性、保护土壤肥力、净化环境、维持大气化学的平衡与稳定等支撑与维持地球生命保障系统的功能。间接利用价值的评估常常要根据生态系统功能的类型来确定。选择价值是人们为了将来能直接利用或间接利用某种生态系统服务功能的支付意愿。例如，人们为将来能利用生态系统的涵养水源、净化大气及游憩娱乐等功能的支付意愿。人们常把选择价值比喻为保险公司，即人们为自己确保将来能利用某种资源或效益而愿意支付的一笔保险金。选择价值又可分为三类：自己将来利用；子孙后代将来利用，又称为遗产价值；别人将来利用，又称为替代消费。存在价值又称内在价值，是人们为确保生态系统服务功能能继续存在的支付意愿。存在价值是生态系统本身具有的价值，是一种与人类利用无关的经济价值。换句话说，即使人类不存在，存在价值仍然有，如生态系统中的物种多样性与涵养水源能力等。存在价值是介于经济价值与生态价值之间的一种过渡性价值，它可为经济学家和生态学家提供共同的价值观。

生态服务功能价值较为综合，国内外进行了很多研究，由于评价的指标、估算方法等没有统一的标准，并且评价出的价值在现实中难以实现，生态服务功能价值一般作为生态补偿标准的理论上限值。

五是生态足迹。

1992 年，加拿大生态经济学家 Rees 首先提出生态足迹的概念，它是指一定人口所消耗的所有资源和吸纳这些人口所产生的废弃物所需要的生态生产性土地的总面积。此后，世界各国、许多国际组织都开展了相关的测算、研究工作。在区域生态补偿中，将地区生态系统服务提供与消费情况均换算为生态生产性土地面积，通过对各区域提供面积和消费面积进行比较，来反映生态赤字和盈余状况。生态赤字的地区享受了生态盈余地区的生态服务，应给予盈余地区实施生态补偿，具体补偿标准可根据生态赤字或盈余面积的多少和单位面积的平均生产收益核算得出。

第二节　生态补偿标准确定的理论方法

根据上述理论分析，可以从价值理论、市场理论和半市场理论中分析得出生态补偿标准确定的方法。

一、生态系统服务功能价值理论方法

生态系统服务功能价值理论的核心是基于生态系统服务的价值属性。由于生态系统服务功能的多样性，需要对不同生态系统服务功能价值进行评估。虽然生态系统服务功能价值是生态补偿标准的最上限，但是，这种评估的价值真正体现了生态环境作为一种全球稀缺资源的真实价值。

（一）生态系统服务功能价值法

生态系统服务功能价值法是对生态系统的服务和自然资本用经济法则所做的估计。随着生态经济学、环境和自然资源经济学的发展，生态学家和经济学家在评价生态系统服务的变动方面做了大量研究工作，生态环境评价已经成为今天的生态经济学和环境经济学教科书中的一个标准组成部分。Costanza 等关于全球生态系统服务与自然资本价值估算的研究工作，核算了全球生态系统服务每年的总价值。1999 年，Robles 发现美国马里兰州切萨皮克湾海岸林的潜在价值为 60 934 美元/公顷。

生态补偿标准不会是生态系统服务功能价值的全部，寻找二者之间的关系是生态补偿标准制定的难点。有的学者提出使用调整系数，在生态系统服务功能的基础上再乘以一个系数，但系数的确定存在很大的人为性主观因素，并不客观。而且不同的生态系统服务功能存在较大差异，系数的制定也不会相同。尽管如此，在考虑生态补偿标准时，仍然会将生态服务功能价值作为确定生态补偿标准的依据之一，即作为生态补偿标准的上限。

（二）生态效益等价分析法

生态效益等价分析法最初是对环境突发事故，如石油泄漏的环境资源损失进行补偿，后在实际应用中，成为一种一般性的生态补偿标准。这是一种定量化额定生态功能损失的方法。生态效益等价分析法中的"等价"

主要是指这种方法是通过新建一个修复工程，将生态环境恢复到损失前，从而对补偿标准进行估算。生态效益等价分析法是自然资源损害评估的常用方法之一。

这种方法的主要假设是[194]：①使得补偿前后的生态功能不变；②使用的衡量生态功能的单位一致；③生态价值占据生态功能的比例不变；④单位实际价值不随时间变化；⑤损害与补偿的单位价值相等；⑥没有被损害的生态价值不变。

在使用过程中，这种方法可以很好地度量生态环境被损害的价值。这种方法的局限性是，假设很多，参数因子很多，实际运用时不一定符合全部的假设，每个参数因子也需要进行讨论和认证，因而所得到的评价结果可能存在差异。

生态效益等价分析法的理论是受损生态环境损失的服务值要等于补偿生态环境增加的生态服务值，图 4-1 为受损生态环境损失的服务值，图 4-2 为补偿生态环境增加的生态服务值。

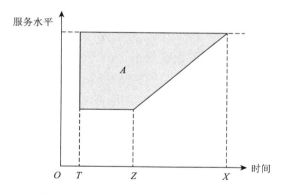

图 4-1　受损生态环境损失的服务值[195]

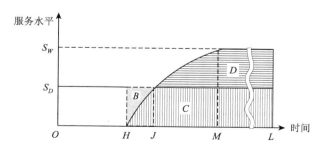

图 4-2　补偿生态环境增加的生态服务值[195]

图 4-1 表示的是受损生态环境的一般性恢复。区域 A 为受损生态环

境的服务损失；T 为生态环境受损的初始时间；Z 为生态环境开始自我恢复的时间；X 为生态环境恢复到最初水平的时间。图 4-2 表示的是补偿生态环境的服务增加水平。S_D 为该补偿生态环境最初的生态服务水平；S_W 为生态环境能够达到的最高服务水平；H 为恢复生态环境工作完成后的时间；J 为达到最初生态环境的服务水平的时间；M 为该补偿生态环境达到最高服务水平 S_W 的时间；L 为很长时期。图 4-2 中阴影面积 B 为生态环境自我恢复期生态环境损失的生态服务；阴影面积 C 为若生态环境没被破坏，该生态环境所能持续提供的服务；阴影面积 D 为增加的生态服务值。从图 4-2 中看，补偿生态环境增加的生态服务值为 $(C+D)-(B+C)=D-B$。

根据生态效益等价分析法的理论，受损生态环境损失的服务值，要等于补偿生态环境增加的生态服务值，即 $A=D-B$。按照前述假设，生态效益等价分析法计算模型有如下简化形式：

$$Q_R = \frac{Q_t\left[\displaystyle\sum_{t=T}^{X}(1-\sigma_t)\rho_t\right]}{\displaystyle\sum_{t=H}^{L}(\varphi_t-\delta_0)\rho_t}$$

其中，Q_R 为增值后的生态环境面积，分子为生态环境总受损服务水平，分母为增值后的生态环境单位面积服务水平。在分子中，Q_t 为受损生态环境面积；t 为时间；T 为生态环境受损的初始时间；X 为生态环境恢复至初始水平的时间；σ_t 为受损生态环境在时间 t 的服务水平系数。在分母中，H 为增值生态环境开始提供服务的时间；L 为增值生态环境服务期结束的时间；φ_t 为增值生态环境在时间 t 的服务水平；δ_0 为生态环境受损前的初始服务水平；ρ_t 为转化系数，$\rho_t=(1+d)^{-(t-P)}$，P 为评估的年份，d 为贴现率。

根据生态效益等价分析法核算的生态系统服务功能价值，能够将损失的服务价值完全弥补回来。利用多参数的数学模型，可以定量分析生态补偿的一定标准，由损失服务价值算出生态系统服务功能恢复价值，实现保护生态环境的目的。

二、市场法

市场法完全按照市场原理看待生态产品与服务。市场的供给者是生态产品和服务的提供者，也是生态补偿的受偿者；市场的需求者是生态产品和服务的享受者，也是生态补偿的补偿者。根据市场机制，生态补偿标准的确定依据的是市场的均衡价格，即供给曲线和需求曲线的交点位置，为市场定价。

在生态补偿中，能够进行市场法的生态产品与服务较少，市场只能分别对几种生态产品与服务进行定价，典型的生态产品与服务主要是水权交易和碳排放权交易。水权交易具有市场交易特点主要是因为水资源在生活与生产中都有明确的市场价格；碳排放权交易得以在市场进行主要依靠国际上一系列的条约。

水权制度是严格水资源管理制度的重要市场手段，是促进水资源节约和保护的重要激励机制。水权交易主要分两种情况，一种是农业灌溉区内用水农户之间的交易，另一种是农业用水与都市用水之间的交易。农业灌溉区内用水农户之间的交易多是非正式市场，例如，农户之间以抽取时间来计量水量转移。农业用水与都市用水之间的交易多通过正式市场进行。由于非农业用水者对于水量的急迫需求，因此，水权交易的正式市场交易规模较大。例如，美国加利福尼亚州的水银行中 90%以上的水权交易都是农业与非农业部门之间的交易。一些学者通过研究发现，通过水权交易，水资源的整体利用效用提高了，农业用水者和都市用水者双方的效用也提升了。2014 年 7 月，我国在宁夏、江西、湖北、内蒙古、河南、甘肃和广东 7 个省区启动水权试点，将水权交易逐渐推向市场，推动水资源配置优化。

在碳排放权交易方面，《联合国气候变化框架公约》被认为是冷战结束后最重要的国际公约之一。联合国大会在 1992 年通过了《联合国气候变化框架公约》，并于 1997 年 12 月在日本京都召开的《联合国气候变化框架公约》第三次缔约方大会上达成了《京都议定书》。

英国、美国已经是全球碳排放权交易的两大中心，主要是伦敦金融城和 CCX。现在，参与碳排放权交易的政府和商人都将目光投向了亚洲，投向了中国。碳排放权交易是用经济手段推动环保的国际通行办法，是清洁发展机制（clean development mechanism，CDM）的核心内容。1997 年签署的《京都议定书》，是《联合国气候变化框架公约》下的重要议定书，是碳排放全球交易的政策驱动力。根据《京都议定书》的约定，"已发达国家"已经核准了 2008～2012 年温室气体排放量上限；同时，截至 2012 年，温室气体平均排放量必须比 1990 年的水平低 5.2%。为减少"全球蔓延"的温室气体，《京都议定书》同时规定，协议国家承诺在一定时期内实现一定的碳排放减排目标，各国可将自己的减排目标分配给国内不同的企业。当某国不能按期实现减排目标时，可以从拥有超额配额（或排放许可证）的国家（主要是发展中国家）购买一定数量的配额（或排放许可证）以完成自己的减排目标。同样地，在一国内部，不能按期实现减排目标的企业也可以从拥有超额配额（或排放许可证）的企业那里购买一定数量的配额（或排放许可证）以完成自己的减排目标，清洁发展机制便由此形成，碳排放形成"大宗商品交易"的国际市场。

三、半市场理论方法

亚当·斯密的秩序论在崇尚个人价值的社会氛围中自然深入人心，然而，市场逻辑究竟可以在多大程度上运用于非单纯私益物品领域呢？早在1954年，保罗·萨缪尔森就注意到，当物品是公益物品时，依靠自发的或自我组织的市场竞争难以实现如私益物品所能达到的优化水平，因此，诸多经济学家及相关分析者都建议，公益物品领域应当以中央集权的方式来实现资源的优化配置。现实中的许多情形也确如这一认识，人们往往用亚当·斯密的市场理念来安排私益物品的资源配置，而用霍布斯的主权国家理念来安排公共物品的资源配置。但是，霍布斯理念的资源配置，以中央集权的方式来实现公共物品优化配置，存在难以克服的局限。在巨大的国家机器中，信息失灵、预算规模极大化、权力寻租等成为霍布斯理念不能回避的问题。

在市场与国家以外发现了另一只"看不见的手"——半市场，即公共事物社会秩序。公共物品的生产基本上是非个人性的，人们只有被激励去参与相关的公共组织并承担受益成本，自发原则才会得以实现。公共事物社会秩序需要一定行为规则的制定与调整。公共事物社会秩序的"自发性"，又洞察到了公共秩序实现的殊异性，从而在国家与市场之外揭示了公共事物发展的内在社会秩序。

（一）机会成本法

机会成本是为得到某种东西而必须放弃的其他选择中收益最高的。在生态补偿领域，机会成本是生态产品和服务的提供者为了保护生态环境所放弃的经济收入、发展机会等。生态补偿中的机会成本一般包括土地利用成本和人力资本。

机会成本是生态产品和服务的提供者因从事生态环境保护而放弃的收入。以退耕还林为例，机会成本就是放弃的耕地收入。这种收入在测算时一般以现实价格的收入为准，比计算生态系统服务功能的价值要简单得多。但是这种方法也有缺点，主要是作为机会成本，其是放弃的选择中收入最高的一项，生态产品和服务的提供者放弃的选择多，未来选择更多，但是在测算时会以现在的用途为基础计算收入。另外，利用这种方法计算出来的机会成本，只是生态产品和服务的提供者，即生态补偿受偿者单方面计算出的标准，其是否被采纳要看生态补偿的补偿者是否接受。

根据受偿者的机会成本来做决定，能否得到补偿者的认可还需要进一步研究。

机会成本法的计算公式为

$$OC_i = S_i \times Q_i$$

其中，OC 为机会成本；OC_i 为第 i 种资源损失机会成本的价值；S_i 为第 i 种资源的单位机会成本；Q_i 为第 i 种资源损失的数量。

这种方法的适用范围主要是：①难以估计环境变化的数量属性的情况；②某些资源应用的社会净效益不能直接估算的场合；③对自然保护区或具有唯一性特征的自然资源的开发项目的评估。

（二）意愿调查法

意愿调查法又称意愿调查价值评估法，是一种基于调查的评估非市场物品和服务价值的方法，利用调查问卷直接咨询相关物品或服务的价值，所得到的价值依赖于构建（假想或模拟）市场和调查方案所描述的物品或服务的性质。这种方法被普遍用于公共物品的定价，公共物品具有非排他性和非竞争性的特点，在现实的市场中无法给出其价格。对环境物品经济价值的评估是意愿调查的一个重要应用。

意愿调查法必须建立在几个假设前提下：环境要素要具有"可支付性"和"投标竞争"的特征，被调查者知道自己的个人偏好，有能力对环境物品或服务进行估价，并且愿意诚实地说出自己的支付意愿或受偿意愿。因此，意愿调查法的主要缺点是依赖于人们的观点，而不是以市场行为为依据，存在许多偏差。意愿调查法经过了不断地完善，现在在西方国家是进行环境物品价值评估时用得最多的一种方法。

Carson 等意愿调查法的积极支持者认为意愿调查法的研究结果是与经济理论相一致的。美国国家海洋和大气管理局曾组织由诺贝尔经济学奖获得者肯尼斯·约瑟夫·阿罗和罗伯特·默顿·索洛领导的专家组，对意愿调查法在测试自然资源的非使用价值或存在价值方面的可行性进行了评估，专家组报告认为：意愿调查法可以作为存在价值有限认可的参考。调查问卷是意愿调查法使用的评价工具，可以通过调查问卷的设计来减小偏差。

意愿调查法所采用的评估方法大致可以分为三类：①直接询问调查对象的支付或接受赔偿的意愿；②询问调查对象对表示上述意愿的商品或服务的需求量，并根据询问结果推断出支付意愿或接受赔偿意愿；③通过对有关专家进行调查的方式来评定环境资产的价值。

意愿调查法主要有投标博弈法、比较博弈法和无费用选择法。

1. 投标博弈法

投标博弈法要求调查对象根据假设的情况，说出他对不同水平的环境物品或服务的支付意愿或接受赔偿意愿。投标博弈法被广泛地应用于对公共物品的价值评估方面。投标博弈法又可分为单次投标博弈和收敛（重复）投标博弈。

1）单次投标博弈

在单次投标博弈中，调查者首先要向被调查者解释要估价的环境物品或服务的特征及其变动的影响（如砍伐或保护热带森林所可能产生的影响或者湖水污染所可能带来的影响），以及保护这些环境物品或服务（或者说解决环境问题）的具体办法，然后询问被调查者，为了保护该热带森林或水体不受污染他最多愿意支付多少钱（即最大的支付意愿），或者反过来询问被调查者，他最少需要多少钱才愿意接受该森林被砍伐或水体被污染的事实（即最小接受赔偿意愿）。

2）收敛（重复）投标博弈

在收敛（重复）投标博弈中，被调查者不必自行说出一个确定的支付意愿或接受赔偿意愿的数额，而是被问及是否愿意对某一物品或服务支付给定的金额，调查者根据被调查者的回答，不断改变这一数额，直至得到最大支付意愿或最小的接受赔偿意愿。例如，要询问被调查者，如果森林将被砍伐，他是否愿意支付一定数额的货币用于保护该森林（如 10 元），如果被调查者的回答是肯定的，就再提高金额（如 11 元），直到被调查者做出否定的回答为止（如 20 元）。然后调查者再降低金额，以便找出被调查者愿意付出的精确数额。同样，可以询问被调查者是否愿意在接受一定数额的赔偿情况下，接受森林被砍伐或水体被污染的事实，如果回答是肯定的，就继续降低该金额直到被调查者做出否定的回答为止。然后，再提高该金额，找出被调查者愿意接受的赔偿数额。

2. 比较博弈法

比较博弈法又称权衡博弈法，它要求被调查者在不同的物品与相应数量的货币之间进行选择。通常给出一定数额的货币和一定的环境商品或服务的不同组合。该组合中的货币值，实际上代表了一定量的环境物品或服务的价格。给定被调查者一组环境物品或服务及相应价格的初始值，然后询问被调查者愿意选择哪一项。被调查者要对二者进行取舍。根据被调查者的反应，不断提高（或降低）价格水平，直至被调查者认为选择二者中的任意一个为止。此时，被调查者所选择的价格就表示他对给定量的环境物品或服务的支付意愿。此后再给出另一组组合，经过几轮询问，对被调查者对不同环境质量水平的选择情况进行分析，就可以估算出他对边际环境质量变化的支付意愿。

3. 无费用选择法

无费用选择法通过询问个人在不同的物品或服务之间的选择来估算环境物品或服务的价值。该法模拟市场上购买商品或服务的选择方式，给被调查者两个或多个方案，每一个方案都不用被调查者付钱，从这个意义上说，对被调查者而言，是无费用的。

分析中需要注意的问题如下。第一，样本数目。一般要求样本数要足够多，以便能反映出被调查区域的人群的情况。第二，对偏差较大的答案（或答卷）的处理。通常情况下要把那些特别极端的答案从有效问卷中剔除，因为这些出价可能是不真实的或是对问题的错误回答。第三，与汇总有关的问题。把估计出的平均支付意愿（或接受赔偿意愿）乘相关的人数，即可简单得出总支付意愿（或接受赔偿意愿）。然而，如果作为样本的人群不能代表总人群的情况，那么就要建立起对支付意愿（或接受赔偿意愿）的出价与一系列独立变量（如收入、教育程度等）之间的关系式，用以估算总人口的支付意愿值。

（三）影子价格法

影子价格法是在进行国民经济评估时，对于在项目效益和费用中占比较大，或者国内价格明显不合理的投入物和产出物，应以影子价格代替评估中所用的现行价格进行效益和费用的计算。影子价格是指在项目经济评价中采用的部分货物经调整计算的价格，反映社会对这些货物真实价值的度量，是投资项目经济评价的通用参数。广义的影子价格还包括资金的影子价格（社会折现率）、土地的影子价格、工资的影子价格（影子工资）、外汇的影子价格（影子汇率）等。

在一定的生产和技术条件下，可供利用的资源是有限的，资源存在一个最优分配问题。要实现资源的最优分配，就应该把稀缺资源优先分配给经济效益好的投资项目。资源在最优利用状况下，单位（资源的计量单位）效益增量价值，便是资源的影子价格。

资源稀缺程度与影子价格成正比，资源越稀缺，资源单位效益增量价值就越大，价格也就越高；反之，当资源可以满足全社会需求时，资源单位效益增量价值就越小，当供大于求时影子价格为零。

1. 影子价格的确定

影子价格的确定，取决于社会折现率条件下国内生产价格体系、国际市场价格、影子汇率、货物稀缺程度或供求关系，以及国家的税收和补贴等因素，最终由国家的基本政策目标和资源可用量之间的相互作用确定。

2. 我国影子价格的计算

由国家规定通用的换算系数，对现行价格进行必要的调整。我国 1987年 6 月印发了《建设项目经济评价方法与参数》（1993 年 4 月修改、补充后完成第二版，2006 年 7 月修改并颁布了第三版），对一部分货物的影子价格的换算系数做了统一规定，这是实现投资项目决策科学化的重要基础工作。

在确定影子价格时，首先将项目的投入物和产出物划分为外贸货物、非外贸货物、特殊投入物三类。外贸货物是指能够进出口和替代进出口的货物；非外贸货物是指不能进出口和不允许进出口的货物；特殊投入物是指劳动力和土地。

1）外贸货物影子价格的确定

对于外贸货物，国际上通常采用的确定方法是：凡能与国外进行贸易的货物，用国际价格对国内现行价格进行调整。出口货物按离岸价调整，离岸价又叫"船上交货价"，是卖方在指定的装运港将货物装到买方指定的货船即完成交货义务的价格。进口货物按到岸价调整，到岸价是指买方所支付的货物抵达目的港的价格，由离岸价、运费、保险费等几部分组成。

2）非外贸货物影子价格的确定

凡不能与国外进行贸易的货物，则需要对产品成本进行剖析，如这些产品所用的原材料是可以与国外进行贸易的，可用原材料的国际价格进行调整，求出一个比较合理的价格。凡不属可进口或出口的货物，均列入非外贸货物；有些外贸货物由国内运费昂贵或受国内外贸易政策的制约，也可列入非外贸货物。

这类货物的影子价格的确定方法有三种。

A. 利用换算系数确定

利用换算系数确定的公式为：影子价格＝国内现行价格×经济换算系数。

B. 采用价格分解法确定

将生产或使用这类货物的主要投入物中的外贸货物的价格，逐项按影子价格调整，少量不能调整的仍按实际价格计算，然后加权汇总，确定出该类货物的影子价格。价格分解法计算起来比较复杂，只有对项目投资额中占很大比重的主要投入物，才采用这一方法。

C. 采用替代法确定

根据与其相类似的或替代品的影子价格来确定。例如，对于天然气的影子价格，可以根据其含热量换算成标准煤以后，用石油的影子价格作为天然气的影子价格。大部分非外贸货物都采用这一方法。

3）特殊投入物影子价格的确定

A. 劳动力的影子价格

劳动力的影子价格即影子工资。影子工资是指对于一个项目所用的人员，假定他不参加本项目工作，而在原来工作岗位上可能做出的贡献的报酬。

此外，还应包括社会为劳动力就业而付出的，但职工又未能得到的其他代价，如为劳动力就业而花费的培训费、交通费等。

我国按照相关规定，影子工资的计算公式为

影子工资 = (财务评价中所用的工资 + 提取的职工福利基金) × 工资换算系数

工资换算系数视职工来源而定，项目所需人员全为在岗人员调来的，系数为1；若为失业人员，系数为零。在建设期内大量使用民工的项目，民工的影子工资换算系数为0.5。

涉外项目的影子工资，按实际支付的工资计算，如果工资以外汇支付，则按影子汇率调整为本国货币。

B. 土地的影子价格

土地是一种重要的资源，对于项目占用的土地，无论是否对其支付费用，均应计算其影子价格。

项目所占用的土地包括农业、林业、牧业、渔业及其他生产性用地，应对这些生产性用地的机会成本以及因改变土地用途而发生的新增资源消耗进行计算。

项目所占用的住宅、休闲用地等非生产性用地，市场完善的，应根据市场交易价格估算其影子价格；无市场交易价格或市场机制不完善的，应根据支付意愿价格估算其影子价格。

土地影子价格确定的总体原则是应根据项目占用土地所处地理位置、项目情况以及取得方式的不同分别确定，具体应符合下列规定：①通过招标、拍卖和挂牌等出让方式取得使用权的国有土地，其影子价格应按财务价格计算；②通过划拨、双方协议方式取得使用权的土地，应分析价格优惠或扭曲情况，参照公平市场交易价格，对价格进行调整；③经济开发区优惠出让使用权的国有土地，其影子价格应参照当地土地市场交易价格类比确定；④当难以用市场交易价格类比方法确定土地影子价格时，可采用收益现值法或以开发投资应得收益加土地开发成本确定；⑤当采用收益现值法确定土地影子价格时，应以社会折现率对土地的未来收益及费用折现。

投资项目使用的生产性用地即农村土地的影子价格的计算方法为：土地影子价格 = 土地机会成本 + 新增资源消耗。

（四）影子工程法

影子工程法是恢复费用的一种特殊形式。某一环节污染或破坏以后，人工建造一个工程来代替原来的环境功能，用建造该工程的费用来估计环境污染或破坏造成的经济损失的一种方法。例如，某个旅游海湾被污染了，则应另建造一个海湾公园替代它，以满足人们的旅游要求。某个水源被污染了，就需要另找一个水源替代它，以满足人们的用水要求。新工程的投资就可以用来估算环境污染的最小经济损失。

影子工程法是在环境遭到破坏后，人工建造一个具有类似环境功能的替代工程，并以此替代工程的费用表示该环境价值的一种估价方法。常用于环境的经济价值难以直接估算时的环境估价。比如，森林涵养水源、防止水土流失的生态价值就可采用此方法。其计算公式为

$$V = f(x_1, x_2, \cdots, x_n)$$

其中，V 为需评估的环境资源的价值；$x_1, x_2, \cdots, x_n$ 为替代工程中各项目的建设费用。

影子工程法将难以计算的生态价值转换为可计算的经济价值，从而将不可量化的问题转化为可量化的问题，简化了环境资源的估价。但此方法也存在一些问题。一是替代工程的非唯一性。由于现实中和原环境系统具有类似功能的替代工程不是唯一的，而每一个替代工程的费用又有差异。因此，这种方法的估价结果不是唯一的。二是替代工程与原环境系统功能效用的异质性。替代工程只是对原环境系统功能的近似替代，加之环境系统的很多功能在现实中无法替代，因而影子工程法对环境价值的评估存在一定的偏差。

在实际运用时为了尽可能地减小偏差，可以考虑同时采用几种替代工程，然后选取最符合实际的替代工程或者取各替代工程的平均值进行估算。

（五）防护费用法

防护费用是指人们为了减小和消除环境污染或生态恶化的影响而支付的费用。比如，为了防止噪声的污染而安装各种隔音设备所支付的费用；为了得到安全卫生的饮用水，而购买安装净水设备所支付的费用等。防护费用法采取补偿的方法对环境进行估价，即将个人在自愿基础上为消除或减小环境恶化的有害影响而承担的防护费用作为环境产品和服务的潜在价值。

防护费用法依据人们的行为进行估价，相对于其他估价方法更为直接。但是此方法运用的前提是：①个人可以获取足够的信息以便正确地估计环境变化的危害；②个人采取的防护行为不受诸如贫穷或市场不完善等因素的制约。

然而，实际使用时会因多种行为动机和环境目标等因素导致环境价值过高或过低的补偿，进而使估价结果产生偏差；另外，防护费用法考察的仅是环境资源的使用价值，对环境资源的非使用价值无法做出合理的评估。

（六）恢复费用法

恢复费用是指生态补偿将生态破坏的损失恢复到破坏之前所产生的费用。用恢复被破坏的环境（或重置相似环境）的费用来表示该环境的价值。该方法主要用于评估水土流失、重金属污染、土地退化等环境破坏造成的损失。

如果这种恢复或重置行为确实会发生，则该费用一定小于该环境的价值，只能作为该价值的最低估计值。如果这种行为不会发生，则该费用可能大于或小于该环境的价值。

恢复费用法的适用条件：一是人类的认知水平完全可以理解环境风险；二是人们能够采取措施保护他们自己免受影响；三是能够估算并支付这些保护措施或者重置、替代工程的费用。

恢复费用法的适用范围主要包括：通过控制污染物排放的成本来估计水质改善的价值；通过清理河流侵蚀沉淀物的成本来衡量评估森林或者湿地防止侵蚀的价值；通过过滤和净化水的成本来估计湿地净化水的功能的价值；通过建设防护堤的成本来估计湿地防止风暴的价值；通过鱼类饲养或者动植物种养的成本来衡量栖息地的价值。

恢复费用法的优点是在生态系统服务功能不具有市场性的时候，估计产生效益的行为的成本要比估计效益本身容易得多，不需要详细的统计资料。恢复费用法的缺点是：成本和收益对等，造成低估；成本的增加不意味着价值的增加；完全重置生态环境资产和服务基本上是不可能的；环境资源很少有相近的替代物；人们对生态价值的重视程度和为之进行支付的意愿是不断发展变化的。

（七）旅行费用法

旅行费用法是一种评价无价格商品的方法。利用旅行费用来计算环境质量发生变化后给旅游场所带来的效益上的变化，从而估算出环境质量变化带来的经济损失或收益。人们游览风景区通常不付费或付费很少，旅行费用主要是交通费、时间的机会成本等,通过调查,建立起某旅游场所的年游览人次与旅行费用和其他因素的相关函数。

旅行费用法通过人们的旅游消费行为来对非市场环境产品或服务进行价值评估,并将消费环境服务的直接费用与消费者剩余之和当成该环境产品的价格,这二者实际上反映了消费者对旅游景点的支付意愿。一般说来,直接费用主要包括交通费、与旅游有关的直接花费及时间费用等。消费者剩余则体现为消费者的意愿支付与实际支付之差。

为了全面地计算所有消费者剩余之和,必须推断出对评价地点的旅游需求曲线,这也是应用旅行费用法最关键的步骤。推导旅游需求曲线主要包括以下步骤。

(1)定义和划分旅游者的出发地区:以评价场所为圆心,把场所四周的地区按距离远近分成若干个区域。距离的不断增大意味着旅行费用的不断增加。

(2)在评价地点对旅游者进行抽样调查:例如,站在评价地点的入口处,询问每个旅游者的出发地点,收集相关信息,以便确定用户的出发地区、旅游率、旅行费用和被调查者的社会经济特征。

(3)计算每一区域内到此地点旅游的人次(旅游率)。

(4)求出旅行费用对旅游率的影响:根据对旅游者调查的样本资料,用分析出的数据,对不同区域的旅游率和旅行费用及各种社会经济变量进行回归,求得第一阶段的需求曲线即旅行费用对旅游率的影响。

求得的旅游需求公式如下:

$$Q_i = f(C_{Ti}, X_1, X_2, \cdots, X_n)，\text{或简化为} Q_i = a_0 + a_1 C_{Ti} + a_2 X_i$$

其中,Q_i 为旅游率,$Q_i = \dfrac{V_i}{P_i}$,V_i 为根据抽样调查的结果推算出的 i 区域中到评价地点的总旅游人数;P_i 为 i 区域的人口总数;C_{Ti} 为从 i 区域到评价地点的旅行费用;X_i 为 i 区域旅游者的收入、受教育水平和其他有关的一系列社会经济变量,$X_i = (X_1, X_2, \cdots, X_n)$。

(5)估计实际旅游需求曲线。

公式 $Q_i = a_0 + a_1 C_{Ti} + a_2 X_i$,实际上反映的是不同区域旅游率与旅行费用的关系,有了这样一种关系,我们就可以进一步估计出不同区域内的总旅游人数及其是如何随着门票费的增加而变化的,从而得到一系列实际的需求曲线。首先,根据公式计算当门票费为零时不同区域内的总旅游人数。这也是对评价地点的最大需求数量。然后,逐步提高门票的价格(实际上相当于增加旅游费用）来确定边际旅游费用增加对不同区域内旅游人数的影响，并将每个区域内的旅游人数相加，就可以确定旅游费用的边际变化与总旅游人口的关系。这一过程持续下去，直到旅游总人口为零。这样我们就可以得到一条需求曲线。值得指出的是，这条需求曲线是在调查所得的旅游费用与旅游人数关系基础上预测出来的，曲线背后的关键假设是当旅游费用增加时，旅游人数会下降。

（6）计算每个区域的消费者剩余：有了上述需求曲线，我们就可以估算出总消费者剩余，这一剩余表现为需求曲线下面的面积。用数学方法进行计算则是对需求曲线对应的方程从 0 到 V_0 进行积分。将消费者剩余与旅行总费用相加，即得到旅游者对评估地点的总价值。

第三节　不同生态补偿类型补偿标准的确定

生态补偿标准的主要差别体现为生态系统的差别，因此需要按照生态系统的不同确定生态补偿的标准。

一、耕地生态补偿标准的确定

（一）直补式耕地生态补偿标准的确定

我国耕地质量退化严重。作物产量取决于基础地力（土壤本身肥力）和水肥管理，国外农业产量中，基础地力贡献率可达 70%，而我国平均只有50%。地力不足、肥力来补，每到春耕时节，各地农资市场堆满了化肥。统计显示，我国耕地不足世界的 10%，却使用了全世界逾 1/3 的化肥。过量施肥看似保住了产量，却进一步降低了耕地质量，终究难以持续。2004 年，一些地方肥料、粮食投入产出比为 1∶5，即投入 1 块钱肥料可以增产 5 块钱粮食，但 2014 年这一比例已降到 1∶1，甚至更低。这表明，单纯依靠肥料增产的路子正越走越窄[196]。据估算，2020 年化肥对我国粮食产量的贡献率在 50%左右。

土壤污染是我国农业可持续发展面临的严重问题，成为农产品质量安全的一大隐患。重金属污染的加剧，农药、化肥的大量使用，造成土壤有机质含量下降、土壤板结，导致农产品产量与品质下降。第二次全国土地调查结果表明，2009 年全国中重度污染耕地大体在 5000 万亩。国家每年需要拿出几百亿元，启动重金属污染耕地修复、地下水严重超采综合治理试点。2019 年农业农村部办公厅、生态环境部办公厅发布《关于进一步做好受污染耕地安全利用工作的通知》，要求到 2020 年底，完成"土十条"规定的"421"任务（轻中度污染耕地实现安全利用面积达到 4000 万亩，治理修复面积达到 1000 万亩；重度污染耕地种植结构调整或退耕还林还草面积力争达到 2000 万亩）。

涵养、修复耕地最常见的做法是休耕，美国等西方发达国家政府用大量财政补贴鼓励农民休耕。欧美等发达国家的补贴政策都是以耕地面积为基础的，并考虑耕地质量的差别，即耕地面积越多，耕地质量越好，农民所享受到的直接补贴就越多。这一做法在我国也得到了较多应用，生态直补可以尝试这种做法，寻找合适的指标来做标杆和参考。

受耕地、水资源等约束，我国粮食供求仍处于紧张态势，仍是农产品的主要进口国。农田休耕难以大规模推行，但可以采取轮作、深松整地、测土配方施肥、秸秆还田等措施，进行具有积极意义的修复、修整。江苏省苏州市 2010 年率先建立耕地保护机制，在全国率先为生态补偿立法，市财政出资对湿地、水面、稻田等区域实行生态补偿。

2010 年，苏州市《关于建立生态补偿机制的意见（试行）》规定生态补偿金标准为如下。第一，加强基本农田保护。建立耕地保护专项资金，根据耕地面积，按不低于 400 元/亩的标准予以生态补偿。同时，对水稻主产区，连片 1000～10 000 亩的水稻田，按 200 元/亩予以生态补偿；连片 10 000 亩以上的水稻田，按 400 元/亩予以生态补偿。第二，加强水源地保护。对县级以上集中式饮用水水源地保护区范围内的村，按每个村 100 万元予以生态补偿。第三，加强重要生态湿地的保护。对太湖、阳澄湖及各市、区确定的其他重点湖泊的水面所在的村，按每个村 50 万元予以生态补偿。第四，加强生态公益林保护。列为县级以上生态公益林的，按 100 元/亩予以生态补偿。第五，对水源地、重要生态湿地、生态公益林所在地的农民，凡农民人均纯收入低于当地平均水平的，给予适当补偿，标准由各市、区确定。

在生态补偿资金的承担方面，根据现行财政体制，各区生态补偿资金由市、区两级财政共同承担，其中，水稻主产区，水源地及太湖、阳澄湖水面所在的村，市级以上生态公益林的生态补偿资金，由市、区两级财政各承担 50%；其他生态补偿资金由各区承担。各县级市生态补偿资金由各县级市承担，市级财政对各县级市生态补偿工作进行考核并适当奖励。

在生态补偿资金的拨付、使用与管理方面，生态补偿资金每年由市及各市、区按上述标准核定后，拨付乡镇、村，主要用于生态环境的保护、修复和建设；对直接承担生态保护责任的农户进行补贴；发展乡镇、村社会公益事业和村级经济等，其中耕地保护专项资金用于开展土地复垦复耕、土地整理、高标准农田建设及对土地流转农户、经营大户进行补贴等。生态直补可以有效缓解农民发展资金不足的困难，对改善农民生活状况有重要作用[197]。

我国地域范围广，地貌类型多样，采取一刀切的补偿标准不符合我国国情和各地区区情，因而理论标准与实践需求的割裂是目前确定生态直补标准面临的突出问题。在目前的经济发展水平下，要使两者接近或统一还存在较大难度。所以，生态直补标准的确定既要考虑科学性，更要考虑可操作性，需要具有一定的动态性。例如，海南省保亭县通过的《保亭县关于提高森林生态效益补偿促进农民增收的决定》规定，2014 年，按全县农村户籍人口系数每人每年直补 300 元，2015～2016 年，根据全县森林生态效益补偿资金的增量，每年以 2014 年补偿标准为基数，按 50%的增速逐年调高森林生态效益补偿的标准，争取到 2016 年实现全县森林生态效益补偿资金直补农民翻一番的目标。

这种直补标准在不同区域、不同生态环境以及不同社会风貌等不应该是统一的。在制定政策时首先要体现公平，同时补偿方式方法也要体现公正。现阶段，由于我国各地经济社会发展水平不平衡，而且我国农民较多，仅靠国家承担难度较大，所以不同区域补偿标准不同是在所难免的。

（二）退耕还林还草的耕地生态补偿标准的确定

1. 以农户退耕的损失及还林还草的建设成本为依据

农户退耕的损失主要是农户退耕的农业产出（即机会成本），生态保护和建设的直接成本是种林苗、植草的成本。

农户退耕的损失每年补偿的标准为：退耕还林前每年平均单产×种植的农作物市场价格 = 年收益。

生态保护和建设的直接成本是种苗造林费或种苗种草费，即购买林苗、草皮等的直接支出和人工费。购买林苗、草皮等的直接支出为每单位种苗（造林或种草）的数量×适宜种植品种的市场价格。人工费为每单位面积造林（种苗、种草）数量×单位数量人工费。

2. 以农户意愿为依据

将机会成本作为初步的生态补偿标准是短期的，一旦合约到期，农户还会将建好的林地或草地转为耕地使用。所以在退耕还林还草的过程中还要考虑农户的意愿。在制定退耕还林还草生态补偿标准时不同地区的政府还要考虑地区的自然条件和经济发展水平，给当地农户以不同标准的补偿。使退耕还林还草生态补偿标准不低于农户退耕还林还草之前的收益，从而能够吸引更多的农户自愿加入退耕还林还草工程。

3. 以生态系统服务功能价值为依据

这种补偿方法是以耕地的资源价值为基础的，若进行生态重建将产生涵养水源、保育土壤、固碳释氧、使林木积累营养物质、净化大气环境、保护生物多样性和防护森林等功能，在此基础上探讨生态效益评价方法并估算各功能生态效益的经济价值生态环境等。

我国每年发布《退耕还林工程生态效益监测国家报告》，进行退耕还林生态效益监测评估，通过定位监测、野外试验等手段，运用森林生态效益评价的原理和方法，对比退耕后林地的生态环境与退耕前农耕地、坡耕地的生态环境对退耕还林净化大气环境、涵养水源、保育土壤、使林木积累营养物质、固碳释氧、防风固沙、保护生物多样性等的生态效益进行评估。退耕还林工程生态效益评估指标体系见表 4-1，共包括 7 个指标类别、15 个评估指标。

表 4-1 退耕还林工程生态效益评估指标体系

指标类别	评估指标
净化大气环境	吸附 $PM_{2.5}$
	吸附 PM_{10}
	释放负离子
	吸收二氧化硫
	吸收氟化物
	吸收氮氧化物
涵养水源	调节水量
	水质
保育土壤	固土
	保肥
积累营养物质	林木营养积累
固碳释氧	固碳
	释氧
防风固沙	防风固沙
生物多样性保护	物种保育

退耕还林工程生态效益实物量评估公式及参数设置见表 4-2。

表 4-2　退耕还林工程生态效益实物量评估公式及参数设置

功能类别	指标	计算公式和参数说明
净化大气环境	吸滞 PM	$$G_{PM} = Q_{PM}A$$ G_{PM} 为林分年吸滞 $PM_{2.5}$ 与 PM_{10} 量（单位：吨/年）；Q_{PM} 为单位面积林分年吸滞 $PM_{2.5}$ 与 PM_{10} 量[单位：千克/（公顷·年）]；A 为林分面积（单位：公顷）
净化大气环境	释放负离子	$$G_{负离子} = 5.256 \times 10^{15} \times Q_{负离子}AH/L$$ $G_{负离子}$ 为林分年提供负离子个数（单位：个/年）；$Q_{负离子}$ 为林分负离子浓度（单位：个/立方厘米）；H 为林分高度（单位：米）；L 为负离子寿命（单位：分钟）；A 为林分面积（单位：公顷）
净化大气环境	吸收污染物 / 吸收二氧化硫量	$$G_{二氧化硫} = Q_{二氧化硫}A$$ $G_{二氧化硫}$ 为林分年吸收二氧化硫量（单位：吨/年）；$Q_{二氧化硫}$ 为单位面积林分吸收二氧化硫量[单位：千克/（公顷·年）]；A 为林分面积（单位：公顷）
净化大气环境	吸收污染物 / 吸收氟化物量	$$G_{氟化物} = Q_{氟化物}A$$ $G_{氟化物}$ 为林分年吸收氟化物量（单位：吨/年）；$Q_{氟化物}$ 为单位面积林分吸收氟化物量[单位：千克/（公顷·年）]；A 为林分面积（单位：公顷）
净化大气环境	吸收污染物 / 吸收氮氧化物量	$$G_{氮氧化物} = Q_{氮氧化物}A$$ $G_{氮氧化物}$ 为林分年吸收氮氧化物量（单位：吨/年）；$Q_{氮氧化物}$ 为单位面积林分年吸收氮氧化物量[单位：千克/（公顷·年）]；A 为林分面积（单位：公顷）
涵养水源	调节水量	$$G_{调} = 10A(P - E - C)$$ $G_{调}$ 为林分调节水量功能（单位：立方米/年）；P 为降水量（单位：毫米/年）；E 为林分蒸散量（单位：毫米/年）；C 为地表径流量（单位：毫米/年）；A 为林分面积（单位：公顷）。注：林分蒸散量可自行观测或参照国家林业和草原局森林生态系统定位研究站的观测数据
保育土壤	固土保肥	$$G_{固土} = A(X_2 - X_1) \qquad G_N = AN(X_2 - X_1)$$ $$G_P = AP(X_2 - X_1) \qquad G_K = AK(X_2 - X_1)$$ $G_{固土}$ 为林分年固土量（单位：吨/年）；X_1 为林地土壤侵蚀模数[单位：吨/（公顷·年）]；X_2 为无林地土壤侵蚀模数（单位：吨/（公顷·年）；G_N 为减少的氮流失量（单位：吨/年）；G_P 为减少的磷流失量（单位：吨/年）；G_K 为减少的钾流失量（单位：吨/年）；N 为土壤含氮量（单位：%）；P 为土壤含磷量（单位：%）；K 为土壤含钾量（单位：%）；A 为林分面积（单位：公顷）
积累营养物质	林木营养积累 / 固氮量 固磷量 固钾量	$$G_{氮} = AN_{营养}B_{年} \qquad G_{磷} = AP_{营养}B_{年} \qquad G_{钾} = AK_{营养}B_{年}$$ $G_{氮}$ 为林分固氮量（单位：吨/年）；$G_{磷}$ 为林分固磷量（单位：吨/年）；$G_{钾}$ 为林分固钾量（单位：吨/年）；$N_{营养}$ 为林木氮元素含量（单位：%）；$P_{营养}$ 为林木磷元素含量（单位：%）；$K_{营养}$ 为林木钾元素含量（单位：%）；$B_{年}$ 为林分净生产力[单位：吨/（公顷·年）]；A 为林分面积（单位：公顷）
固碳释氧	固碳 / 植被固碳	$$G_{植被固碳} = 1.63R_{碳}AB_{年}$$ $G_{植被固碳}$ 为植被年固碳量（单位：吨/年）；$R_{碳}$ 为二氧化碳中碳的含量为 27.27%；$B_{年}$ 为林分净生产力[单位：吨/（公顷·年）]；A 为林分面积（单位：公顷）
固碳释氧	固碳 / 土壤固碳	$$G_{土壤固碳} = AF_{土壤}$$ $G_{土壤固碳}$ 为土壤年固碳量（单位：吨/年）；$F_{土壤}$ 为单位面积林分土壤年固碳量[单位：吨/（公顷·年）]；A 为林分面积（单位：公顷）

续表

功能类别	指标	计算公式和参数说明
固碳释氧	释氧	$$G_{氧气} = 1.19AB_年$$ $G_{氧气}$为林分年释氧量（单位：吨/年）；$B_年$为林分净生产力[单位：吨/（公顷·年）]；A为林分面积（单位：公顷）
防风固沙	防风固沙（风沙区）	$$G_{固沙} = A(X_2 - X_1)$$ $G_{固沙}$为植被固沙量（单位：吨/年）；X_1为林地单位面积输沙量[单位：吨/（公顷·年）]；X_2为无林地单位面积输沙量[单位：吨/（公顷·年）]；A为林分面积（单位：公顷）

4. 以政府政策为依据

2002 年国务院下发的《关于进一步完善退耕还林政策措施的若干意见》（国发〔2002〕10 号）规定，国家无偿向退耕户提供粮食、现金补助。粮食和现金补助标准为：长江流域及南方地区，每亩退耕地每年补助粮食（原粮）150 公斤；黄河流域及北方地区，每亩退耕地每年补助粮食（原粮）100 公斤。每亩退耕地每年补助现金 20 元。粮食和现金补助年限，还草补助按 2 年计算；还经济林补助按 5 年计算；还生态林补助暂按 8 年计算。补助粮食（原粮）的价款按每公斤 1.4 元折价计算。补助粮食（原粮）的价款和现金由中央财政承担。在粮食和现金补助期间，退耕农户在完成现有耕地退耕还林后，必须继续在宜林荒山荒地造林，由县或乡镇统一组织。

退耕还林工程是一项政策工程，本身存在着政策缺陷。为了进一步巩固退耕还林成果，解决退耕农户生活困难和长远生计问题。2007 年 8 月，《国务院关于完善退耕还林政策的通知》（国发〔2007〕25 号）规定，中央财政安排资金，继续对退耕农户给予适当的现金补助，解决退耕农户当前生活困难。补助标准为：长江流域及南方地区每亩退耕地每年补助现金 105 元；黄河流域及北方地区每亩退耕地每年补助现金 70 元。原每亩退耕地每年 20 元生活补助费，继续直接补助给退耕农户，并与管护任务挂钩。补助期为：还生态林补助 8 年，还经济林补助 5 年，还草补助 2 年。根据验收结果，兑现补助资金。各地可结合本地实际，在国家规定的补助标准基础上，再适当提高补助标准。凡 2006 年底前退耕还林粮食和生活费补助政策已经期满的，要从 2007 年起发放补助；2007 年以后到期的，从次年起发放补助。

2014 年，国家发展改革委、财政部、国家林业局、农业部、国土资源部五部委，印发了《新一轮退耕还林还草总体方案》。在方案中提出了退耕还林还草的补助政策。第一，中央根据退耕还林还草面积将补助资金拨付给省级人民政府。补助资金按以下标准测算：退耕还林每亩补助 1500 元，其中，财政部通过专项资金安排现金补助 1200 元、国家发展改革委通过中央预算内投资安排种苗造林费 300 元；退耕还草每亩补助 800 元，其中，财政部通过专项资金安排现金补助 680 元、国家发展改革委通过中央预算内投资安排种苗种草费 120 元。第二，中央安排的退耕还林补助资金分三次下达给省级人民政府，每亩第一年 800 元（其中，种苗造林费 300 元）、第三年 300 元、第五年 400 元；退耕还草补助资金分两次下达，每亩第一年 500 元（其中，种苗种草费 120 元）、第三年 300 元。第三，省级人民政府可在不低于中央补助标准的基础上自主确定兑现给退耕农民的具体补助标准和分次数额。地方提高标准超出中央补助规模部分，由地方财政自行负担。

此次退耕还林开始实行全国统一的补助标准，不再区分南方地区和北方地区。优点是执行成本低，但也会对南北地区的农户参与退耕还林后的利益产生不同的影响。

2015 年 12 月，财政部、国家发展改革委、国家林业局、国土资源部、农业部、水利部、环境保护部、国务院扶贫办①等八部门联合印发了《关于扩大新一轮退耕还林还草规模的通知》。通知明确，扩大新一轮退耕还林还草规模的主要政策有四个方面。一是将确需退耕还林还草的陡坡耕地基本农田调整为非基本农田。各有关省在充分调查并解决好当前群众生计的基础上，研究拟定区域内扩大退耕还林还草的范围。二是加快新一轮退耕还林还草进度。三是及时拨付新一轮退耕还林还草补助资金。为确保各地结合实际做到宜林则林、宜草则草，新一轮退耕还林还草的补助标准为：退耕还林每亩补助 1500 元，退耕还草每亩补助 1000 元。四是认真研究在陡坡耕地梯田、重要水源地 15～25 度坡耕地以及严重污染耕地退耕还林还草的需求。国家退耕还林、还草的生态补偿标准显然提高了很多。

2017 年 6 月，《关于下达 2017 年度退耕还林还草任务的通知》（发改西部〔2017〕1088 号）规定，从 2017 年起将新一轮退耕还林种苗造林费补助标准由每亩 300 元提高到 400 元，使新一轮退耕还林补助标准提高到了每亩 1600 元。2022 年 10 月 28 日，自然资源部、国家林草局、国家发展改革委、财政部、农业农村部为进一步完善政策措施，巩固退耕还林还草成果，经国务院同意，印发《关于进一步完善政策措施 巩固退耕还林还草成果的通知》（自然资发〔2022〕191 号）。《通知》明确，2014 年开始实施的第二轮退耕还林还草现金补助期满后，中央财政安排资金，延长补助期限。其中，退耕还林现金补助期限延长 5 年，每年每亩 100 元，每亩共补

---

① 2021 年更名为国家乡村振兴局。

助 500 元；退耕还草现金补助期限延长 3 年，每年每亩 100 元，每亩共补助 300 元。补助资金严格按照国家和省级林草部门确认的县级验收结果发放，并与管护责任挂钩。

我国目前的退耕还林还草补偿标准只是根据了第一项，即农户的直接经济损失，虽然在理论上考虑到了第二项即农户的意愿，但基本是使用行政政策自上而下地进行生态补偿。这种补偿是没有考虑到第三项，即生态系统服务价值的。而且一刀切的办法，可能会导致过度补偿或补偿不足。因此在执行过程中，各个地区因地制宜制定了不同的补贴标准。

二、森林生态补偿标准的确定

1. 以森林生态服务功能价值为依据

森林生态服务功能主要涉及净化大气环境、涵养水源、保育土壤、使林木积累营养物质、固碳释氧、防风固沙、保护生物多样性等，其生态效益要从这几方面进行评估。

森林生态服务功能价值是生态系统服务功能的完全补偿的标准，但由于该功能价值核算的数值巨大，政府、企业、个人是远没有能力承担的。因此，一般的生态补偿标准只会是其中的一部分。生态服务功能价值仍然可以作为生态补偿标准的上限值。

2. 以直接成本和机会成本为依据

森林生态补偿标准直接投入主要包括两部分：一是营林成本及管护成本，营林成本主要包括育林、造林投入，管护成本主要包括护林工人工资、护林设备相关支出等；二是护林防火、地价、地租、林路维护等。

生态林建设成本的基本算式为：生态林年建设投入 = 生态林规划建设面积×不同地区不同种类造林方式的单位造林成本×年度完工系数。生态林使用成本的基本算式为：生态林年使用成本 = 生态林投资回收成本 + 生态林管护费用 + 禁伐损失补助。

机会成本主要是由于实行退耕还林、封山育林、禁伐等生态保护政策，地区经济发展受到了严重的阻碍，造成了经济损失。可以将全国（省）城镇居民的人均可支配收入和本地区居民人均可支配收入作为参照。生态补偿标准公式为

$$P_w = (I-I_w) \times PUC_w + (M-M_w) \times PUA_w$$

其中，P_w 为森林生态补偿标准；I 为参照地区城镇居民人均纯收入；I_w 为森林保护区城镇居民人均纯收入；PUC_w 为森林保护区城镇居民人口数；M 为

参照地区农民人均纯收入；M_w 为森林保护区农民人均纯收入；PUA_w 为森林保护区农村居民人口数。

3. 以市场交易价格为依据

碳排放权交易是运用市场化手段来推动低碳经济发展的重要方法，最早由英国提出，旨在量化了各个国家碳排放量的基础上，建立一个体系，以分配碳排放量配额。若企业的排放量低于限额，则可对富余碳排放权进行交易以获得收益；反之，则可购买额外许可额度，以避免政府的罚款和制裁。

碳市场交易机制主要有两种。一种是配额交易，即基于"总量控制与交易"机制，规定市场内每一成员的碳排放上限，成员可利用碳减排额度与其他成员进行交易。另一种是项目交易，基于项目的交易是将某一项目产生的温室气体减排量用于交易。

2005 年，《京都议定书》正式生效，规定 2008～2012 年，全球二氧化碳排放量在 1990 年的基础上平均降低 5.2%。随着《京都议定书》的生效，全球碳交易市场得到了迅速的发展和扩张。国际碳行动伙伴组织最新发布的《2021 年度全球碳市场进展报告》显示，目前，全球已建成的碳交易系统达 24 个，22 个国家和地区正在考虑或积极开发碳交易系统。遍布欧洲、北美洲、南美洲和亚洲市场。2013 年全球碳交易量比 2012 年增长 14%，达到 120 亿吨二氧化碳当量。根据金融信息公司路孚特（Refinitiv）发布的数据，2022 年全球碳市场共交易 125 亿吨碳配额。

中国是《京都议定书》的非附件—国家，不能直接开展基于碳配额的国际碳交易。我国参与国际碳交易市场的机制只有清洁发展机制项目这一种，即发达国家以提供资金和技术的方式，与我国合作投资具有温室气体减排效果的项目，从而换取温室气体的排放权。自 2005 年正式开展清洁发展机制项目起，我国清洁发展机制市场发展异军突起，并保持高速发展态势。我国已经成为全球碳交易初级产品最大的供应国。

根据《京东议定书》的规定，我国作为发展中国家，并不承担有法律约束力的温室气体减排义务。但目前我国的碳排放量已经超过美国位居全球首位，不论是从自身发展还是国际压力来看，我国开展温室气体减排行动势在必行。

2015 年 6 月，我国向《联合国气候变化框架公约》秘书处提交了应对气候变化国家自主贡献文件。2016 年 9 月，我国加入《巴黎气候变化协定》，并将行动目标纳入国家整体发展议程。2023 年 4 月 18 日，欧洲议会通过碳关税议案，其正式名称为"碳边界调整机制"（Carbon Border Adjustment

Mechanism，CBAM），是指对进口到欧盟的商品中隐含的碳排放征收额外税费（国内称之为"碳关税"）。欧盟成为全球首个征收"碳关税"的经济体。自此大宗商品生产的碳排放成本将成为国际经贸的重要考虑因素。2023 年 5 月中海油国贸英国公司在英国排放交易系统（UK Emissions Trading Scheme markets，UK-ETS）中的第一笔碳配额成功入账，碳交易业务在伦敦顺利完成首单交易，中国海油正式登陆英国碳排放交易市场。

2008 年，国家发展改革委首次提出要建立国内的碳交易所。此后两个月，北京、上海、天津相继成立环境资源交易所；2009 年，我国政府在哥本哈根气候变化大会上庄严承诺，到 2020 年，实现单位国内生产总值二氧化碳排放比 2005 年下降 40%～45%；2011 年，我国将温室气体控制内容首次写入《"十二五"控制温室气体排放工作方案》，提出到 2015 年，单位国内生产总值二氧化碳排放比 2010 年下降 17%，单位国内生产总值能耗比 2010 年下降 16%；2011 年 11 月，国家发展改革委办公厅下发了《关于开展碳排放权交易试点工作的通知》，批准北京、天津、上海、重庆、湖北、广东、深圳等七省市开展碳排放权交易试点工作，并计划在"十三五"期间在全国推广；2011 年 12 月《国务院关于印发"十二五"控制温室气体排放工作方案的通知》，提出根据形势发展并结合合理控制能源消费总量的要求，研究温室气体排放权分配方案，逐步形成区域碳排放权交易体系；2013 年，七个碳排放权交易试点省市陆续启动碳排放权交易；2014 年 5 月国务院办公厅印发《2014—2015 年节能减排低碳发展行动方案》，要求推动碳排放权交易试点，研究建立全国碳排放权交易市场；2014 年在北京亚太经济合作组织论坛期间，我国提出了碳排放控制规划；2014 年 12 月，国家发展改革委发布了《碳排放权交易管理暂行办法》，2015 年为准备阶段，完善法律法规、技术标准和基础设施建设，全国碳市场于 2016～2020 年全面启动实施和完善。

京冀两地启动了跨区的碳排放权交易试点，这也是全国首个跨区碳市，北京、河北两地在碳配额的管理、交易方式等方面，完全实现无差异的"一体化"[198]。自跨区市场开放以来，河北省承德市开始利用自身优势，优先开发了林业碳汇项目，其中丰宁千松坝林场碳汇造林一期项目，被核定为可用于抵消 16 万吨以上的碳排放量[199]。

4. 以政府政策为依据

2004 年，我国实施了财政部和国家林业局印发的《中央财政森林生态效益补偿基金管理办法》。森林生态效益补偿基金指各级政府依法设立用于公益林营造、抚育、保护和管理的资金。中央财政补偿基金作为森林生态效益补偿基金的重要组成部分，重点用于国家级公益林的保护和管理。中央财政补偿基金的补偿范围是国家级公益林林地。国家级公益林是指依据国家林业局、财政部联合印发的《国家级公益林区划界定办法》（林资发〔2009〕214号）区划界定的公益林林地。2017年4月，国家林业局、财政部对此办法进行了修订。

中央财政补偿基金依据国家级公益林权属实行不同的补偿标准。根据2014年4月《中央财政林业补助资金管理办法》，国有的国家级公益林平均补助标准为每年每亩5元，其中管护补助支出4.75元，公共管护支出0.25元；集体和个人所有的国家级公益林补偿标准为每年每亩15元，其中管护补助支出14.75元，公共管护支出0.25元。

在《中央财政森林生态效益补偿基金管理办法》（财农〔2007〕7号）执行过程中，我国各省区市制定了不同的标准，如贵州省制定了《贵州省中央财政森林生态效益补偿基金管理实施细则》，其中规定，中央财政补偿基金依据国家级公益林权属实行不同的补偿标准。国有的国家级公益林平均补偿标准为每年每亩5元，其中管护补助支出4.75元，公共管护支出0.25元；集体和个人所有的国家级公益林补偿标准为每年每亩10元，其中管护补助支出9.75元，公共管护支出0.25元。《福建省森林生态效益补偿基金管理暂行办法》规定省级公益林平均补偿标准（含省政府实施的江河下游地区对上游地区森林生态效益补偿基金，下同）为每年每亩12元。国家级公益林平均补偿标准为每年每亩12元。其中，中央财政每年每亩补助10元和省级财政每年每亩补助2元。中央财政、省级财政、省政府实施的江河下游地区对上游地区森林生态效益补偿基金的支出分为两部分，其中，11.75元用于国有林业单位、集体和个人的补偿性支出（包含每亩0.3元用于重点公益林所有者森林综合保险保费支出，0.25元用于公共管护支出）。

森林生态效益补偿基金制度于2004年正式建立。之后，中央财政的基金投入力度不断加大，逐步提高了补偿标准。从2010年起，中央财政依据国家级公益林权属实行不同的补偿标准：对国有的国家级公益林补偿标准为每年每亩5元；对属集体和个人所有的国家级公益林补偿标准从原来的每年每亩5元提高到10元。2013年，中央财政将属集体和个人所有的国家级公益林补偿标准提高到每年每亩15元。2015年，中央财政将国有的国家级公益林补偿标准提高到每年每亩6元，2016年提高到8元，2017年提高到10元。自2020年起，中央财政补偿基金平均标准为每年每亩15.75元，地方财政补偿基金根据《中央财政森林生态效益补偿基金管理办法》的精神，自行制定地方性森林生态效益补偿基金管理实施办法，明确资金的使用、发放途径和依据。

三、流域生态补偿标准的确定

（一）机会成本法

在流域生态补偿中，水源保护区为了生态建设放弃了经济发展，失去了产业发展获利的机会，这部分为水源保护区的机会成本。

相应地，水源保护区年机会成本为

$$P_r = (C-C_r) \times PU_r$$

其中，P_r 为流域生态补偿标准；C 为参照地区人均 GDP；C_r 为水源保护区人均 GDP；PU_r 为水源保护区人口数。

按人均纯收入计算的公式为

$$P_r = (I-I_r) \times PUC_r + (M-M_r) \times PUA_r$$

其中，P_r 为流域生态补偿标准；I 为参照地区城镇居民人均纯收入；I_r 为水源保护区城镇居民人均纯收入；PUC_r 为水源保护区城镇居民人口数；M 为参照地区农民人均纯收入；M_r 为水源保护区农民人均纯收入；PUA_r 为水源保护区农村居民人口数。

通过该公式计算出来的水源保护区居民为了生态建设放弃的收入机会，会高于生态补偿者的支付意愿，也高于其支付能力。同时，水源保护区居民在放弃部分收入后，保护区在保护的过程中也会获得一部生态环境效益，但到底有哪些生态环境效益，且该生态环境效益有多大，都需要再进行评估。若能确定，则生态补偿标准可以在原有机会成本基础上扣掉保护区保护后的生态环境效益。

（二）支付意愿法

按支付意愿法测算流域生态补偿标准，需要实地调查各类受益者最大支付意愿，并将其最大支付意愿与受益者的人口数相乘。相应公式为

$$P = MW \times PU$$

其中，P 为补偿标准；MW 为最大支付意愿；PU 为受益人口数。

在调查过程中可能存在各类偏差，若要用该方法，需要在调查前做好细致充足的准备。

（三）收入损失法

收入损失法计算的流域生态补偿标准是按照水源区资源保护所发生的

直接成本和间接成本计算的。

　　直接成本是为保护水资源而投入的成本,主要包括退耕还林、封山育林、水土流失治理、改善水质、水质监测等方面的投入。间接成本是在水源区由于限制高耗水、高排污企业的设立而失去的发展工业和退耕还林的机会,即

$$TCW = DCW + ICW$$

其中,TCW 为水资源保护发生的总成本;DCW 为直接成本;ICW 为间接成本。

$$DCW = TGC + FSC + XZC + STC + SZC + SJC$$

其中,DCW 为直接成本;TGC 为退耕还林直接成本;FSC 为封山育林直接成本;XZC 为新造林投入;STC 为水土流失治理投入;SZC 为水质改善的污水处理场建设投入;SJC 为水质监测投入。

$$ICW = TGOC + XGC$$

其中,ICW 为间接成本;TGOC 为退耕还林损失的机会成本;XGC 为限制工业发展损失的机会成本。

（四）总投入修正法

　　总投入修正法是在对水源地各项生态建设投入进行汇总的基础上,乘各种修正系数,得出流域生态补偿标准,公式如下:

$$TI = DCW + ICW = (SFDC + STDC + WRDC) + (JSIC + YMIC + CYIC)$$

其中,TI 为水资源保护总投入;DCW 为直接成本;ICW 为间接成本;SFDC 为水源涵养区提高森林覆盖率的投入;STDC 为水土流失治理投入;WRDC 为污染防治投入;JSIC 为水源涵养区发展节水投入;YMIC 为生态移民安置投入;CYIC 为水源涵养区限制产业发展的损失。投入的直接成本包括水源涵养区提高森林覆盖率的投入、水土流失治理投入、污染防治投入;投入的间接成本包括水源涵养区发展节水投入、生态移民安置投入、水源涵养区限制产业发展的损失。

$$P = TI \times K_1 \times K_2 \times K_3$$

其中,P 为补偿标准;TI 为水资源保护总投入;K_1 为水量分摊系数;K_2 为水质修正系数;K_3 为效益修正系数。水量分摊系数为补偿者分摊的上游水源量,该系数在 0 到 1 之间;水质修正系数要经过水质监测测算;效益修正系数由生态系统服务功能效益的变化确定。

（五）市场形成价格法

　　如果流域水可货币化,形成水资源价值（其中包括污水处理成本等）,

可将该市场价格作为一定标准进行补偿。

$$P = W \times K_4 \times K_5$$

其中，P 为补偿标准；W 为调配水量；K_4 为水资源价格；K_5 为判定系数，若水源保护区水质好于Ⅲ类，判定系数为 1，若水源保护区水质劣于Ⅴ类，判定系数为-1，否则，判定系数为 0。

随着流域水资源生态补偿的逐步形成和发展，当水资源交易市场形成时，可使用该方法。

四、湿地生态补偿标准的确定

（一）市场价值损失量法

湿地生态补偿的内容包括面积大幅度减少导致的产值和利润变化直接损失的市场价值，以及由恢复生态环境来确定的间接损失。

$$TL = DL + IL = (DL_1 + DL_2 + DL_3 + DL_4) + IL$$

其中，TL 为湿地市场价值损失；DL 为直接损失；IL 为间接损失（恢复生态环境费用）；DL_1 为沟渠湿地损失；DL_2 为滩涂湿地损失；DL_3 为稻田湿地损失；DL_4 为坑塘湿地损失。

（二）湿地生态服务功能价值法

湿地生态系统各项服务功能及核算方法见表 4-3 所示。

表 4-3　湿地生态系统各项服务功能及核算方法

湿地功能	核算方法
成陆造地功能	市场价值法
物质生产功能	市场价值法
气候调节功能	碳税法或造林成本法
提供水源功能	市场价值法
蓄水调洪功能	影子工程法
降解污染物功能	成果参数法
保护土壤功能	替代法
生物栖息地功能	生态价值法、替代法
教育科研功能	专家调查法
旅游休闲功能	费用支出法

按照湿地生态系统各项服务功能价值核算出生态补偿的总额。这种方法计算出的数值会大于按照市场价值损失量法计算出的生态补偿标准。

（三）湿地利益受损者的机会成本

由于对湿地的保护与利用，农民被限制捕捞、使用化肥，被禁止投放农药，从而造成农民收入的减少，形成湿地资源的机会成本。由湿地保护造成的利润减少量应该作为补偿标准。当然，各区域的环境因素具有差异性，各区域可选择相适应的湿地生态补偿标准。

（四）受破坏湿地的恢复成本

由于道路修建、企业排放污染等项目，需要对湿地进行恢复，恢复成本包括湿地区域生物多样性保护、湿地环境恢复成本等其他一些控制成本，其中包括治理农业、排放污染及其他水利硬件设备的相关投入。比如，禁止相关企业继续营业或下令停止其他基础设施的建设及相关区域搬迁造成的金钱损失。

五、草原生态补偿标准的确定

（一）以草原生态服务功能价值为依据

草原生态服务功能价值主要包括水土保持、水源涵养、空气净化、释氧固碳、生物多样性维持、生态旅游文化、营养物质循环及废弃物分解几个方面。

水土保持：降低水力和风力对于土壤的侵蚀，能更好地固定沙土，改良与优化土壤成分。

水源涵养：草地土壤不仅渗透性良好，而且能够有效地锁水和截流降水。

空气净化：吸收污染物质、抑制粉尘、隔离病菌及降低噪声等。

释氧固碳：释放氧气的同时，土壤还能很好地固定二氧化碳，使大气中的碳氧水平维持动态平衡。

生物多样性维持：维持植物种类的多样性，使各类生物物种能够得以繁衍与生息，在一定程度上还能抑制有害生物的数量。

生态旅游文化：草原不仅能够开发成为优良的旅游资源，而且具有美学和文化传承等价值。

营养物质循环：便于生物和土壤更好地进行氮磷钾等营养成分的交换。

废弃物分解：发挥自然风化、微生物分解及淋滤等作用，使得动物粪便能够充分降解，土壤的肥力得以增加。

草原的生态服务功能包括多个层面，不同的生态服务功能需要通过不同的方法测算[200]。水土保持方面，评价草原降低土地废弃率的功能使用机会成本法,找出土壤潜在侵蚀量和现实侵蚀量之间的差距,并考虑单位面积草原收益率及水土保持面积;评价草原减少淤积河流泥沙的生态价值使用运用影子工程法,比较草原减少的泥沙量与河流湖泊库容量,并考虑蓄水成本;草原使土壤保持肥力的生态价值评估使用市场价值法,比较各类化肥的市场价格,并考虑土壤中营养物质的含量。水源涵养方面,计算区域草原的水源涵养能力可使用影子工程法,根据草原区降水量、草原覆盖率及贮水量计算出某区域草原涵养水源的数量,并选择一个与之涵养能力相当的水利工程,计算水利工程的成本;或使用水量平衡法,根据草原面积、总降雨量及水源涵养比例,并结合当地水价来确定相关区域草原的水源涵养能力。净化环境方面,二氧化碳的吸收可以使用碳税法,根据草原类型首先确定二氧化碳的固定量,再结合碳税的影子价格确定草原的碳汇价值;二氧化硫的吸收可以使用成本法,先对单位面积草原吸纳二氧化硫的能力进行测算,再加上治理二氧化硫污染的平均费用;病菌杀灭能力无法直接测算,可以间接地借助专家打分法或德尔菲法测算。生态旅游方面,借助问卷调查的方法使用条件价值法和旅行费用法对游客的游憩费用进行统计分析,运用成本效益分析方法,确定游憩需求与旅行费用之间的关系。生物多样性维持方面,借助问卷调查的方法使用条件价值法考察被调查者对于生物多样性保护的支付意愿。营养物质循环方面,使用市场价值法,将不同的营养物质分门别类进行测算,根据单位草原面积某类元素的含量及市场价格,算出该类营养元素的价值,进而对各类营养元素价值进行汇总得到草原生态系统的营养循环价值。

（二）以直接成本和机会成本为依据

草原生态补偿的直接成本主要包括两部分:一是投入,即为改善草原生态环境或预防草原生态环境的进一步恶化的投入;二是损失,即为保护草原生态环境给牧区政府和牧民带来的损失。具体主要包含以下几方面的内容。第一,草场围栏投入。草场围栏是草原管理中的重要工具,一般而言,建设围栏,每延长 1 米的价格在 10~15 元。第二,草原管护投入。第三,实行禁牧、休牧等增加的生产费用。实行禁牧、休牧后改为人工饲养,增加了生产费用。

草原禁牧的机会成本是牧户减畜后的收入损失,即禁牧前收入与禁牧后收入的差值。草原禁牧补偿标准的计算公式为

$$P_g = I_a \times (1 + e)/n = I/n + Ie/n$$

其中,P_g 为草原生态补偿标准;I_a 为每羊单位的畜牧业纯收入;e 为禁牧前的超载率;n 为所在地区的草畜平衡标准。

若某牧户的禁牧面积＜草场承包面积，该牧户为部分禁牧，若某牧户的禁牧面积＝草场承包面积，该牧户为全部禁牧。

从公式中可以看出，草原禁牧补偿标准包含了两个部分，一个部分是 I/n，另一个部分 Ie/n。I/n 是草畜平衡下合理载畜量的减畜损失，Ie/n 是非草畜平衡下超载牲畜的减畜损失，可见，草原超载行为与补偿标准部分相关。但超载行为本身需要处罚，将超载程度完全纳入禁牧补助标准制定中，对不超载的牧户不公平。超载的监管执行困难、操作性差，草原超载牧区多为落后地区的中小牧户，对中小牧户的超载行为实施处罚会加大牧区的贫富差距，影响牧区社会的和谐稳定。在研究中，采取折中的方式来处理超载程度，即对存在超载行为的牧户，在禁牧补偿标准制定中，只考虑一半的超载程度，计算公式如下：

$$P_g = I_a \times (1 + e/2) /n = I/n + Ie/2n$$

其中，P_g 为草原生态补偿标准；I_a 为每羊单位的畜牧业纯收入；e 为禁牧前的超载率；n 为所在地区的草畜平衡标准。

（三）以市场价值为依据

我国碳汇项目类型较为单一，国内碳汇项目也主要集中于森林碳汇，辅之以少量竹林碳汇项目。2018 年 7 月，Dass 等通过美国加利福尼亚州的实践研究在《环境研究快报》（*Environmental Research Letters*）发表了题为《在加利福尼亚州草原可能是比森林更可靠的碳汇》的文章。他们认为虽然森林是耐久的碳汇，然而由于极端的热浪、干旱和野火提高了树木的死亡率，特别是在广泛分布的半干旱地区的森林。他们通过一系列建模实验，证明加利福尼亚州的草原比森林更有弹性。草原对不断上升的温度、干旱和火灾的适应能力强。结果凸显了在缺乏管理干预措施以避免大量火灾驱动的碳排放的情况下，草原生态系统应该是替代气候脆弱森林的另一种选择[201]。

在欧洲，草原碳汇项目主要采用欧洲全球生态圈管理（Global Biosphere Management-Europe，GLOBIOM-Eu）评估体系，为欧盟统计局的修订标准，基于《联合国气候变化框架公约》数据的国家水平排放因素计算[202]。

实施草原碳汇贸易，草原碳汇的供给者就是牧民，需求者主要是清洁发展机制项目的企业，交易所是碳汇市场连接供给者和需求者的桥梁，为供需双方提供公平、公正的交易平台，交易所在提供场所的同时，还要为供求双方提供咨询、计量认证、审核、担保、可行性分析。第三方独立认证机构主要保证供需双方在平等的基础上进行交易，维持交易市场的秩序[203]。

根据国际标准，再从实际情况出发，制定科学有效的减排基准线和额外性条件，从而严格制定碳汇量及碳汇价格。这些准则的规范能够使相关项目符合实际情况，同时又达到国际申请标准，这有利于获得更多的项目批准和签发，政府协调有关部门积极参与和配合草原碳汇清洁发展机制项目的开发和执行，为项目提供政府组织的支持，积极与专家协调沟通，定期对项目进行监督和评价，在过程中及时发现问题，改正问题。

在国内碳标准已经备案的不同领域碳减排计量和监测方法中，直接与草地碳汇有关的减排计量和监测方法学是可持续草地管理温室气体减排计量与监测方法学（AR-CM-004-V01）。可持续草地管理温室气体减排计量与监测方法学是联合国粮食及农业组织在青海省泽库县实施的"三江源草地碳汇项目"基础上开发的，这也是国际上第一个真正与草地管理直接相关的方法学[204]。

（四）以政府政策为依据

2010 年 10 月 12 日，我国在国务院常务会议上，决定建立草原生态保护补助奖励机制促进牧民增收。会议决定，从 2011 年起，在内蒙古、新疆（含新疆生产建设兵团）、西藏、青海、四川、甘肃、宁夏和云南 8 个主要草原牧区省（区），全面建立草原生态保护补助奖励机制。主要补偿内容为如下。第一，实施禁牧补助。对生存环境非常恶劣、草场严重退化、不宜放牧的草原，实行禁牧封育，中央财政按每亩 6 元的标准给予补助。第二，实施草畜平衡奖励。对禁牧区域以外的可利用草原，在核定合理载畜量的基础上，中央财政按每亩 1.5 元的标准对未超载放牧的牧民给予奖励。第三，落实对牧民的生产性补贴政策。增加牧区畜牧良种补贴，在对肉牛和绵羊进行良种补贴基础上，将牦牛和山羊纳入补贴范围；实施牧草良种补贴，对 8 省（区）0.9 亿亩人工草场，按每亩 10 元的标准给予补贴；实施牧民生产资料综合补贴，对 8 省（区）约 200 万户牧民，按每户 500 元的标准给予补贴。第四，加大对牧区教育发展和牧民培训的支持力度，促进牧民转移就业。为建立草原生态保护补助奖励机制、促进牧民增收，中央财政每年安排资金 134 亿元。

我国的草原生态保护补助奖励以 5 年为一周期，2010～2015 年为第一个周期。根据 2011 年 5 月 23 日《内蒙古自治区人民政府办公厅关于印发草原生态保护补助奖励机制实施方案的通知》（内政办发〔2011〕54 号），补贴和奖励标准如下。

1. 国家补奖标准

（1）禁牧补助：根据全国不同草原的载畜能力，测算标准为每亩 6 元。

（2）草畜平衡奖励：根据全国不同草原的载畜能力，测算标准为每亩1.5元。

（3）牧草良种每年每亩平均补贴10元。

（4）牧民生产资料补贴每年每户500元。

2. 内蒙古补奖标准

（1）禁牧补助：按照标准亩每亩补助6元。

（2）草畜平衡奖励：按照标准亩每亩补助1.5元。

（3）优良多年生牧草每亩补贴70元，在3年内补给。

具体补贴标准为新建当年30元/亩，第二年30元/亩，第三年10元/亩（达到亩产标准以上给予补贴）；2010年以前保有面积补贴标准为10元/亩，达到亩产标准以上给予补贴，补贴年限为2年。优良一年生牧草补贴标准为15元/亩每年。新建饲用灌木补贴标准为10元/亩，补贴年限为1年。

（4）牧民生产资料补贴每年每户500元。

3. 内蒙古配套政策

（1）牧民更新的种公羊予以补贴，标准为种公羊800元/（只/年），肉牛良种基础母牛饲养每年每头补贴50元。

（2）对牧民购买的畜牧业用机械，在中央财政资金补贴30%的基础上，自治区财政资金累加补贴20%，使总体补贴比例达到50%。

（3）牧民管护员工资每人每年4000元，由自治区各级财政承担，其中，自治区级承担50%，盟市和旗县（市、区）承担50%。

（4）移民试点补贴每人补贴8万元，由自治区各级财政承担，其中，自治区级承担50%，盟市和旗县（市、区）承担50%。

由于类型多样，草场面积差异较大，如果只考虑面积因素，不利于推广也不符合实际。内蒙古自治区以草原植被类型和生产能力为标准，核算出不同盟市草原的"标准亩"，以实现区域间平衡。内蒙古自治区在制定省内差别化草原生态补偿标准时，提出了"标准亩"的概念。

草原生态补偿资金内蒙古自治区按照"标准亩"系数分配各盟市的。"标准亩"的测算是以内蒙古自治区天然草原的平均载畜能力为基础，算出平均饲养1个羊单位所需要的草地面积，1个羊单位所需要的草地面积为1个标准亩，系数设为1。草原载畜能力大于标准亩，系数就大于1，草原载畜能力小于标准亩，系数小于1。然后利用标准亩系数，将草原实际面积换算为标准亩面积，再按照禁牧补助6元/标准亩，草畜平衡奖励1.5元/标准亩给予补助奖励，或者利用标准亩系数，将禁牧补助6元/标准亩、草畜平衡奖励 1.5 元/标准亩换算成该地区的禁牧补助标准和草畜平衡奖励标准，再按照草原实际面积进行补助奖励。

从"标准亩"和"标准亩系数"的概念界定中可以看出，内蒙古自治区差别化的草畜平衡奖励标准，考虑的核心因素是草地生产力，草地生产力越高，草场的载畜能力越高，标准亩系数越大，所在地区的牧户享受的草畜平衡奖励标准也越高。

目前，我国草原生态补偿的相关国家标准主要有《天然草地退化、沙化、盐渍化的分级指标》(GB 19377—2003)、农业行业标准《草原资源与生态监测技术规程》(NY/T 1233—2006)、《天然草地合理载畜量的计算》(NY/T 635—2015)。在此基础上，各省区市制定相应的草原载畜量标准。以云南省为例，2011 年云南省农业厅①发布《云南省草原载畜量核定标准及办法(试行)》(云农牧〔2011〕5 号)制定云南省评价标准和方法。

根据《天然草地合理载畜量的计算》和云南省 1990～2005 年对草地不同区域草地产草量、可食产草量的测定数据及 2008～2010 年做的牛羊饲喂试验数据，结合云南的实际情况，提出云南省草原载畜量核定标准及办法，具体如下。

4. 云南省草原载畜量核定标准

1) 草地产草量与可食产草量

根据云南各地气候、降雨量和牧草种类的不同，将全省分为五个不同区域进行测定，天然草地中可食产草量按 70%计，人工草地中可食产草量按 90%计。不同地区年平均天然草地产草量(鲜草)与可食产草量见表 4-4。

表 4-4 不同地区年平均天然草地产草量与可食产草量

类型	地区	草地产草量/(公斤/亩)	可食产草量/(公斤/亩)
天然草地	滇西南	527（477～577）	369（334～404）
	滇南	488（438～538）	342（307～377）
	滇西北	192（132～252）	134（92～176）
	滇东北	235（185～285）	165（130～200）
	滇中	301（261～341）	211（183～239）
	全省平均	363（313～413）	254（219～289）
人工草地	全省平均	1207（1107～1307）	1086（996～1176）

---

① 2018 年更名为云南省农业农村厅。

2）牛单位、羊单位

A. 牛单位

以云南成年本地黄牛能繁母牛（含 6 月龄以内的犊牛）或育肥牛（每头体重为 200～250 公斤）一天采食鲜草量（34 公斤）为 1 个牛单位，与不同品种、不同阶段的牛一天采食鲜草量进行比较，计算出不同品种、不同阶段牛的牛单位折算参数，见表 4-5。

表 4-5 不同品种、不同阶段牛的牛单位折算参数表

牛类别		牛单位	每头日需鲜草/公斤
本地牛	能繁母牛、育肥牛	1	34
	6～12 月龄育成牛	0.5	17
	12～24 月龄育成牛	0.8	27
杂交牛	能繁母牛、育肥牛	1.6	56
	6～12 月龄育成牛	0.8	28
	12～24 月龄育成牛	1.3	45

B. 羊单位

以云南成年绵羊能繁母羊（含 6 月龄以内的羔羊）和育肥羊（体重约 50 公斤/只）一天采食鲜草量（9 公斤）为 1 个羊单位，与不同品种、不同阶段的羊一天采食鲜草量进行比较，计算出不同品种、不同阶段羊的羊单位折算参数，见表 4-6。

表 4-6 不同品种、不同阶段羊的羊单位折算参数表

羊类别		羊单位	每只羊日需鲜草/公斤
绵羊	能繁母羊、育肥羊	1	9
	6～12 月龄育成羊	0.5	4.5
山羊	能繁母羊、育肥羊	0.7	6.5
	6～12 月龄育成羊	0.35	3.2

3）草地载畜量核定标准及办法

A. 每个牛单位（羊单位）年需要的草地面积

根据以上数据，计算出云南不同地区草地每个牛单位（羊单位）放牧一年需要的草地面积，见表 4-7。

表 4-7   云南不同地区、不同类型草地每个牛单位（羊单位）年需草地面积表

草地类型		每个牛单位年需草地面积/亩	每个羊单位年需草地面积/亩
天然草地	滇西南	34	9
	滇南	36	10
	滇西北	93	25
	滇东北	75	20
	滇中	59	16
	全省平均	49	13

B. 载畜量的核定

当地草地的载畜量可通过每个牛单位（羊单位）年需要的草地面积进行换算，得到当地草地的合理载畜量。其计算公式为

$$载畜量[牛单位(羊单位)] = \frac{当地草地面积(亩)}{当地每个牛单位(羊单位)年需草地面积(亩)}$$

其中，当地每个牛单位（羊单位）年需草地面积可按表 4-7 中所在地区的数值计算，计算结果为牛单位（羊单位），然后根据不同品种、不同阶段牛羊的牛羊单位折算参数计算出当地草地面积不同品种、不同阶段牛羊的合理载畜量。

2018 年 7 月《云南省 2018 年新一轮草原生态保护补助奖励政策实施方案》发布，云南 15 个州（市）109 个县（市、区）实施草原生态保护补助奖励，总资金规模为 58 155 万元。云南省结合实际，禁牧、草畜平衡不另行制定补助奖励标准，统一执行国家标准。第一，草原禁牧补贴。对草原植被覆盖度 45%以下、鲜草产量 180 公斤以下、具有特殊生态功能和生态十分脆弱的草原实行禁牧。严格按照禁牧区域划定的要求，以村组为基本单元，把生存环境恶劣、草场严重退化、不宜放牧的地区，以及位于金沙江、澜沧江、怒江等水源涵养区的草原划为禁牧区。全省通过核实，划定实施禁牧草原 2731 万亩。禁牧补贴为每亩 7.5 元。第二，草畜平衡奖励。云南省将已实施草原承包的，除实行禁牧以外的全部草原纳入草畜平衡奖励范围，草原面积为 15 069 万亩，实施草畜平衡的草原要实施季节性休牧和划区轮牧。草畜平衡奖励为每亩 2.5 元。按标准测算，2018 年，云南省草原生态保护补助奖励资金规模为 58 155 万元，其中草原禁牧补助 20 482.5 万元，草畜平衡奖励 37 672.5 万元。

六、自然保护区生态补偿标准的确定

自然保护区生态补偿是指为保护和恢复自然保护区的生态功能，对生产

经营活动受限和因鸟类等野生动物取食而造成经济损失的权益人给予的资金及政策等方面的补偿。自然保护区生态补偿的受偿人是在湿地自然保护区内开展非禁止性生产经营活动中出现以下情形的当事人：①因湿地保护需要，实行生态和清洁生产，生产经营活动受到限制的权益人；②在从事种植业、养殖业生产过程中，因鸟类等野生动物取食而造成经济损失的权益人。自然保护区生态受补偿者是指湿地自然保护区内水域、滩涂、农田、林地的所有权人或者使用权人。

（一）以政府政策为依据

通过政府政策确定的自然保护区生态补偿，一般由地方财政拨款，建立自然保护区生态补偿基金。由政府引导，采取资金补偿方式，进行自然保护区生态系统保护和引导生态生产，缓解自然保护区生态保护的突出矛盾，提高自然保护区生态保护实效。

政府政策确定的补偿标准一般是进行分类补偿，以湿地自然保护区的核心区、缓冲区为补偿重点，对省级及市级湿地自然保护区实行分类补偿。

2021 年 12 月，武汉市政府印发《武汉市湿地自然保护区生态补偿办法》，规定湿地自然保护区生态补偿每年按照下列标准予以补偿：①市级生态补偿标准：省级及以上湿地自然保护区，核心区、缓冲区、实验区分别按照每亩35 元、25 元、20 元的标准给予补偿；市级湿地自然保护区，核心区、缓冲区、实验区分别按照每亩 30 元、20 元、15 元的标准给予补偿；②各相关区人民政府参照市级生态补偿标准，对核心区、缓冲区、实验区分别按照每亩不低于 15 元、10 元、5 元的标准给予补偿。根据国民经济和社会发展水平，生态补偿标准由市林业主管部门会同市财政部门适时评估调整。

（二）以生态系统服务功能为依据

自然保护区按照生态系统分类有很多种类型，有森林自然保护区、湿地自然保护区、草原自然保护区等。

以森林自然保护区为例，2010 年 7 月云南省林业厅委托云南省林业调查规划院开展自然保护区森林生态系统服务功能价值评估，评估结果显示云南省纳入评估的国家级、省级自然保护区在 2010 年提供的森林生态系统服务功能价值达 2009.02 亿元。此次评估采用国家统一的技术标准，选取了涵养水源、保育土壤、固碳释氧、积累营养物质、净化大气环境和生物多样性6 个类别的森林固土、森林固碳、森林释氧、生物多样性等 11 个指标，是全国首个省级尺度上的自然保护区森林生态系统服务功能价值评估。

经过评估，云南省自然保护区每年的生物多样性保护价值达 755.07 亿元，占总价值量的 37.58%；涵养水源价值量和保育土壤价值量分别达 538.75 亿元和 493.79 亿元，占总价值量的 26.82% 和 24.58%；自然保护区森林固碳、释氧价值达 122.09 亿元；积累营养物质价值达 16.11 亿元；净化大气环境价值达 83.21 亿元。自然保护区每年每公顷的森林生态服务价值达 12.31 万元，是云南省平均森林生态服务价值 5.06 万元的 2.4 倍。

（三）以受偿意愿为依据

由于居住在自然保护区周边的居民会承担自然保护区保护的部分成本，因此需要对因保护自然保护区而受到的损失进行补偿。通过调查，根据居民愿意接受的补偿标准及对应人数，计算得出生态补偿标准的期望值。公式如下：

$$E = \sum_{i=1}^{n} P_i F_i$$

其中，E 为生态补偿标准的期望值；P_i 为居民受偿意愿金额；F_i 为选择该金额的人数频率。

（四）以支付意愿为依据

随着社会公众的生态补偿意识的加强，国家可通过调查该地区公众对自然保护区环境改善的支付意愿进行评估，并将意愿支付作为自然保护区的环境保护项目投入，来弥补政府生态补偿金缺乏的不足，主要采用 CVM，评估地方政府可以向当地公众收取多少钱作为自然保护区生态补偿项目费用。

比如，对斯里兰卡的大象自然保护区周边居住的居民进行的支付意愿调查发现，如果自然保护区大象数量减少，则当地公众愿意支付更多金额保护大象。

（五）以生态移民安置为依据

生态移民安置主要包括住房安置补偿、农业用地补偿、发展机会补偿等。其中，移民住房采用"拆旧住新"方式，移民原住房由第三方评估机构评估确定面积及价值，移民户入住新房可采用以房补房或货币补偿的办法办理，主要方法有两种。第一，以房补房。现有住宅面积为土房或砖平房的，每平方米补 0.6 平方米或 0.8 平方米的楼房；现有住宅为砖瓦房或楼房的，按实际建筑面积置换楼房。第二，货币补偿：①移民原住房由第三方评估机构评估作价，全额一次性付给移民户，入住费由移民户自筹解决；②对村屯规划以外的房屋（长期住人的房屋），按第三方评估机构评估价格的 50% 给予补偿，全额一次性付给移民户；③非住宅（经营性用房、库房、厕所、圈舍、围墙、大门等）按第三方评估机构评估价格给予资金补偿。

七、水资源开发区生态补偿标准的确定

水资源开发区主要是流域的上游地区，主要任务是保护水资源、涵养水源、减少水土流失及其他的水资源治理等。由于目前我国水资源短缺，需要在该地区进行生态补偿，保护生态环境。

（一）水费

我国现行征收的水费中包含了自来水水费、污染处理费及水资源费。水资源费主要指对城市中取水的单位征收的费用。这项费用按照取之于水和用之于水的原则，纳入地方财政，作为开发利用水资源和水管理的专项资金。2013 年 1 月，国家发展改革委发布《关于水资源费征收标准有关问题的通知》（发改价格〔2013〕29 号），明确"十二五"末各地区水资源费最低征收标准，见表 4-8。

表 4-8　"十二五"末各地区水资源费最低征收标准　　　单位：元/米³

省（自治区、直辖市）	地表水水资源费平均征收标准	地下水水资源费平均征收标准
北京	1.6	4
天津		
山西	0.5	2
内蒙古		
河北	0.4	1.5
山东		
河南		
辽宁	0.3	0.7
吉林		
黑龙江		
宁夏		
陕西		
江苏	0.2	0.5
浙江		
广东		
云南		
甘肃		
新疆		

续表

省（自治区、直辖市）	地表水水资源费平均征收标准	地下水水资源费平均征收标准
上海		
安徽		
福建		
江西		
湖北		
湖南		
广西	0.1	0.2
海南		
重庆		
四川		
贵州		
西藏		
青海		

　　该通知提出要规范水资源费标准分类。区分地表水和地下水分类制定水资源费征收标准。地表水分为农业、城镇公共供水、工商业、水力发电、火力发电贯流式、特种行业及其他取用水；地下水分为农业、城镇公共供水、工商业、特种行业及其他取用水。特种行业取用水包括洗车、洗浴、高尔夫球场、滑雪场等。在上述分类范围内，各省（自治区、直辖市）可根据本地区水资源状况、产业结构和调整方向等情况，进行细化分类。

　　2015年下半年，中共中央、国务院发布了《关于推进价格机制改革的若干意见》，为推动价格改革向纵深发展、加快完善主要由市场决定价格的机制，提出了6个方面26条意见，其中就提出要推进水资源费改革，研究征收水资源税，推动在地下水超采地区先行先试。2016年作为财税改革的税制改革中重要部分的资源税整体改革方案已上报，主管部门将在2016年研究开征水资源税的试点工作。

　　2016年7月，我国开始在地下水超采严重的河北省率先启动水资源费改税试点。2017年12月，水资源税改革试点扩至北京、天津、山西、内蒙古、山东、河南、四川、陕西、宁夏等9个省（自治区、直辖市）。2019年8月《中华人民共和国资源税法》公布，2020年9月1日起施行。其中第十四条规定"国务院根据国民经济和社会发展需要，依照本法的原则，对取用地表水或者地下水的单位和个人试点征收水资源税。征收水资源税的，停止征收水资源费。"

（二）以政府政策为依据

以西藏为例，2014 年 4 月，西藏正式启动水资源保障生态补偿试点工作。保护西藏丰富的水资源，建立水资源保障生态补偿机制，对于保障生态环境、促进江河源区域与下游地区经济协调发展、增加农牧民收入等具有重要意义。西藏计划每年投入 2000 万元用于水资源保障生态补偿。西藏确定了水资源保障生态补偿奖励的范围，包括主要江河湖泊的源头区、城镇供水水源地保护区、水资源富集区、高原内陆河地区、国际河流区。水资源保障区主要包括：金沙江的川藏滇缓冲区、澜沧江的昌都芒康保留区、雅鲁藏布江的干流和主要支流源头水保护区及羊卓雍错、纳木错等内陆河区等其他水资源流域。

补偿方式主要是现金补偿。水资源保障生态补偿奖励资金实行"当年考核、次年补偿"的办法，并以县为单位，测算到县、乡（镇），通过转移支付的方式统一拨付到地区。地区、县政府依据补偿政策、标准和考核结果，兑现补偿资金。

（三）以水权交易价格为依据

水权制度是水资源管理制度的重要市场手段，是促进水资源节约和保护的重要激励机制。《中华人民共和国水法》规定"水资源属于国家所有""直接从江河、湖泊或者地下取用水资源的单位和个人，应当按照国家取水许可制度和水资源有偿使用制度的规定，向水行政主管部门或者流域管理机构申请领取取水许可证，并缴纳水资源费，取得取水权"。在用水总量控制的前提下，通过水资源使用权确权登记，依法赋予取用水户对水资源使用和收益的权利；通过水权交易，推动水资源配置依据市场规则、市场价格和市场竞争，实现水资源使用效益最大化和效率最优化。

2014 年 6 月，水利部印发了《水利部关于开展水权试点工作的通知》，提出在宁夏、江西、湖北、内蒙古、河南、甘肃和广东 7 个省区启动水权试点。水权试点的内容主要包括水资源使用权确权登记、水权交易流转和水权制度建设三方面。将水资源使用、收益的权利落实到取用水户。

建立省、市、县三级行政区域的用水总量控制指标体系，加快开展重要江河水量分配，确定区域取用水总量和权益，为水资源使用权确权登记及水权交易提供基础。对于已达到甚至超过用水总量控制指标的地区，新增用水需求可通过水权交易来实现，这是推动水权制度建设的强大动力。另外，水权制度是落实最严格水资源管理制度的重要市场手段，是促进水资源节约和保护的重要激励机制。通过加强用途管制和市场监管，保证生态、农业等用水不被挤占,保障取用水户的合法权益;通过市场手段,建立促进水资源节约和保护的激励机制,从而实现水资源更合理地配置、更高效地利用、更有效地保护。

八、矿产资源开发区生态补偿标准的确定

矿产资源开发区生态补偿是指对矿产资源开发过程中造成的生态破坏进行赔偿和对生态环境进行治理恢复。完善的矿产资源生态补偿制度能够有效减少和遏制矿产资源开发利用过程中对环境的破坏。

(一)矿产资源补偿费

矿产资源补偿费征收是采矿权人因开采消耗属于国家所有的矿产资源而对国家的经济补偿。矿山开采回采率高低直接反映矿产资源的开发利用水平。我国所有应考核开采回采率的矿山要严格按照《矿产资源补偿费征收管理规定》中规定的方式,即征收矿产资源补偿费金额=矿产品销售收入×补偿费费率×开采回采率系数(核定开采回采率与实际开采回采率之比),根据开采回采率系数的实际结果计算征收金额,如果实际开采回采率高于核定开采回采率,则开采回采率系数小于1,相应地少缴,反之多缴。

煤矿将采区作为开采回采率考核单元,非煤固体矿山将矿山生产的矿块(盘区)作为开采回采率考核单元。核定开采回采率原则上以经批准的矿山设计或开发利用方案为准。对已有核定开采回采率的矿山企业,组织进行复查,公示复查结果。复查的要求参照《关于加强矿产资源补偿费征收管理促进煤矿回采率提高的通知》(国土资发〔2006〕88 号)。对无核定开采回采率的矿山企业,由各省区市国土资源主管部门组织进行核定。实际开采回采率应依据矿山储量动态检测的结果确定。按照《国土资源部关于全面开展矿山储量动态监督管理的通知》(国土资发〔2006〕87 号)和《国土资源部关于印发〈矿山储量动态管理要求〉的通知》(国土资发〔2008〕163 号)的要求,全面开展矿山企业的储量动态检测工作,提交矿山储量年报,计算当年实际开采回采率。

在我国原有的矿产资源有偿使用制度中,矿产资源补偿费费率低、入库率低,其权益补偿不到位;资源税改革和实际运行效果导致财政收入功能强于资源利用调节功能,有违资源税设立的初衷;探矿权采矿权使用费标准过低、缺乏动态调整机制,难以根治"圈而不探"等市场投机行为,难以从根本上发挥规范勘查开采行为的调控作用,也难以实现矿产资源的效益最大化。2014 年 10 月,财政部、国家税务总局公布煤炭资源税费改革方案,油

气资源税同步调整。此次煤炭资源税费改革主要包括清理涉煤收费基金，煤炭资源税由从量计征改为从价计征，调整原油、天然气等资源税政策三部分内容。调整煤炭企业资源税，必须以清理收费为前提。方案将煤炭矿产资源补偿费费率降为零，停止针对煤炭征收价格调节基金，取消山西煤炭可持续发展基金、原生矿产品生态补偿费、煤炭资源地方经济发展费等，取缔省以下地方政府违规设立的涉煤收费基金。

方案明确，将煤炭资源税税率幅度确定为 2%～10%，由省、自治区、直辖市人民政府在此幅度内拟定适用税率，现行税费负担较高地区要适当降低负担水平。税率公布前要报财政部、税务总局审批。从 2014 年 12 月 1 日起，原油、天然气矿产资源补偿费费率降为零，相应将资源税适用税率由 5%提高至 6%。2015 年 5 月 1 日，我国将稀土、钨、钼资源税由从量计征改为从价计征，并按照不增加企业税负的原则合理确定税率。同时，进一步清理和规范收费，将稀土、钨、钼的矿产资源补偿费费率降为零，停止征收相关价格调节基金，取缔省以下地方政府违规设立的相关收费基金。研究建立矿产资源权益金制度。

（二）矿山生态系统服务功能价值

矿山生态系统服务功能价值及核算方法如表 4-9 所示。

表 4-9　矿山生态系统服务功能及核算方法

矿山生态系统服务功能	核算方法
物质生产功能	市场价值法
净化大气环境	碳税法或造林成本法
涵养水源	影子工程法
保育土壤	成果参数法
积累营养物质	成果参数法
固碳释氧	替代法
防风固沙	替代法

将各项生态系统服务功能价值相加得到总的矿山生态系统服务功能价值。这种算法是以矿山开发前的状态为基础进行核算的。

（三）资源开发损失补偿

资源开发损失补偿计算标准如下：

$$TCL = CL_1 + CL_2 + CL_3$$

其中，TCL 为矿山企业的资源开发损失补偿；CL_1 为环境污染补偿；CL_2 为生态破坏损失补偿；CL_3 为矿区企业和居民补偿。

$$CL_1 = D_1 + D_2 + D_3 + D_4 + D_5$$

其中，D_1 为粉尘污染补偿；D_2 为废气污染补偿；D_3 为生活污水污染补偿；D_4 为矿井涌水污染补偿；D_5 为固体废弃物污染补偿。

$$CL_2 = E_1 + E_2 + E_3 + E_4 + E_5 + E_6 + E_7$$

其中，E_1 为破坏地下水资源损失补偿；E_2 为采矿漏水导致矿区人畜饮水困难补偿；E_3 为水土流失损失补偿；E_4 为水田变旱地损失补偿；E_5 为占用土地损失补偿；E_6 为地表沉陷损失补偿；E_7 为矿山生态修复治理补偿。

$$CL_3 = F_1 + F_2 + F_3 + F_4$$

其中，F_1 为采矿导致居民房屋受损补偿；F_2 为生命健康受损补偿；F_3 为搬迁补偿；F_4 为发展机会补偿。

在现行的矿山企业成本核算体制中，矿山企业的生态环境补偿与修复费没有纳入矿山企业成本，企业对破坏生态环境的恢复治理成本没有内部化，不利于调动矿山企业的积极性，也不利于促进矿区生态环境的修复，所以应进行改革。

我国矿山多数位于偏僻山区，远离经济发展中心，整治出的土地商业价值相对不大。一些专家认为，要解决这一矛盾，可以考虑将矿山复垦与效益较高的建筑用地复垦或工业用地复垦进行同步销售，使复垦后开发土地的收益能够弥补矿山复垦的亏损。也就是探索矿山治理项目的资源化和市场化途径，建立煤矿区复垦和高效益复垦同步销售机制。

九、海洋生态补偿标准的确定

（一）海洋生态系统服务功能价值

海洋生态系统服务功能及核算方法如表 4-10 所示。

表 4-10　海洋生态系统服务功能及核算方法

海洋生态系统服务功能	核算方法
物质生产功能	市场价值法
大气调节功能	重置成本法
净化污染物功能	防护恢复法
旅游娱乐功能	意愿调查法

续表

海洋生态系统服务功能	核算方法
养分调节功能	重置成本法
生态环境功能	恢复法
生物多样性功能	意愿调查法

将各项海洋生态系统服务功能价值相加得到总的海洋生态系统服务功能价值。

（二）成本核算

海洋生态补偿采用成本核算方法确定生态补偿标准，主要涉及如下几个方面。

$$TCS = CS_1 + CS_2 + CS_3 + CS_4$$

其中，TCS 为总成本；CS_1 为保护建设成本；CS_2 为发展机会成本；CS_3 为生态损害成本（包括直接损害和间接损害）；CS_4 为生态治理与修复成本。

（三）生态损害赔偿和损失补偿

2010 年 6 月山东省财政厅、山东省海洋与渔业厅印发了《山东省海洋生态损害赔偿费和损失补偿费管理暂行办法》，这是我国首个海洋生态方面的补偿赔偿办法。将海洋生态损害赔偿和损失补偿合并制定制度规定，在全国尚属首创。办法共 7 章 26 条，主要内容包括海洋生态损害赔偿和损失补偿的界定，海洋生态损害赔偿和损失补偿的提出主体和适用范围，赔偿费和补偿费的征收、使用管理和用途，损失补偿费的各级分成和减免，对赔偿费和补偿费征缴和使用的监督检查等。与之配套的有 2010 年 1 月发布的《山东省海洋生态损害赔偿和损失补偿评估方法》，已被山东省技监局批准发布为山东省推荐性地方标准。

山东半岛海岸线 3345 多千米，浅海、滩涂面积居全国前列。随着海洋开发力度的加大，海洋工程、海岸工程用海持续升温，山东省每年海域使用审批 1000 公顷左右，而且呈不断增长趋势。加之不可预测的海上溢油等污染事件，对海洋生态造成的损害和损失是巨大的。根据测算，每 50 公顷用海（以省审批用海权限为基准单位），按照用海期限 20 年计算，应当缴纳 1000 万元海洋生态损失补偿费，1000 公顷用海则应当缴纳 2 亿元损失补偿费；每年山东省因海上溢油等污染事件赔偿数额在 1000 万元以上的案件在 10 件以上，应当缴纳的海洋生态损害赔偿费根据估算在 1.5 亿元以上[①]。加之沿海电厂冷却循环水造成的卷吸效应带来的损害，以及未经批准的围填海、未经批准的海上倾废等行为应当进行的海洋生态损害赔偿和损失补偿，数额巨大。长期以来，山东省由于没有相关的赔偿、补偿办法和规定，主管部门代表国家在主张赔偿和补偿要求时，往往难以达到预期的目的，司法机关也因为缺少具体规定而难以裁决。

2016 年 1 月山东省财政厅、山东省海洋与渔业厅印发《山东省海洋生态补偿管理办法》。办法自 2016 年 3 月 1 日起施行，有效期至 2020 年 12 月 31 日。2020 年 12 月山东省财政厅、山东省生态环境厅、山东省自然资源厅与山东省海洋局印发《山东省海洋环境质量生态补偿办法》，自 2021 年 1 月 1 日起施行，有效期至 2023 年 12 月 31 日，主要内容包括海域水质补偿（赔偿）、入海污染物控制赔偿、海岸带生态系统保护补偿等。

第四节　区际生态补偿标准确定的实施过程

一、是否进行区际生态补偿的标准确定

区际生态补偿一般思路是以对方是否已经提供了达到一定要求的生态产品和服务为前提。生态产品和服务是否达标需要进行评估和监测。一般进行评估和监测的应该是非生态产品和服务的供给方与需求方，应该由第三方进行。以流域生态补偿为例，区际是否进行补偿，取决于跨界断面水质检测是否达标，达标后即进行补偿。当然，也可以双方均在河流断面设置监测站点，提供水质数据。

由于区际生态产品和服务的供给者与需求者是平等的市场主体关系，因而是否进行补偿，可按市场交易原则中需求者对产品和服务是否满意进行。但生态建设需要一定时间，在生态产品和服务未达标前，生态产品和服务的需求不进行任何补偿吗？

若生态产品和服务未达到标准，区际生态补偿仍然是可以进行的。采用的方法如下。

（1）生态产品和服务未达标，此时若生态产品和服务的需求方可以部分使用，则区际生态补偿仍可进行，由生态产品和服务的需求方与供给方协商，将生态产品和服务进行一定程度的折价。

---

① 《山东首创海洋生态补偿制度》，http://www.ccin.com.cn/detail/7c26fffce1ec09234fc866ef9411feae，2023-11-16。

（2）生态产品和服务未达标，生态产品和服务的需求方急需，而生态产品和服务的供给方缺乏资金进行供给。生态产品和服务的需求方可以先提供生态产品和服务的定金，协助生态产品和服务的供给方尽快完成生态治理，使其生态产品和服务尽快达到要求。

二、区际生态补偿标准的确定

（一）上级政府确定

上级政府确定生态补偿的方式简单，而且下级各地区政府容易执行，但上级政府确定的生态补偿标准有一些缺点。最大的问题是"一刀切"，不论生态产品和服务提供者进行了多大的努力，也不论各地区的生态差异有多大，补偿给生态产品和服务提供者的补偿金是不变的。

而且一般上级政府确定的标准依据的是直接成本＋机会成本，并没有将限制工业发展而使该地区丧失的发展经济的收益考虑在内。将生态保护区的收入以政府政策文件的方式固定化，取消了生态保护地区的经济发展资格，生态保护区的发展只能另谋出路。在一定时期内拉大了生态产品与服务提供者和生态产品与服务受益者的经济差距。

（二）补偿者与受偿者协调

区际生态补偿标准的确定是补偿者（生态产品和服务需求者）和受偿者（生态产品和服务提供者）经过激烈的博弈过程达到的。

假设生态补偿项目的收益为 TR，生态补偿项目的总损失为 TC，TC 包括直接成本（保护、修复环境而投入的人力、物力和财力）、机会成本（由于进行生态环境保护而减少的收入）和发展成本（由限制工业和高污染行业发展导致的损失）。

$$TR-TC = \Delta R$$

其中，ΔR 为生态补偿项目的合作剩余。

1）$\Delta R > 0$ 的情况分析

若 $\Delta R > 0$，该项目有合作剩余，可以在补偿者和受偿者之间进行分配。分配的比例取决于双方的谈判能力。假设受偿者的谈判能力系数为 k，$0 < k < 1$，则补偿者的谈判能力系数为 $1-k$。于是受偿者得到的生态补偿标准 S_a 为

$$S_a = TC + k \times \Delta R$$

补偿者的收益 S_b 为

$$S_b = (1-k) \times \Delta R$$

一般生态补偿者为经济发达地区，生态受偿者为经济落后地区。经济发达区的行政权级和谈判能力一般高于经济落后地区，因而有可能会出现在生态补偿中发达地区多享受生态效益的情况。

若生态补偿标准由中央政府和地方政府制定，可能会导致 $k<0$，通过生态补偿项目，发达地区进一步地掠夺经济落后地区的生态效益。

2）$\Delta R<0$ 的情况分析

若 $\Delta R<0$，该项目没有合作剩余，且双方都有可能受损。

生态补偿者由于支付了生态补偿金额而加重了经济负担，生态受偿者由于进行生态保护和建设增加了建设成本，但丧失了机会成本和产业发展机会。

3）$\Delta R = 0$ 的情况分析

生态补偿者和生态受偿者通过生态补偿项目，从经济利益上看双方都没有得到好处，但也没有受到损失。生态补偿项目在经济核算上双方均不赔不赚，但通过生态补偿项目，生态环境保护加强，社会生态效益增加。

（三）区际生态补偿金的分担

1. 补偿主体对生态补偿金的分担

以流域为例，下游不同地区的取水量是不同的。在区际生态补偿金的分担上应以下游各地区的取水量为基础。取水量越大，分担的补偿金越多。另外，还要考虑各地区的经济发展水平和经济承担能力，对分配结果进行修正。相同条件下，经济发达地区理应支付更多的生态补偿金。

$$r_i = \frac{Q_i L_i}{\sum Q_i L_i}$$

$$L_i = \frac{1}{(1 + e^{-1/En_i})}$$

其中，r_i 为生态补偿金分担率；Q_i 为第 i 个受益地区的取水量；L_i 为发展阶段系数，由皮尔曲线成长模型推导得出；En_i 为第 i 个受益地区的恩格尔系数。

2. 补偿客体对生态补偿金的分配

生态补偿金在补偿受损区进行分配时，受损大的地区要获得更多的补偿额度。

$$P_A = P_0 \times S''$$

$$P_0 = \left(\sum_{i=1}^{4} P_i \right) \Big/ S$$

其中，P_A 为农户补偿金额；P_0 为单位面积受损金额；S'' 为农户受损面积；P_i 为基于四项损失的补偿标准（供水费用的上升、农作物减产、井口农作物减产及农产品质量下降）；S 为地区农地面积。

（四）生态产品与服务的市场交易

目前我国主要建设的生态产品与服务的交易市场是碳排放权交易市场、水权交易市场、排污权交易市场等。在这些单一品种的生态产品与服务交易中，生态补偿按市场价格进行。

以碳排放权交易市场为例，2014 年底，在我国已确定北京、天津等七个碳交易试点城市后，北京市发展改革委、河北省发展改革委和河北承德市政府联合举行发布会，宣布京冀两地率先启动全国首个跨区域碳排放权交易市场建设，承德市作为河北省的先期试点，被纳入碳交易体系的重点排放单位，完全按照平等地位参与北京市场的碳排放权交易。然而，这之后很长一段时间，北京与其他城市和地区跨区域交易似乎有些缓慢，就在业界担忧之时，2016 年初，北京又确定了与内蒙古的呼和浩特、鄂尔多斯展开跨区域碳交易。

（五）GEP 核算

生态系统生产总值（gross ecosystem production，GEP）是指一定区域在一定时间内生态系统的产品和服务价值的总和，主要计算生态系统及人工生态系统的生产总值。GEP 能够直接反映自然生态系统的状况，有利于得到全社会对生态系统保护、恢复的理解和支持。

GEP 核算体系建立后，可作为区际生态补偿的主要标准。

GEP 是非常重要的生态环境指标，与经济指标国内生产总值（gross domestic product，GDP）、社会指标人类发展指数（或国民幸福指数）并列。其理念被世界各国接受，并且是目前正在研究的核算一个国家或地区生态系统提供的生态产品与服务的方法。研究应用 GEP 可以填补综合衡量可持续发展重要方面——生态良好指标的空白，是加快生态文明制度建设的迫切需要，用 GEP 作为与 GDP 平行的"生态指挥棒"，有助于加强对生态系统的保护和可持续利用，避免过度追求 GDP 而忽视自然保护的倾向。

GEP 应运而生，与 GDP 有交叉，又与"绿色 GDP"不同。"绿色 GDP"是从 GDP 出发，在 GDP 的基础上减掉环境治理成本和资源损耗或盈余。

采用 GEP 核算，亿利资源集团从 1998 年建立至 2012 年，将 5000 多平方千米的沙漠变成绿洲，总价值为 305.91 亿元，而用 GDP 核算，则只有 3.2 亿元，但总投入为 100 多亿元。

三、关于区际生态补偿标准的讨论

（一）区际生态补偿标准的范围

一般而言，生产系统服务功能价值是生态补偿的依据，区际生态补偿即生态产品和服务的需求方要享受生产系统服务功能就要支付相应的价值。享用生态产品和服务与其他商品应该一样。

目前，生态产品和服务不只是自然形成，还有大量的人工投入，因此，确定生态补偿标准不可能以生态系统服务功能价值为主要依据，还要考虑人工的治理、恢复费用，以及生态系统服务的价值增值。因此，要根据变化的情况确定生态补偿标准。

另外，由于生态产品和服务是公共物品，在社会上不只接受区际的价值补偿，还会吸收国家和地方政府的价值补偿。区际生态补偿有一个范围，满足如下公式：

$$P = V = F_1 + F_2 + F_3$$

其中，P 为生态补偿的合理标准；V 为情况变化的生态系统服务功能价值；F_1 为上级部门补偿；F_2 为区际生态补偿；F_3 为其他补偿。

（二）区际生态补偿标准的衡量依据

生态产品和服务供给者的直接成本、机会成本和发展成本是区际生态补偿的主要衡量依据。

从目前情况来看，区际生态补偿的主要依据是生态产品和服务供给者的直接成本、机会成本和发展成本。生态产品和服务的需求者要享受符合质量的生态产品和服务，就要对供给者的直接成本、机会成本（间接成本）、发展机会等进行补偿，一般采用货币价值方式进行估算。只有保证生态产品和服务的供给者的稳定投入，生态产品和服务的需求者才能获得满足其需要的产品。

（三）区际生态补偿标准的变化

1. 标准变化取决于补偿方和受偿方博弈

对于社会公共产品，当交易双方地位平等时，价格的确定取决于交易是否公平，以及双方的博弈。

2. 对区际生态补偿标准要动态化看待

在生态产品和服务的建设项目初期，投入是大量的。区际生态补偿的标准还要考虑这种补偿的时间。一般环境类的补偿是长期的，侧重的是长时期的建设和协调。有可能是分期投入，前期投入多，后期投入少；也有可能是一次投入，后期收益。因此随着生态产品和服务生态补偿的常规化，区际生态补偿金也在不断地变化。

第五章　区际生态补偿机制研究

本章在分析区际生态补偿标准的基础上，研究区际生态补偿机制，重点分析区际不同利益主体的关系、区际不同利益主体的博弈、区际不同利益主体生态补偿矛盾、区际生态补偿机制的类型。

第一节　区际生态补偿不同利益主体的关系

一、非稳定的平等主体关系

区际生态补偿主要有补偿者和受偿者两大主体，或者称一方是生态产品和服务的供给者，另一方是生态产品和服务的需求者。在正常的市场经济条件下，二者之间是平等市场主体之间的关系。

然而，区际生态补偿的对象是生态产品和服务，是一种公共物品，这就使得在大多数情况下，生态产品和服务的交易是在半市场中进行的。双方的利益在半市场中不一定能够达到均衡。

比如，北京市与河北省张承地区的生态补偿，河北省张承地区是京津水源地，国家和地方政府不断加大对这一地区资源开发和工农业生产的限制，关停效益可观而耗水严重和排污标准低的企业。有些地区鼓励发展蔬菜花卉产业、扩大养殖业，但蔬菜花卉是典型的高耗水产业，畜牧养殖每天需要大量的草料和饮水，这对生态资源构成了威胁，加剧了承德市地下水位下降和地表沙化。在 2013 年的实地调查中，北京市对承德市水源涵养地的农村地区，每亩补偿 800 元。

二、非稳定的可信承诺关系

生态补偿作为一种生态产品与服务的交换关系，需要生态产品与服务的供给者与需求者能够遵守合同承诺，但区际的关系不是市场的合同关系，而是柔性的协商关系，这种关系需要更多的信任。由于交易双方存在信息不对称和道德风险，因此信任关系是区际生态补偿中补偿方与受偿方需要建立的关系。

若一方违反了协议，需要通过外部的强制力，对违规方进行强制制裁。但在区际生态补偿这种柔性协商关系中，强制的制裁不容易进行，多数会经上级政府协调解决。

在市场经济中，主体之间是逐利关系，而不是信任关系。但是区际生态补偿关系是长期的、持续的，因此在区际生态补偿关系建立的实践中，这种关系要在长久的互动中越来越紧密，强调合作精神，跨越单个地区利益，从而降低交易成本和合作风险。

三、监督与责任追究关系

区际生态补偿的补偿方和受偿方是一种风险共担、利益共享的关系，以前的平等的公共权力关系，变成了一种合作伙伴关系。但这种合作关系也会造成责任归属困难。一是区际生态补偿不但涉及平等级别政府间的关系，还涉及企业和个人，多元的行为活动主体会使利益分散。二是合作协调关系也会使责任分割和认定困难。三是在区际生态补偿的公共性关系中，合作协商及主体意愿行为会使治理责任模糊。

四、受限的有效性关系

区际生态补偿关系受区域相邻或上下游等关系的影响，会具有永续性，但这种永续性的关系会导致关系疲劳。在合作的初期，补偿方和受偿方怀着极大的诚意进行生态补偿活动。但在后期的永续经营阶段，这种补偿关系不一定总是有效的。一是由于生态环境需要一定的生态生长、形成期，有时会存在反应缓慢、效率低下的问题，区际合作这种柔性协商关系有可能失灵，补偿方和受偿方相互拖延。二是由于技术、能力等原因，生态产品和服务的提供者没有能力提供，需要多方面的援助，使双方的补偿难以达成。三是区际生态补偿使政府的责任部分由企业完成，或进行市场化运作，从而在生态补偿的方式或程序上缺少了政府应该承担的社会公共物品生产责任。同时，政府承担社会公共物品生产责任的分散化，会使社会公众减少对政府的依赖，并对政府本该承担的责任产生怀疑。

第二节 区际不同利益主体的博弈分析

一、区际生态补偿博弈模型

（一）模型假设

模型中的区际生态补偿者和区际生态受偿者符合完全理性人假设，而且区际生态补偿者和区际生态受偿者之间相互了解彼此的战略空间和收益。区际生态补偿者和区际生态受偿者的博弈策略有以下四种。

（1）区际生态补偿者不补偿，区际生态受偿者不提供生态产品和服务。

（2）区际生态补偿者不补偿，区际生态受偿者提供生态产品和服务。

（3）区际生态补偿者补偿，区际生态受偿者不提供生态产品和服务。

（4）区际生态补偿者补偿，区际生态受偿者提供生态产品和服务。

假定在区际生态受偿者提供生态产品和服务的情况下，区际生态补偿者能从中获得的收益为 Y_1，在区际生态受偿者不提供生态产品和服务的情况下，区际生态补偿者获得的收益为 Y_2（$Y_2 < Y_1$），区际生态受偿者自身正常生产情况下获得的收益为 R，区际生态受偿者提供生态产品和服务的投入为 C，区际生态补偿者的补偿额为 P。

（二）博弈支付矩阵及模型分析

根据上述假设，在区际生态受偿者提供生态产品和服务、区际生态补偿者补偿的条件下，区际生态受偿者与区际生态补偿者的收益分别为 $R-C+P$、Y_1-P；在区际生态受偿者提供生态产品和服务、区际生态补偿者不补偿的条件下，区际生态受偿者与区际生态补偿者的收益分别为 $R-C$、Y_1；在区际生态受偿者不提供生态产品和服务、区际生态补偿者补偿的条件下，区际生态受偿者与区际生态补偿者的收益分别为 $R+P$、Y_2-P；在区际生态受偿者不提供生态产品和服务、区际生态补偿者不补偿的条件下，区际生态受偿者与区际生态补偿者的收益分别为 R、Y_2（具体支付矩阵见表 5-1）。

表 5-1　区际生态补偿者与受偿者的博弈支付矩阵

项目		区际生态补偿者			
		补偿		不补偿	
区际生态受偿者	提供生态产品和服务	$R-C+P$	Y_1-P	$R-C$	Y_1
	不提供生态产品和服务	$R+P$	Y_2-P	R	Y_2

从该支付矩阵可以看出，对于区际生态受偿者而言，若区际生态补偿者补偿，$R-C+P < R+P$，若区际生态补偿者不补偿，$R-C < R$，则不提供生态产品和服务是最优策略。对于区际生态补偿者而言，若区际生态受偿者提供生态产品和服务，$Y_1-P < Y_1$，若区际生态受偿者不提供生态产品和服务，$Y_2-P < Y_2$，则不补偿是最优策略。因此，不补偿、不提供是占优策略，从理性经济人的角度出发，站在微观个体层面，不对生态环境产品和服务作为，是最优的。

如果区际生态补偿者选择补偿，区际生态受偿者选择提供生态产品和服务，社会福利会增加，但个体利益并不会增加，因此，就个体利益而言，区际生态补偿者和区际生态受偿者之间是不愿意进行生态环境补偿的，对于生态环境补偿，双方没有积极性。如果双方订立了协议，该协议也不会被自觉遵守，双方都存在违约的可能，而使生态环境补偿无法进行或持续。

二、上级政府干预下的区际生态补偿博弈模型

（一）上级政府补贴的效果分析

若没有上级政府的监督，区际生态补偿者和区际生态受偿者的最优策略选择是不补偿。如果上级政府想推进这种合作的进行，就必须要有所作为。假设上级政府为鼓励区际生态补偿的进行，对进行生态补偿的区际生态补偿者和区际生态受偿者给付一定的补贴，若区际生态补偿者和区际生态受偿者不进行生态补偿活动，则不给付补贴。设补贴的数额为双方生态补偿金额的一定比例，设此比例为 m，则政府的补偿额为 $m \times P$，简写为 mP，则区际生态补偿双方的博弈支付矩阵如表 5-2 所示。

表 5-2　区际生态补偿者与受偿者的博弈支付矩阵（上级政府补贴）

项目		区际生态补偿者			
		补偿		不补偿	
区际生态受偿者	提供生态产品和服务	$R-C+P+mP$	Y_1-P+mP	$R-C+mP$	Y_1
	不提供生态产品和服务	$R+P$	Y_2-P+mP	R	Y_2

从表 5-2 中可以看出，在上级政府对区际生态补偿给付补贴的情况下，对于区际生态受偿者来说，当区际生态补偿者选择进行生态补偿时，区际生态受偿者是否提供生态产品和服务取决于 $R-C+P+mP$ 与 $R+P$ 的大小，即取决于 C 与 mP 的大小。C 为区际生态受偿者提供生态产品和服务的投入，P 为区际生态补偿者的补偿额。若上级政府的补贴和区际生态受偿者的投入成本相等，即 $C=mP$，则 $R-C+P+mP=R+P$，区际生态受偿者提供生态产品和服务与不提供生态产品和服务的收益是一样的；若上级政府的补贴超过区际生态受偿者的投入成本，即 $mP>C$，则 $R-C+P+mP>R+P$，区际生态受偿者的最优策略选择是提供生态产品和服务；若上级政府对区际生态受偿者的补贴小于投入成本，即 $mP<C$，则 $R-C+P+mP<R+P$，区际生态受偿者的最优策略是不提供生态产品和服务。当区际生态补偿者选择不进行生态补偿时，区际生态受偿者是否提供生态产品和服务取决于

$R–C + mP$ 与 R 的大小，即仍取决于 C 与 mP 的大小。若 $C=mP$，则 $R–C + mP = R$，区际生态受偿者提供生态产品和服务与不提供生态产品和服务的收益是一样的；若上级政府的补贴超过区际生态受偿者的投入成本，即 $mP > C$，则 $R–C + mP > R$，区际生态受偿者的最优策略选择是提供生态产品和服务；若上级政府的补贴小于区际生态受偿者的投入成本，即 $mP < C$，则 $R–C + mP < R$，区际生态受偿者的最优策略是不提供生态产品和服务。

由以上分析可以得出，若上级政府对区际生态补偿的支持采取补贴的策略，只要上级政府补贴的金额大于区际生态受偿者的生态投入成本，区际生态受偿者就会提供生态产品和服务。反之，若上级政府补贴的金额小于区际生态受偿者的生态投入成本，区际生态受偿者不会提供生态产品和服务。

在上级政府对区际生态补偿给付补贴的情况下，对于区际生态补偿者来说，当区际生态受偿者选择提供生态产品和服务时，区际生态补偿者是否进行生态补偿，取决于 $Y_1–P + mP$ 与 Y_1 的大小，即 P 与 mP 的大小。若 $m = 1$，则 $Y_1–P + mP = Y_1$，区际生态补偿者选择进行生态补偿或不补偿的结果是一样的；若 $m > 1$，则 $Y_1–P + mP > Y_1$，区际生态补偿者的最优策略是选择进行生态补偿；若 $m < 1$，则 $Y_1–P + mP < Y_1$，区际生态补偿者的最优策略是选择不进行生态补偿。类似地，对于区际生态补偿者来说，当区际生态受偿者选择不提供生态产品和服务时，区际生态补偿者是否进行生态补偿，取决于 $Y_2–P + mP$ 与 Y_2 的大小，即 P 与 mP 的大小。若 $m = 1$，则 $Y_2–P + mP = Y_2$，区际生态补偿者选择进行生态补偿或不补偿的结果是一样的；若 $m > 1$，则 $Y_2–P + mP > Y_2$，区际生态补偿者的最优策略是选择进行生态补偿；若 $m < 1$，则 $Y_2–P + mP < Y_2$，区际生态补偿者的最优策略是选择不进行生态补偿。

通过以上的分析得出，只有上级政府对区际生态补偿者的补偿超过区际生态补偿者的生态补偿金额 P 时，区际生态补偿者才有动力进行补偿，若上级政府对区际生态补偿者的补偿小于区际生态补偿者的生态补偿金额 P，区际生态补偿者不愿意进行补偿。

综上所述，若采用上级政府补贴的形式，只有当上级政府补贴的金额大于区际生态受偿者的生态投入成本时，区际生态受偿者才会提供生态产品和服务；上级政府对区际生态补偿者的补偿超过区际生态补偿者的生态补偿金额时，区际生态补偿者才有动力进行补偿。通过上级政府补贴的方式，上级政府对区际的补贴金额数额很大，上级政府的财政支出很多，实施生态补偿就会有效果。

（二）上级政府对区际生态补偿进行奖罚的效果分析

上级政府对区际生态补偿的引导还可以奖罚的方式进行。首先由上级政府设立区际生态补偿基金。当区际生态补偿者进行补偿时，上级政府的奖励以区际生态补偿者的正常收益为基础，以一定比例 a 支付奖金（$0<a<1$）。当区际生态补偿者不补偿时，上级政府的惩罚也以区际生态补偿者的正常收益为基础，以一定比例 a 为罚金（$0<a<1$）。对于区际生态受偿者，当区际生态受偿者进行补偿时，上级政府的奖励以区际生态受偿者的正常收益为基础，以一定比例 b 支付奖金（$0<b<1$）。当区际生态受偿者不补偿时，上级政府的惩罚也以区际生态受偿者的正常收益为基础，以一定比例 b 为罚金（$0<b<1$）。上级政府的奖金由区际生态补偿基金支付，上级政府的罚金也会纳入区际生态补偿基金。区际生态补偿者与区际生态受偿者会根据上级政府支付的奖金和罚金，选择是否进行区际生态补偿。假设区际生态补偿者选择补偿的概率为 x_1，不补偿的概率为 $1-x_1$；区际生态受补偿者提供生态产品和服务的概率为 x_2，不提供生态产品和服务的概率为 $1-x_2$。上级政府对区际生态补偿进行奖罚的博弈支付矩阵见表 5-3。

表 5-3 上级政府对区际生态补偿进行奖罚的博弈支付矩阵

项目		区际生态补偿者	
		补偿（x_1）	不补偿（$1-x_1$）
区际生态受偿者	提供生态产品和服务（x_2）	$(R-C+P)(1+b)$	$(R-C)(1+b)$
		$(Y_1-P)(1+a)$	$Y_1(1-a)$
	不提供生态产品和服务（$1-x_2$）	$(R+P)(1-b)$	$R(1-b)$
		$(Y_2-P)(1+a)$	$Y_2(1-a)$

1. 区际生态受偿者是否进行补偿的概率分析

确定区际生态受偿者是否提供生态产品和服务的概率需要考虑的是，无论区际生态补偿者是否补偿（即补偿的概率是 $x_1=1$，不补偿的概率是 $x_1=0$），区际生态补偿者的期望收益都是相等的。区际生态受偿者提供生态产品和服务的概率为 x_2，则区际生态补偿者选择补偿（$x_1=1$）时期望收益为

$$\pi_1(1, x_2) = (Y_1-P)(1+a)x_2 + (Y_2-P)(1+a)(1-x_2)$$

区际生态补偿者选择不补偿（$x_1=0$）时期望收益为

$$\pi_1(0, x_2) = Y_1(1-a) x_2 + Y_2(1-a)(1-x_2)$$

令 $\pi_1(1, x_2) = \pi_1(0, x_2)$，则

$$(Y_1-P)(1 + a)x_2 + (Y_2-P)(1 + a)(1-x_2) = Y_1(1-a)x_2 + Y_2(1-a)(1-x_2)$$

即

$$x_2^* = \frac{P(1+a) + 2Y_2 a}{2a(Y_1 - Y_2)}$$

如果区际生态受偿者提供生态产品和服务的概率大于 x_2^*，则区际生态补偿者的最优策略是补偿；如果区际生态受偿者提供生态产品和服务的概率小于 x_2^*，区际生态补偿者的最优策略是不补偿。如果区际生态受偿者提供生态产品和服务的概率等于 x_2^*，则区际生态补偿者的最优策略是可补可不补。

2. 区际生态补偿者是否进行补偿的概率分析

区际生态补偿者需要考虑的是，无论区际生态受偿者是否提供生态产品和服务（即提供生态产品和服务的概率是 $x_2 = 1$，不提供生态产品和服务的概率是 $x_2 = 0$），其期望收益都是相等的。区际生态受偿者提供生态产品和服务的概率为 x_1，则区际生态受偿者选择提供生态产品和服务（$x_2 = 1$）时期望收益为

$$\pi_2(x_1, 1) = (R-C + P)(1 + b)x_1 + (R-C)(1 + b)(1-x_1)$$

区际生态受偿者选择不提供生态产品和服务（$x_2 = 0$）时期望收益为

$$\pi_2(x_1, 0) = (R + P)(1-b)x_1 + R(1-b)(1-x_1)$$

令 $\pi_2(x_1, 1) = \pi_2(x_1, 0)$，则：

$$(R-C + P)(1 + b)x_1 + (R-C)(1 + b)(1-x_1) = (R + P)(1-b)x_1 + R(1-b)(1-x_1)$$

即

$$x_1^* = \frac{C + Cb - 2Rb}{2Pb}$$

如果区际生态补偿者进行补偿的概率大于 x_1^*，则区际生态受偿者的最优策略是提供生态产品和服务；如果区际生态补偿者进行补偿的概率小于 x_1^*，则区际生态受偿者的最优策略是不提供生态产品和服务。如果区际生态补偿者进行补偿的概率等于 x_1^*，则区际生态受偿者可以提供生态产品和服务，也可以不提供生态产品和服务。

3. 博弈模型奖罚的效果分析

由上述分析得出，区际生态补偿者和区际生态受偿者的最优策略是混合策略纳什均衡点 (x_1^*, x_2^*)。在该点区际生态补偿者单独改变策略或区际生

态受偿者单独改变策略都不会增加自身的收益。一方不改变时，另一方会理性地选择不改变。

1）区际生态受补偿提供生态产品和服务的积极性

在公式

$$x_2^* = \frac{P(1+a) + 2Y_2 a}{2a(Y_1 - Y_2)}$$

中，概率 x_2^* 表示区际生态受偿者提供生态产品和服务的积极性大小，概率 x_2^* 越大，区际生态受偿者提供生态产品和服务的积极性越大；概率 x_2^* 越小，区际生态受偿者提供生态产品和服务的积极性越小。公式中的 Y_1、Y_2 为已经确定的值，因此，影响 x_2^* 的变量为 P 和 a。

对 a 求偏导得

$$\frac{\partial x_2^*}{\partial a} = -\frac{P}{2a^2(Y_1 - Y_2)} < 0$$

区际生态受偿者提供生态产品和服务的积极性 x_2^* 与 a 呈反方向变化，a 越大，x_2^* 越小；a 越小，x_2^* 越大，即上级政府对区际生态补偿的奖罚系数越大，区际生态受偿者提供生态产品和服务的概率的纳什均衡点就越会下降。

对 P 求偏导得

$$\frac{\partial x_2^*}{\partial P} = \frac{1+a}{2a(Y_1 - Y_2)} > 0$$

区际生态受偿者提供生态产品和服务的积极性 x_2^* 与 P 呈同方向变化，P 越大，x_2^* 越大；P 越小，x_2^* 越小，即区际生态补偿者的补偿金额越大，区际生态受偿者提供生态产品和服务的积极性越高。

由此可以得出，上级政府对区际生态受偿者要确定合理的奖惩系数，对区际生态受偿者来说，该系数并不是越大越好，系数越大，区际生态受偿者提供生态生产和服务的意愿越小。但是较高的生态补偿金会提高区际生态受偿者提供生态产品和服务的积极性。

2）区际生态补偿者补偿的积极性

在公式

$$x_1^* = \frac{C + Cb - 2Rb}{2Pb}$$

中，概率 x_1^* 表示区际生态补偿者对生态环境进行补偿的积极性的大小，概率 x_1^* 越大，区际生态补偿者对生态环境进行补偿的积极性越大；概率 x_1^* 越小，区际生态补偿者对生态环境进行补偿的积极性越小。公式中的 R 为已经确定的值，因此，影响 x_1^* 的变量为 C、P 和 b。

对 b 求偏导得

$$\frac{\partial x_1^*}{\partial b} = -\frac{C}{2Pb^2} < 0$$

区际生态补偿者对生态环境进行补偿的积极性 x_1^* 与 b 呈反方向变化，b 越大，x_1^* 越小；b 越小，x_1^* 越大，即上级政府对区际生态补偿的奖罚系数越大，区际生态补偿者对生态环境进行补偿的概率的纳什均衡点就越会下降。

对 C 求偏导得

$$\frac{\partial x_1^*}{\partial C} = \frac{1+b}{2Pb} > 0$$

区际生态补偿者对生态环境进行补偿的积极性 x_1^* 与 C 呈同方向变化，C 越大，x_1^* 越大；C 越小，x_1^* 越小，即区际生态受偿者的投入成本金额越大，区际生态补偿者对生态环境进行补偿的积极性越高。

对 P 求偏导得

$$\frac{\partial x_1^*}{\partial P} = \frac{2Rb - C - Cb}{2P^2b} > 0$$

区际生态补偿者对生态环境进行补偿的积极性 x_1^* 与 P 呈同方向变化，P 越大，x_1^* 越大；P 越小，x_1^* 越小，即补偿金额越大，区际生态补偿者对生态环境进行补偿的积极性越高。

由此可以得出，上级政府对区际生态补偿者的作为是确定合理的奖惩系统，对区际生态补偿者来说，该系数并不是越大越好，系数越大，区际生态补偿者提供生态生产和服务的意愿越小。但是较高的生态补偿投入成本或较高的生态补偿金会提高区际生态补偿者提供生态产品和服务的积极性。

3）政府奖惩系数与补偿金额的确定

令 $x_1^* = x_2^*$，即区际生态补偿者进行补偿的概率与区际生态受偿者提供生态产品和服务的概率相等，双方都处于均衡状态，则

$$\frac{C + Cb - 2Rb}{2Pb} = \frac{P(1+a) + 2Y_2a}{2a(Y_1 - Y_2)}$$

设 $a = b$，即上级政府对区际生态补偿者的奖罚系数与上级政府对区际生态受偿者的奖罚系数相同。则

$$a = b = \frac{C(Y_1 - Y_2) - P^2}{P^2 + 2PY_2 - CY_1 + 2R + CY_2 - 2RY_2}$$

当上级政府制定的奖惩系数适当时，区际生态补偿者愿意补偿，区际生态受偿者愿意提供生态产品和服务，两者的选择在混合策略纳什均衡点。

三、政府与企业的区际生态补偿博弈模型

假设政府与企业都是理性经济人，政府追求的是社会效益最大化，企

业追求的是企业效益最大化。政府可以对企业的生态补偿行为给予补偿，也可以选择不补偿；企业可以选择进行生态补偿，也可以选择传统模式，即不进行生态补偿。

假设企业选择进行生态补偿的成本为 C_b，收益为 R_b；企业选择不进行生态补偿的成本为 C，收益为 R，且 $C_b > C$。政府实施生态补偿的成本即对企业支付的补偿金额为 P。若企业选择进行生态补偿，政府对企业生态补偿行为给予补偿的收益为 B_1，政府对企业生态补偿行为不给予补偿的收益为 B_2，且 $B_2 > B_1$；若企业选择传统模式生产，不进行生态补偿，政府对企业给予补偿的收益为 B_3，政府对企业不给予补偿的收益为 B_4，且 $B_4 > B_3$。政府与企业的生态补偿博弈支付矩阵见表 5-4。

表 5-4　政府与企业的生态补偿博弈支付矩阵

项目		政府			
		给予补偿		不给予补偿	
企业	进行生态补偿	$Rb-Cb+P$	B_1-P	$Rb-Cb$	B_2
	不进行生态补偿	$R-C+P$	B_3-P	$R-C$	B_4

若政府给予补偿，则 $Rb-Cb+P < R-C+P$，企业的最优策略是不进行生态补偿；若政府不给予补偿，则 $Rb-Cb < R-C$，企业的最优策略仍是不进行生态补偿。若企业进行生态补偿，政府给予生态补偿的收益是 B_1-P，小于政府不给予生态补偿的收益 B_2，政府选择不给予生态补偿；若企业不进行生态补偿，政府的给予生态补偿的收益是 $B_3-P < B_4$，政府的选择仍是不给予生态补偿。

由以上分析得出，政府与企业之间的生态补偿行为选择进入了"囚徒困境"，因此，生态补偿活动需要政府与企业的巨大付出。这种付出不会一蹴而就，只有一步一步、有计划地进行，才能使政府与企业自觉地进行生态补偿活动。

四、政府与农民的区际生态补偿博弈模型

在农业生态补偿过程中，尤其是退耕还林的案例中，农民会根据政府对其进行补偿的程度来行使"是否进行生态保护"的选择权，具体表现为根据政府对退耕土地的补偿标准来决定是否退耕还林。政府需要付出一定的代价以实现对森林生态价值的保护，政府的可支配资源也是有限的，因此政府有权决定是否对资源保护者进行补偿，在这些的基础上构成策略集合。政府与农民的策略集合见表 5-5。

表 5-5　政府与农民的策略集合

项目		政府	
		补偿	不补偿
农民	退耕	农民退耕 政府补偿	农民退耕 政府不补偿
	不退耕	农民不退耕 政府补偿	农民不退耕 政府不补偿

政府通常会按照某种既定的补偿金额标准来制定退耕还林补偿政策。设退耕还林补助标准为 B_1，农民实际愿意退耕还林的面积为 M，生活补助费为 B_2，共计 $B_1 \times M + B_2$，退耕还林后森林的生态效益用 A 来代替。在未退耕之前，农民每单位面积的产出为 Q，农业收入为 $Q \times M$。假设平均每户有 2 个劳动力，其中 1 个劳动力需要解决家庭的日常生活，并对退耕森林进行保管维护，另外 1 个劳动力可以选择外出打工或者从事畜牧业等其他非耕活动。假设外出务工的平均收入为 I，获得外出务工收入的机会概率为 p，从表 5-6 政府与农民的生态补偿博弈支付矩阵中可以看出，若政府进行补偿，则农民是否退耕取决于当前农业产出与政府补偿标准的大小，政府补偿标准高于当前农业产出，农民退耕，否则农民不退耕。若政府不补偿，农民不退耕。

表 5-6　政府与农民的生态补偿博弈支付矩阵

项目		政府	
		补偿	不补偿
农民	退耕	$(B_1 \times M + B_2) + pI - (B_1 \times M + B_2) + A$	$pI - A$
	不退耕	$Q \times M - A$	$Q \times M - A$

对于政府而言，当农民选择退耕策略进行生态保护时，由于生态补偿的价值 A 为数值较大的正值，即

$$-(B_1 \times M + B_2) + A > -A$$

此时，政府一定会选择补偿策略；而当农民选择不退耕、不进行生态保护时，政府对两种策略偏好相同。综上可知，比起不补偿政策，政府更愿意选择补偿政策。

由于政府总具有进行生态补偿的偏好，而且农民在决定是否退耕还林前是明确知道政策的内容与补偿方式的，因此在政府选择补偿策略的情况下，农民会反复比较自己实际可以取得的收入与原有农业产出孰大孰小来做出决策，即如果要使得农民选择退耕必须满足条件：

$$(B_1 \times M + B_2) + pI \geqslant Q \times M$$

其中，pI 为农民外出务工或者从事养殖等非耕地收入，即当外出务工农民的收入大于 $(Q \times M) - (B_1 \times M + B_2)$ 时，农民与政府会选择农民退耕、政府进行补偿这一策略，这也是该博弈中的占优策略。

在以上占优均衡中，收入对农民是否选择退耕还林的行为有重要的作用与影响，具体影响途径是通过农民外出打工的收入，包括收入的高低水平、获得收入所需要付出的努力等。

经过上面的分析，我们发现退耕还林的生态保护机制的实施对退耕户的收入与农村经济有重大影响。具体表现为以下几点。

一是退耕户从退耕还林的相关政策中得到了实惠，在选择退耕时获得了退耕地的直接补助，收入稳定增加。

二是在退耕之后国家实施基本口粮田、生态移民、技能培训等举措来巩固退耕还林成果，保证了退耕户的收入增加。

三是促进农村的劳动力向城镇或第二产业、第三产业转移，激发了退耕户的积极性，更有力地促进了农民创业。

退耕还林政策的实施除了以上优点以外，也存在一些问题需要加以改进，如部分项目的实施没有落实公示制，存在不透明现象。此外，有些地区对项目资金拨付缓慢，甚至出现工作经费不足等情况。这些问题都需要引起重视并加以解决。

退耕还林政策的实施对于政府其他生态补偿机制的建设给出了不少启示与意见。首先，在项目政策制定时，应考虑政策实施的各行为主体的利益均衡，使得政策在实施时能最大化地发挥效用；其次，在政策实施的过程中应加强组织领导，有效地落实各项政策的实施与执行；最后，根据生态补偿机制建设期长、涉及面广的特点，加大扶持力度，保证投入资金发挥最大作用。

第三节　区际不同利益主体生态补偿矛盾分析

一、区际生态补偿认识不一致

一般而言，区际生态补偿者与区际生态受偿者针对建立区际生态补偿机制是没有异议的，但就如何建立生态补偿机制的问题存在很大争议。

区际生态受偿者认为自己提供生态产品和服务做出了巨大的牺牲，经济发展受到限制，其社会经济发展与区际生态受偿者的差距越来越大，而且区际生态补偿者也有经济能力对区际生态受偿者进行补偿。

　　区际生态补偿者认为，如果区际生态受偿者提供的生态产品和服务达不到标准，就不应该要求进行补偿。另外，区际生态补偿者虽然使用了生态产品和服务，但也按国家要求缴纳了资源费和税，且区际生态补偿者虽为发达地区，但也向国家缴纳了大量税收，所以应当由国家对区际生态受偿者做出补偿。

　　由于不同区域对生态补偿的认识分歧及利益冲突，区际生态补偿者与区际生态受偿者对是否应该进行区际生态补偿无法达成一致。区际生态受偿者希望区际生态补偿者进行补偿，而区际生态补偿者希望国家进行补偿。

　　区际生态受偿者牺牲发展机会提供生态产品和服务，保证了区际生态补偿者的经济持续、稳定、健康发展。因此区际生态受偿者应该分享区际生态补偿者的部分发展成果，实现利益均衡和利益共享。

二、区际生态补偿责权分工不明确

　　在区际生态补偿中，由谁来主导？区际生态补偿者与区际生态受偿者都不愿意在对方主导下进行区际生态补偿。上级政府积极推动虽然有一定的作用，但必须有跨区域的区际生态补偿管理机构，且该生态补偿管理机构要足够强有力，才能使区际生态补偿者与区际生态受偿者达成一致意见。

　　另外在我国区际生态补偿中，地方政府的管理部门职能可能存在冲突。以流域为例，在我国流域管理中，水利、国土、环保、渔业、交通、城建、水电等多个部门对流域具有管理权，且管理目标不一致，存在多头管理，如"环保不下河、水利不上岸"的分割管理困境。

　　在区际生态补偿中，如何分工？区际生态受偿者认为，应该由区际生态补偿者完全补偿，而区际生态补偿者认为，区际生态受偿者属于生态功能区，本来负有进行生态环境建设的责任和义务，提供符合标准的生态产品和服务是本身职能所在，无权要求其进行区际生态补偿。而且，如果该生态功能区提供的生态产品和服务不达标，应当对区际生态补偿者进行补偿。由于区际生态受偿者多为经济不发达地区，普遍面临发展经济和生态保护的双重压力，发展经济、提高收入水平的意愿尤为强烈。但区际生态补偿者认为本地区经济虽然比较发达，但已经缴纳了生态产品和服务的资源费和税，不应该再额外承担区际生态补偿的责任和义务。

三、区际生态补偿标准不统一

　　区际生态补偿标准不统一主要体现在以下两方面。一是对生态产品和服务是否达到标准存在歧义，区际生态补偿者与区际生态受偿者各自采用不同的标准，对生态产品和服务是否达到标准没办法达到统一，而且区际生态补偿者一般会要求一个比较高的标准，要求区际生态受偿者必须达到，而此标准需要区际生态受偿者以一定的补偿资金进行建设后，才能达到。

二是对生态补偿标准存在歧义，区际生态受偿者主张区际生态补偿者补偿生态投入的直接成本、机会成本、发展机会、生态服务价值和进行生态产业升级转型的成本。区际生态补偿者只愿意对生态投入的直接成本的一部分进行补偿。

四、区际生态补偿实施保障不到位

区际生态补偿实施保障不到位主要体现在以下几方面。一是监测保障，区际生态补偿目前还缺少独立于区际双方或多方的进行生态产品和服务数据监测，并使区际生态补偿者与区际生态受偿者都能够认可的监测机构。二是资金保障，目前上级政府对区际生态补偿的财政支持还远远无法满足需求，而仅靠区际生态受偿者的自身地方财力更无法达到。三是目前跨省（自治区、直辖市）的转移支付机制不健全，如何在省际划拨资金需要一定的财政制度保证。四是补偿金的监督使用保障，区际生态补偿者无法监督补偿的资金是否被区际生态受偿者用在了特定的生态补偿项目上。五是争议解决保障，在区际生态补偿过程中，出现的纠纷如何解决，目前缺少区际各方认可的纠纷解决机构。

第四节　区际生态补偿机制的类型分析

一、区际生态补偿一般机制类型分析

（一）区际生态补偿的产权机制

以跨界流域治理为例，随着区域经济的高速增长和城市化进程的加快，流域上下游竞争性用水问题日益突出，流域水污染事件和省际、区际水事纠纷时有发生，由于河流跨界，难划分权责和进行奖惩，容易出现扯皮、推诿问题。跨界流域污染问题得不到及时有效解决，严重影响了流域上下游地区人民的生产和生活及区域经济社会协调发展。

因此建立区际生态补偿的产权机制尤为重要。水资源、清洁空气资源碳配额等，这类自然资源产权的界定很困难，我国的自然资源产权属于国家或集体，不能从产权上去分配，对自然资源，只能从占有权、使用权角度去分配额度，对配额进行交易。只有自然资源产权流通顺畅，区际生态补偿的利

益分配才能更加清晰。明晰的产权可以使拥有者获得自然资源利益，同时担负起保护自然资源的责任，实现自然资源的最佳配置。

1. 国外的自然资源产权管理模式

国外的自然资源产权管理模式主要分三种。

一是集中管理模式。这种模式是将各类自然资源统一由一个部门综合管理，这种管理模式能够协调各类自然资源开发、使用等的关系。比如，美国内政部、加拿大自然资源部统一管理本国自然资源中的土地、矿产和森林（部分）。

采用此种自然资源产权管理模式的国家一般具有一些特征。第一，自然资源相对充足，资源的利用与开发在本国经济中具有举足轻重的作用。第二，这种集中管理模式是渐进性的，一开始也是对单一资源的管理，而后是对几类资源的管理进行综合。第三，对国有资源的集中管理。这类国家，如美国，其自然资源的所有权分为三类，一类属于联邦，二类属于州，三类属于私人主体。国家集中管理的只涉及联邦和州，并起主导作用。

二是相对集中管理模式。这种管理模式是指自然资源由少数中央部委管理，如法国的能源和其他矿产由经济、财政和工业部统一管理，地产由税务总局的地产管理局统一管理，海洋资源由海洋国务秘书处集中管理。在德国，联邦机构未设专门的内阁级资源管理机构，土地、矿产、海洋、水等资源管理机构设在相关部内的司局或部门。

采用此种自然资源产权管理模式的国家一般具有两种特征。其一，自然资源的所有权与土地的所有权相分离。若对自然资源进行开发，自然资源的产权由政府授予，即自然资源的开发利用权与自然资源的产权与土地的产权是分离的。其二，这些国家一般经济发达，资源相对匮乏，地域面积不大，各部委的协调能力好，且与私人企业和个人的沟通力强。

三是分散管理模式。这种管理模式是指不同的资源分别由中央政府不同的部门管理。一般发展中国家多采用此种方法。

采用此种自然资源产权管理模式的国家的特征是：①自然资源的产权属于国家或全民；②从法律上明确了国家对自然资源的所有权、占有权和支配权；③自然资源的开发利用授予国有企业进行，由国有企业进行资源的勘察、开发、利用和处理，即自然资源的产权由国有企业执行；④自然资源相对充足，资源的利用与开发在本国经济中具有举足轻重的作用；⑤多为发展中国家。

2. 我国自然资源资产产权制度

我国自然资源资产产权制度的演进大致经历了三个阶段[205]。

　　第一阶段是自然资源资产产权的完全公有产权阶段，在这一阶段，《中华人民共和国宪法》（简称《宪法》）规定，"矿藏、水流、森林、山岭、草原、荒地、滩涂等自然资源，都属于国家所有，即全民所有"。实际中，自然资源的产权国有所有权和集体所有权都有，在这个阶段，国家明令禁止政府计划外对自然资源的调配。

　　第二阶段是自然资源资产产权使用权的无偿取得与不可交易阶段。20 世纪 80 年代，我国颁布了一系列自然资源产权的法律和法规，如《土地管理法》《矿产资源法》《水法》等。在此阶段，《宪法》第一次规定了自然资源的集体所有权，同时确认了自然资源产权所有权和使用权的分离。但自然资源资产产权的无偿取得与不可交易，造成国有单位与集体单位对自然资源的计划内掠夺性开发。

　　第三阶段是自然资源资产产权使用权的有偿取得与可交易阶段。1988 年《宪法》修改后提出"土地的使用权可以依照法律的规定转让"。土地使用权成为我国最早实现有偿使用与可交易的自然资源产权。虽然自然资源资产所有权仍以公有产权为主导，但使用权和转让权可以在不同主体间进行分配，并以有偿转让或协议等方式进行。

　　3. 区际生态补偿的产权机制的确定

　　由于生态补偿的外部性，这类非排他性、非竞争性的公共物品在产权界定上出现困难，大部分生态系统不具备良好的产权属性。目前我国的自然资源产权属于国家，但各类资源的开发权属于用益物权。但缺乏有效的生态补偿和资源有偿使用规定。

　　对于区际生态补偿，确定自然资源的用益物权权属非常重要。国家拥有所有权，各区域拥有用益物权，可以凭借用益物权获得收益，要求补偿。区际生态补偿的产权机制可以设计如下。

　　1）区际生态补偿的产权确定机制

　　（1）国家凭借拥有的自然资源所有权，收取资源税或费。

　　（2）各区域凭借拥有的用益物权，收取生态补偿费。由国家通过法律形式明确用益物权的权属和使用年限。

　　（3）明确区分各区域内部的国有产权和集体产权。

　　（4）区际生态补偿者向国家和生态补偿受偿者支付资源税或费，以及生态补偿费用。

　　（5）对区际生态受偿者建立生态补偿基金，该基金份额由国家和区际生态受偿者地方政府认购。

（6）核算区际生态受偿者区域内自然资源的数量，进行自然资源价值的评估，平摊到每一生态补偿基金份额。

（7）核算区际生态补偿者需要分配的自然资源数量。按生态补偿基金国家与生态补偿受偿者所占的比例，分别向国家和生态补偿受偿者支付生态补偿费用。

（8）区际生态受偿者生态补偿的历史欠账问题，由国家逐步解决。

（9）国家的各类自然资源法律法规补充关于自然资源有偿使用和生态补偿的规定。

2）区际生态补偿的产权使用机制

（1）上级政府建立专门的生态补偿管理机构，各区域也成立专门的生态补偿机构，用于协调自然资源的开发、保护和使用各方利益矛盾，协调与上级政府生态补偿和同级政府生态补偿的矛盾。

（2）区际生态受偿者针对各类不同自然资源建立国有企业类似机构，由该机构经营自然资源的处置权，以招标方式给其他有条件的公司资源开发权利，进行资源开发的企业要进行生态补偿。自然资源的保护也由国有企业经营，如水源涵养项目等。由国有企业类似机构核算资源保护中的各类成本，形成自然资源保护项目文书，用于区际生态补偿的协商，通过区际生态补偿获得项目收益。

（3）建立区际生态补偿的交易市场，使用自然资源通过市场进行优化配置。

3）区际生态补偿的产权监督机制

（1）对区际生态受偿者，要监督自然资源的国家所有权和集体所有权的归属，自然资源处置权是否得当。

（2）对区际生态补偿者，要监督获得的自然资源产品和服务的质量是否达标、数量是否充足、支付的生态补偿金额是否用在了区际生态受偿者的生态项目。

（3）上级政府要监督区际的每次协调、交易是否公平合理。

区际生态补偿的产权机制要求自然资源管理方式要由行政手段转变为综合运用法律、经济、技术和必要的行政手段[206]。

（二）区际生态补偿主体协调机制

1. 上级政府主导协调机制

通过前面的区际生态补偿博弈分析可以得出，区际生态补偿双方的理性选择均为不补偿。各地方政府为了自身利益最大化，会采取不合作的态度。

若要推进生态保护项目，区际生态补偿需要上级政府的主导。

1）对区际生态补偿地方政府的利益均衡与激励机制

上级政府的主导要使区际生态补偿各方的权利和义务均衡，将收益与责任的履行挂钩。上级政府要秉承公开、公平、公正的原则，对区际生态补偿的各地方利益进行均衡，不能够偏向某一方，而使区际生态补偿一开始就在不平等的条约下进行，对区际生态补偿造成人为的损失。

上级政府对区际生态补偿各方实施激励机制。对区际生态补偿的地方政府，上级政府要将区际生态补偿资金的筹集、区际生态补偿资金的支付、区际生态补偿中生态产品和服务的达标状态、区际生态补偿的效果、区际生态保护建设等均纳入区际地方政府的政绩考核。对区际生态补偿履行责任好的部门及官员给予表扬、升迁等。

2）对区际生态补偿中涉及的企业和居民权利与义务公平性监督

对于区际生态补偿中涉及的企业和居民，上级政府要监督区际生态受补偿者的企业和居民获得的收入与生态保护建设是否挂钩，区际生态补偿补偿方的企业和居民的支付是否与所享受的生态产品和服务相一致。

2. 区际协商机制

在区际生态补偿者与区际生态受偿者的关系中，省内跨市、区还易协调，但省际谈判和博弈的历程十分艰辛，运行成本较高，使得地方政府间往往止于谈判，无法建立起一个有效协调利益相关方关系的省际合作机制。因此需要建立区际协商机制。

1）区际生态补偿组织协调机制

由于区际合作是同级政府之间的一种非制度性交流机制，对跨区的事务一般以会议或论坛的形式进行。但区际生态补偿是一种长期性的合作事务，不可能只靠会议或论坛就能解决，需要成立区际生态补偿组织机构。该组织内部由区际生态补偿者和区际生态受偿者双方派出的人员构成，共同讨论制定双方可接受的最佳方案，并相互监督、持续执行。

2）区际生态补偿信息共享机制

区际生态补偿要求区际共享生态及生态补偿信息。各地区应定期公布区内生态系统服务功能状态、生态环境建设情况、生态产品和服务的产出情况、生态产品和服务的消费情况等，以供相关区域参考。

为使区际的策略决定不陷入"囚徒困境"，各地区要建立相互交流沟通机制。虽然各地区政府为了自身利益会隐瞒或封锁消息，但长期中，这种隐瞒或封锁会有很大的经济或生态隐患，会给地区经济带来损失。加强区际信息共享可以使区际形成合力，促进生态补偿的合作，减少资源浪费，有效整合区际资源，形成合力发展态势。

3）区际生态利益补偿机制

区际生态利益补偿机制建立的前提，要求政绩考核标准不能再以单纯的国内生产总值为基础，而必然建立生态保护考核标准。发展本地的经济不再是地区发展的唯一出路，发展本地的生态环境，也要成为地区发展的主题。

区际的生态分工形成生态产品和服务的供给及需求机制。将生态环境作为政绩考核标准，各地方官员能从环境的建设和治理中获益，区际生态补偿的政策就会得到很好的执行。

生态系统服务不能作为无偿性的资源，而变为有偿使用，区际的生态环境关系必然会出现一方补偿另一方的情况。合理的利益补偿实现"成本共担、效益共享、合作共治"，会促进区际生态补偿的长期稳定进行，达到生态保护目的，以及生态与经济的和谐发展。

3. 社会参与机制

区际生态补偿的补偿方和受偿方各有权利与义务，但在执行过程中，还是会局限于本区域内部。由于生态信息尚未公开透明，地方政府的生态补偿行为带有强烈的地方保护色彩，隐藏重大风险。地方政府在执行区际生态补偿项目的过程中会涉及相关企业和个人。公众参与区际生态补偿至关重要。公众参与可以使公众全面了解区际生态补偿的现状，公众参与的生态补偿项目的建议目标、效果，公众在参与过程中的权利与义务。公众参与可以防范区际生态补偿中的决策风险，在区际生态补偿项目制定后，可在所有参与的公众中公示、讨论，进一步使区际生态补偿的决策科学化。公众参与可以监督区际生态补偿中的自然资源分配，有效制约政府的短视行为。

1）公众参与的法律保障机制

虽然我国的《环境影响评价法》（2018 年 12 月修正）和《环境影响评价公众参与办法》（2018 年 7 月公布）中有社会公众评价的办法，但公众评价并不具备法律效力，对区际生态补偿的重大活动的参与不能形成有效的约束力。

因此，立法应明确区际生态补偿的公众参与范围、公众参与权利，明确区际生态补偿中有组织的环保团体、无组织的生态受偿地区企业和居民，使区际生态补偿地区中的企业与居民有发言权，可以依法保障自己的权益。

2）非政府环保组织的参与机制

非政府环保组织是非官方的生态环境代言人，该环保组织可与参与区际生态补偿的企业与居民建立最佳的联系[207]，同时也可以形成生态环境利益表达主体，促进区际生态补偿的多元化发展。法律应保障非政府环保组织的法律地位，明确其参与区际生态补偿并进行环境公益诉讼的主体资格。

（三）区际生态补偿实施机制

1. 区际生态补偿主体、客体界定机制

1）区际生态补偿补偿主体的界定机制

在区际生态补偿中，由谁补偿是一个需要界定的问题。区际生态补偿的补偿主体是区际生态补偿的受益者，主要有以下三类。

一是受益方政府。区际生态补偿中，受益方政府享受了生态服务的利益，经济发展、税收增加。根据"谁受益谁补偿"的原则，受益方政府应该补偿。在区际生态补偿中，受益方政府沿用以前不对生态环境进行补偿的观念，倾向于不补偿或少补偿。

通过前面的区际生态补偿模式分析，需要进行生态补偿的金额越大，或者说生态补偿的供给差距越大，受益方政府主观上越愿意进行补偿；生态产品和服务的提供者需要投入的金额越大，受益方政府也越有动力进行补偿。

二是上级政府。在区际生态补偿中，很多是由政府主导型的生态补偿。上级政府通过法律法规的强制手段要求生态产品和服务的提供者或建设者提供生态服务，因此，要由上级政府支付相应的生态补偿费用。

通过前面的区际生态补偿模式分析，通过上级政府补贴的方式，上级政府对区际生态补偿者的补偿超过区际生态补偿者的生态补偿金额，区际生态补偿者才有动力进行补偿。上级政府对区际的补贴金额数额越大，上级政府的财政支出越多，实施生态补偿才越有效果。

三是区际生态补偿受益方的企业、社会组织和居民。区际生态补偿受益方的企业、社会组织和居民直接享受了生态产品和服务或生态建设的好处，所以要支付生态补偿金。区际生态产品和服务提供者为区际生态补偿受益方的企业、社会组织和居民提供了良好的发展条件，使其增加了收入，要通过国家或受益方政府地方税收或行政性收费的方式缴纳区际生态补偿金。

2）区际生态补偿受补偿主体界定机制

在区际生态补偿中，补给谁是另一个需要界定的问题。区际生态补偿受补偿主体，即区际生态受偿者，是指生态产品或服务的提供者，主要有以下三类。

一是区际生态受偿方政府。区际生态补偿中，受偿方政府提供了生态产品和服务，一般会牺牲地方经济发展机会，减少了地方财政收入。另外，受偿方政府进行生态服务建设的资金要占用地方发展资金,因此受偿方政府要接受补偿。

通过前面的区际生态补偿模式分析,受偿方政府只有在接受的生态补偿超过生态建设的投入成本时,才有动力进行生态补偿。

二是区际生态受偿方乡村集体。乡村集体一般拥有土地(尤其是耕地)等。若进行区际生态补偿,就会改变这些资源的用途。作为集体利益的代表,乡村集体也追求自身利益最大化,并实现集体福利最大化。只有在生态补偿金超过土地租金收入时,才会考虑改变土地的用途,进行区际生态补偿。

三是区际生态受偿方企业和职工、农户等。区际生态补偿的受偿方在参与生态补偿项目时,放弃了经济发展机会,企业关闭或减产,裁员不可避免。企业与职工损失的收入,应该得到补偿。农户的耕地或其他土地改变用途,进行生态保护,丧失的收入和其他机会成本也要获得补偿。

3)区际生态补偿客体界定机制

区际生态补偿的客体是生态补偿的对象。虽然生态补偿金补偿的对象是经济活动主体,但其中的一部分,一定要投入生态产品和服务的增加项目或新生态建设项目上。因此,生态补偿的最终对象是森林、流域、水资源、草原、海洋、土地等,目的是使其的部分或全部生态功能恢复。

2. 区际生态补偿方式确定机制

本书的第三章分析了区际生态补偿模式,内容如下。

(1)按照生态补偿条块,区际生态补偿模式可以分为纵向补偿和横向补偿。

(2)按照生态类型,区际生态补偿模式可以分为耕地生态补偿、森林生态补偿、流域生态补偿、湿地生态补偿、草原生态补偿、自然保护区生态补偿、水资源开发生态补偿、矿产资源开发生态补偿、海洋生态补偿等。

(3)按照生态功能区划,区际生态补偿模式分为水源涵养型、水土保持型、防风固沙型、生物多样性维护型等。

(4)按照生态长效发展情况,区际生态补偿模式分为输血模式、造血模式、输血造血结合模式。

(5)按照生态补偿空间尺度,区际生态补偿模式分为区域内不同地区的生态补偿、区际生态补偿、国际生态补偿。

(6)按照区际生态补偿的运作模式分类,可以大致分为政府补偿、市场补偿和社会补偿三种形式。其中,政府补偿包括财政转移支付、生态补偿税、生态补偿专项资金、财政补贴、生态移民、生态补偿保证金、项目支持与对口援助、优惠贷款等。市场补偿分为排污权交易、水权交易、碳汇交易、生态标签等。社会补偿包括生态保险、非政府组织参与等。

（7）按照补偿的标的物形态分类，可以分为资金补偿、实物补偿、智力补偿。

区际生态补偿按何种方式进行补偿需要进行选择和设计。

按照范围从大到小的顺序，确定区际生态补偿的空间尺度，一般来讲，主要是省际生态补偿。若有中央政府参与，则属于纵向补偿；区际生态补偿为横向补偿。

确定好以上模式后，再按照生态类型，确定是否属于耕地生态补偿、森林生态补偿、流域生态补偿、湿地生态补偿、草原生态补偿、自然保护区生态补偿、水资源开发生态补偿、矿产资源开发生态补偿、海洋生态补偿等。若在这些生态类型中，区际受偿地区属于生态功能区，则一定会有纵向补偿。

按照区际生态补偿的运作模式分类，可以大致分为政府补偿、市场补偿和社会补偿三种形式。在森林生态补偿、流域生态补偿中，尤其是对重点生态功能区的补偿，一般都采用政府补偿的方式。政府规定生态补偿费的多少。市场补偿主要是水权、碳汇等特定的生态产品，可由企业或以地区为单位直接在市场中交易，虽然市场补偿被认为是效率最高的方式，但只有当生态产品和服务为标准化的，且可一般计量、产权清晰界定时，才能保证交易的实现。社会补偿要在生态补偿观念深入社会大众心里、被普遍接受时，才会有较多的参与。

区际生态补偿一般多采用政府纵向补偿与横向补偿同时进行的方式，以及半市场补偿方式。考虑区际政府、企业、居民的补偿意愿。

一般区际生态补偿标的物的形态多是资金，用资金进行补偿。若涉及生态移民，会有实物补偿。

随着区际生态补偿的逐渐成熟，区际生态补偿的模式会由输血模式、输血造血结合模式逐步转变为造血模式。造血模式会伴随着智力补偿。

目前的造血模式多为政府主导型造血模式，其具体形式主要有建设-经营-转让（build-operate-transfer，BOT）模式、生态经济模式、补偿贸易模式、租赁模式和特许经营模式[190]。这几种造血模式的选择如下。

区际生态补偿何时采用 BOT 模式？区际生态补偿的受偿者即生态产品和服务的提供者，对生态补偿项目进行初期建设，会需要大量的前期资金投入，若这种资金投入超过了上级政府和区际生态补偿者的补偿金额，而区际生态补偿的受偿者又无力从地方财政拨出更多款项进行生态补偿项目建设时，该生态补偿项目有可能不建设或延迟进行。但若区际生态补偿的补偿方即受益方,在短期内急需生态产品和服务。在此种情况下,就有可能对该生态补偿项目建设资金缺乏的部分进行额外的投资。若生态产品和服务的提供者本身就具有生态补偿项目建设的能力,区际生态补偿者可以项目入股的方式,成为该项目的股东之一。但区际生态补偿者多为经济发达地区,掌握高科技的生态项目建设能力,有可能承担建设该生态项目,在项目开发、建设中培训生态补偿的受偿者,即生态产品和服务的提供者,使其掌握项目的管理与运营。项目建设完成后,区际生态补偿者将该项目移交给区际生态受偿者经营,并在后期持续提供技术支持。区际生态补偿者所提供的额外投资可以由区际生态补偿双方协商,给予部分区际生态补偿金,或者按投入的股份分红,或者无偿赠予区际生态受偿方。到底采取何种方式,取决于区际生态补偿者的经济能力,与区际生态受偿者对生态补偿项目建设的承担能力。

区际生态补偿何时采用生态经济模式?若区际生态受偿者在退耕还林、退耕还草、退耕还湖等生态项目建设后,可以大量生产药材、养殖牲畜等,有市场发展前景,并有能力进行就地深加工,但这些产品生产需要资金投入,此时,可采用生态经济模式解决。由区际生态补偿者预付生态补偿金,或一次性支付协议期限内的生态补偿金,用于投资生态产品的生产项目。同时,生态补偿者为了这些生态产品能够更好地打开市场,有更多的销路,可以提供智力和技术支持,提供人才技术服务。

区际生态补偿何时采用补偿贸易模式?此种模式是在区际生态补偿者与区际生态受偿者相互交换产品、要素等的基础上进行的。即使是在生态产品和服务提供者建设生态项目的前期阶段,区际生态补偿者也有可能对该生态补偿项目建设资金缺乏的部分进行额外的投资。这种额外的投资可以用区际生态受偿者生产的药材、养殖的牲畜等有价产品进行偿还,或区际生态补偿者投入在生态补偿项目中的资金、设备和技术等由区际生态受偿者生产的药材、养殖的牲畜等有价产品进行偿还。区际生态受偿者用发展生态产业的产品与区际生态补偿者投入的生态项目生产要素进行交易。

区际生态补偿何时采用租赁模式?租赁模式为区际生态补偿者或区际生态受偿者为了发展生态项目而租赁对方的生产要素。一是区际生态补偿者租赁区际生态受偿者模式。区际生态补偿者有非污染建设项目,需要土地,区际生态受偿者所在地区可能进行此非污染建设项目,并提供价格相对较低的土地,此时可采用该模式。区际生态补偿者可以土地租赁费的方式一次性或分多次向区际生态受偿者提供其短缺的生态建设项目资金。并且该非污染建设项目可以雇用区际生态受偿方的人员,解决一定的就业问题。二是区际生态受偿者租赁区际生态补偿者的模式。区际生态受偿者向区际生态补偿者租用生态建设项目的相关设备及聘用相关技术人员，该租赁费可从区际生态补偿者支付的生态补偿金中扣除。

区际生态补偿何时采用特许经营模式？此种模式是在区际生态受偿方有较好的生态旅游开发项目，但没有资金时采用。区际生态补偿方具有生态旅游项目的开发能力，愿意承担开发的风险，需要区际生态受偿方特许经营，并保证生态环境保护的执行。经营所得为区际生态补偿金的一部分，若经营所得超过区际生态补偿金，超出的部分，由区际生态补偿方与受偿方按一定比例分享。

3. 区际生态补偿标准核算机制

本书的第四章首先论述了生态补偿标准的定价理论，主要有生态系统服务功能价值理论、市场理论、半市场理论等。区际生态补偿标准确定的一般是针对生态保护者的投入和机会成本的损失、生态受益者的获利、生态破坏的恢复成本、生态系统服务的价值进行基本核算。其次分析了不同生态类型补偿标准的确定，主要包括耕地生态补偿标准的确定、森林生态补偿标准的确定、流域生态补偿标准的确定、湿地生态补偿标准的确定、自然保护区生态补偿标准的确定、水资源开发区生态补偿标准的确定、矿产资源开发区生态补偿标准的确定、海洋生态补偿标准的确定等。最后研究了区际生态补偿标准的确定，一是是否进行区际生态补偿的标准确定，二是区际生态补偿标准的确定，包括 GEP 核算、补偿者与受偿者协调或者上级政府确定等。

区际生态补偿标准的制定没有一定之规，但有一定的范围，其补偿的标准也可在不同的区际生态补偿阶段动态进行。

理论上，一般认为生态补偿标准应以生态系统服务功能价值为准，但由于生态系统服务功能各种各样，难以统一，且目前对生态服务价值的评价没有公认的统一方法，而且不同方法的评价结果差异较大[208]。在实践中采用生态服务功能价值，由于价值估算不一致，不太具备可行性。生态系统服务功能价值可作为生态补偿标准的上限。

生态足迹法可以很清晰地反映区际不同地区的生态赤字和生态盈余，补偿标准由生态赤字或盈余面积的多少和单位面积的平均生产收益核算得出。但这种方法在计算中需要产量因子、均衡因子、世界水域的平均生产能力和能源的全球平均足迹等数据。这些因子的确定一般是由国外学者给出，是否适合中国的国情，需要进一步讨论。而且这种标准在区际生态补偿协调中，只能用于比较不同地区的生态差距，作为谈判的基本条件，很难作为实际的执行标准。

本书第四章曾讨论过区际生态补偿的确定。一是区际生态产品和服务供给者的直接成本、机会成本和发展成本是区际生态补偿的主要衡量依据。二是区际生态补偿标准的范围为区际生态受偿者的合理补偿标准扣除上级部门生态补偿和其他补偿的部分。三是区际生态补偿标准的变化。

现实中区际生态产品和服务的直接成本由区际生态受偿者的投入决定。区际生态补偿的标准一般是区际生态受偿者的机会成本。以耕地为例，机会成本为单位耕地的年收益价值。

从动态的角度考虑，区际生态补偿标准可以按如下方法确定。

（1）若上级政府对区际生态受偿者的生态补偿金额足够，补偿了区际受偿者的直接成本、机会成本和发展成本，区际生态补偿不一定实施。

（2）若上级政府对区际生态受偿者的生态补偿金额只补偿了直接成本，则区际生态补偿者要补偿机会成本，并通过实物补偿和智力补偿等多种方式，与区际生态受偿者协商进行发展成本补偿。

（3）若上级政府对区际生态受偿者的生态补偿金额只补偿了机会成本，则区际生态补偿者要补偿区际生态受偿者自身无法承担的生态直接投入成本，发展机会成本由双方协商确定。

（4）若区际生态补偿由市场交易价格确定，市场交易价格为区际生态补偿标准。

按照区际生态补偿的合作阶段，生态补偿标准的确定如下。

（1）区际生态补偿项目进行初期，由于区际生态受偿方的资金大量缺乏，虽有上级政府的补偿，但更多地要从国家开发银行等政策性银行借贷。区际生态补偿标准要按贷款期限，以每年平均贷款数额扣除上级政府生态补偿金额和其他补偿金额确定。同时考虑区际生态补偿方的财政承担能力。

（2）在区际生态补偿项目从初期到中期的进行过程中，一开始生态补偿项目刚刚建设，区际生态受偿方提供的生态产品和服务不一定达到区际生态补偿方所要求的标准。因此，在此期间，双方要商定每年提供的生态产品和服务的等级。补偿金额标准可以从少到多，也可以从多到少。

a）区际生态补偿金额标准按年平摊。不论区际生态补偿项目建设处于前期、中期还是后期，区际生态补偿金额标准都不变。这种方法是常规方法。

b）区际生态补偿金额标准从少到多。初期生态产品和服务质量低，所以区际生态补偿标准低，随着生态补偿项目建设的进行，生态产品和服务的质量逐渐提高，区际生态补偿标准逐渐提高。这种补偿方案可以在区际生态补偿方初次合作，双方均不太信任对方时使用。

c）区际生态补偿金额标准从多到少。初期生态产品和服务质量低但区际生态补偿标准高，随着生态补偿项目建设的进行，生态产品和服务的质量逐渐提高，区际生态补偿标准逐渐降低。这种补偿方案可以在区际生态受偿方生态补偿项目建设前期急需大量资金时使用。并且，区际生态补偿双方以前的合作关系较好，相互信任。

（3）区际生态补偿项目后期，区际生态补偿双方得到了各自的经济收益和生态收益。合作良好，持续进行，并且随着合作的展开，区际生态补偿方了解到区际生态受偿者需要更多的高新设备、高新技术，从而提供设备和技术指导，合作进入智力补偿。

（4）区际生态补偿项目持续进行期。一期区际生态补偿项目结束后，区际生态补偿方和区际生态受偿方会不断总结合作经验，在下一期的合作中协商制定更好的补偿标准，使区际生态受偿方能够长期、稳定地提供高质量生态产品和服务。

4. 区际生态补偿监测监管机制

及时、准确的生态产品和服务监测数据是区际生态补偿顺利实施的基础。生态环境监测部门利用最先进的技术手段，准备监测，合理说明，为区际生态补偿标准的确定提供了公正的监测数据[209]。

1）区际生态补偿监测执行方确定机制

区际生态补偿监测不可能以单方的生态产品和服务监测数据为依据，即不会只以区际生态补偿方的生态产品和服务监测数据为准，或只以区际生态受偿方的生态产品和服务监测数据为准。监测的执行由区际生态补偿双方信任的第三方独立监测机构进行。第三方独立监测机构的监测数据会与区际生态补偿方的生态产品和服务监测数据及区际生态受偿方的生态产品和服务监测数据进行比较，三方技术人员说明数据差异原因，最后得出三方认可的监测数据。

2）区际生态补偿监测执行机制

（1）监测范围。根据区际生态补偿项目涉及的区域确定。设置数据合理的监测站点。

（2）监测内容。监测内容为区际生态补偿项目中涉及的生态产品和服务。

（3）数据上报。数据上报分为每日上报和每月上报，提交月度、季度、年度分析报告。

（4）质量控制。执行生态产品和服务的监测技术规范，加大审核力度，对于重点观测项目，定期进行全程质量控制检查。

3）区际生态补偿监测的预警机制

制定区际生态产品和服务的达标标准后，建立考核标准值。在考核标准值以下，形成对各个监测值的一套预警监测指标。当生态产品和服务的质量达到预警监测指标时，要采取应急措施。

4）区际生态补偿监测的应急机制

当生态产品和服务的质量达到预警监测指标时，按不同的指标级别，进入不同的已经设立好的应急对策，执行应急对策方案。

查找原因，责成相关企业或个人减少污染物排放，并责成相关部门做好恢复生态产品和服务标准的工作。

应急事件解决后，形成处置分析报告，总结处置经验，发现不足，不断完善和提高监测管理水平。

5. 区际生态补偿资金管理机制

1）建立区际生态补偿专项资金

区际生态补偿项目的顺利进行，还需要有专项资金的支持。专项资金的建立使区际生态补偿项目的补偿方和受偿方的权利与责任分明。在国内外的区际生态补偿项目中多采用此方式。比如，我国浙江和安徽两省开展的新安江流域水环境区际生态补偿项目，就是由两省政府各在本省财政中列出1亿元的专项资金用于新安江流域水环境补偿。北京对张承地区开展的"稻改旱"补偿和生态公益林补助等，也是采取专项资金的方式[210]。

2）确定筹集区际生态补偿基金的基本方式

区际生态补偿基金一般为区际财政横向转移支付。如果采用实物补偿方式，按实物补偿的市场价格核算价值，如果采用智力补偿方式，按技术咨询服务价格核算价值，算入区际生态补偿基金，或从区际生态补偿基金中扣除。

从区际生态补偿方专项基金筹集的角度，可从环境保护财政支付列支，并从生态受益区企业和居民的资源税或费中划出一定比例，形成稳定的资金来源。

3）建立补偿基金的管理机构

区际生态补偿基金要由专门机构进行管理，不能统一由生态补受偿方财政部门管理。区际生态补偿基金的专门管理机构报告每笔资金的详细使用情况，用于定期的月度、季度、年度检查，或不定期查阅需要。

4）确立区际生态补偿基金的运行程序

在区际生态补偿项目中，要确定区际生态补偿基金的使用范围，如生态产品和服务的综合治理费用、企业和居民的机会成本、新的生态环境保护工程的投资等。上级政府要不定期地核查区际生态补偿资金支出的使用情况，区际生态补偿地区政府可以定期或不定期查阅资金使用情况。

在运行过程中，若区际生态受偿方提供的生态产品和服务达到标准，按生态补偿标准支付，若没有达标，则按照不达标准的差距，逐级从区际生态补偿标准中扣减。

5）确立区际生态补偿基金的监督机制

基金的使用要接受上级政府相关部门和区际生态补偿者的监督。视区际生态受偿者政府为第一责任人，而不是在出现污染问题追究责任时，把矛头指向污染企业，将责任推向区际生态受偿地区的企业。区际生态补偿的直接责任人为补偿方与受偿方政府。这样可强化区际生态受偿地区政府监督的力度。

6. 区际生态补偿效益评价机制

1）区际生态补偿效益评价的结构

区际生态补偿是一个动态的过程，在执行过程中要不断地进行效益评价。对于生态补偿建设项目，要有过程评价和结果评价，过程评价是对各阶段的评价，结果评价是对建设项目是否达标的评价。

2）区际生态补偿效果评价体系的建立

区际生态补偿效果评价要根据全面性原则、科学性原则、系统性原则、可操作性原则等建立一系列的评价指标体系。从生态环境保护、生态环境治理、生态补偿基金使用、生态监管力度、各地区经济发展变化等方面进行多方位、多角度的评价。针对不同的生态系统，具体评价的指标也不相同。

3）区际生态补偿效果评价体系的动态调整

区际生态补偿效果评价要随着生态补偿建设项目的发展阶段进行动态协调。制定完善的监测评价指标体系，及时发布动态评估报告，考核每期末生态补偿建设项目的直接投入、环境损害及建设期的生态效益。

另外，随着区际生态补偿项目的进行，区际生态补偿的补偿方与受偿方的生态状况与经济状况也在不断地变化，区际生态补偿效果评价做出后，双方发现各自存在的问题，单独或协调解决。调整区际生态补偿方案，使之更合理、更公平，更具有长期有效性。

7. 区际生态补偿仲裁机制

当在区际生补偿过程中，区际生态补偿双方利益出现冲突，难以协商解决时，需要仲裁机构进行仲裁。纠纷要及时解决，如果通过诉讼的方式，诉讼的过程时间太长，不利于问题的解决，不适合解决区际生态补偿过程中出现的纠纷。仲裁采用"一裁终局"制，裁决时间较短，不会太长时间影响生态补偿方生态产品和服务的使用。

区际生态补偿的仲裁机构可由区际生态补偿者和受偿者政府协商成立，也可以由上级政府充当仲裁机构，严格按照仲裁流程对区际生态补偿过程中出现的分歧进行仲裁。

二、不同生态系统生态补偿机制类型分析

（一）区际耕地生态补偿机制

1. 区际耕地生态补偿者与受偿者的界定

区际耕地生态补偿的补偿者为承担补偿责任和义务的特定区域的政府、单位、组织的群体和个人，受偿者是接受补偿的特定区域的政府、单位、组织的群体和个人。

在区际耕地生态补偿中，补偿者和受偿者判定的依据是耕地生态足迹和生态承载力差值。生态足迹也称生态占用，是指特定数量人群按照某一种生活方式所消费的，自然生态系统提供的各种商品和服务功能，以及在这一过程中所产生的废弃物，需要环境（生态系统）吸纳生态足迹，并以生物生产性土地（或水域）面积来表示的一种可操作的定量方法。生态承载力是指在某一特定环境条件下（主要指生存空间、营养物质、阳光等生态因子的组合），某种个体存在数量的极限。如果一个区域耕地总生态足迹小于耕地总生态承载力，说明当地耕地资源未超出其生态承载力，在满足本地区的生产生活需求之外，剩余部分还能输出其他地区，属于生态盈余区，该地区为生态受偿者；反之，属于生态赤字区，该区域应支付生态补偿，为生态补偿者。

区域耕地生态足迹计算公式如下：

$$EF = N \times ef$$

$$ef = \sum_{i=1}^{n}(r \times A_i) = \sum_{i=1}^{n}\left(r \times \frac{C_i}{P_i}\right)$$

其中，EF 为耕地总生态足迹；N 为总人口数；ef 为人均生态足迹；i 为所消费商品和投入的类型；r 为均衡因子，采用 Wackernagel 等在 2004 年修改之后的结果，其中耕地为 2.17；A_i 为第 i 种消费项目折算的人均占有的耕地面积；C_i 为 i 种商品的人均消费量；P_i 为 i 种消费商品的平均生产能力。

耕地生态承载力是区域真正提供的生物生产性耕地面积总和。耕地生态承载力是与生态足迹紧密相连的，反映出耕地生态对于人类生产生活的供给程度。其计算公式如下：

$$EC = N \times ec$$

$$ec = a \times r \times y$$

其中，EC 为耕地总生态承载力；N 为总人口数；ec 为人均耕地生态承载力；a 为人均生物生产性面积；r 为均衡因子；y 为耕地产量因子，采用 Wackernagel 等在计算我国生态足迹时采用的耕地产量因子，即 1.66。

区际耕地生态补偿者与受偿者的判定采用生态赤字或生态盈余，计算公式如下：

$$ED \text{ 或 } ES = EC - EF$$

其中，ED 为生态赤字；ES 为生态盈余；EC 为耕地总生态承载力；EF 为耕地总生态足迹。

当 EC−EF<0 时，ED<0，表示研究区耕地生态资源的利用超出了该区的耕地总生态承载力，生态服务价值不能满足本地区的需求，需要接受其他区域的耕地生态服务价值，属于区际生态补偿中的补偿者，应当支付生态补偿。当 EC−EF>0 时，ES>0，表示研究区的耕地生态资源的利用程度没有超出该区的耕地总生态承载力，该地区提供的耕地生态服务价值是富余的，在满足本地区的生产生活需求之外，剩余部分则能输出其他地区，属于区际生态补偿中的受偿者，应当获得生态补偿。当 EC−EF=0 时，ED = ES = 0，表示研究区的耕地生态资源的利用程度与该区的耕地总生态承载力是相等的，耕地生态资源刚好满足本地区的生产生活需要，可以不进行支付或获得生态补偿。

2. 区际耕地生态补偿量的确定

1）耕地生态系统服务价值量

谢高地等[211, 212]在 Costanza 等[213]生态系统服务功能分类的基础上，构建了一种基于专家知识的生态系统服务价值化方法，并在区域生态系统服务功能价值评估中得到了广泛的应用[212]。特定区域耕地生态系统当量因子价值量计算如下：

$$Va = \frac{1}{7} \sum_{i=1}^{n} \frac{M_i \times P_i \times Q_i}{M}$$

其中，Va 为一单位当量因子的价值量；n 为粮食种类，主要的粮食作物有稻谷、小麦、玉米等粮食作物；i 为各作物具体类型；M_i 为第 i 种粮食作物的播种面积；P_i 为第 i 种粮食作物的平均价格；Q_i 为第 i 种粮食作物的单位面积产量；M 为 n 种粮食作物的播种总面积；$\frac{1}{7}$ 表示没有人力投入的自然环境所提供的经济价值，是现有的单位面积农地提供的食物生产服务经济价值的 $\frac{1}{7}$。

计算区域的耕地生态系统服务价值的总量的公式如下：

$$T_e = 5.91 \times \text{Va} \times S$$

其中，T_e 为区域耕地生态系统服务价值总量；S 为区域的耕地总面积。

2）生态超载指数

生态超载指数是研究区耕地总生态承载力与耕地总生态足迹之差占生态承载力的比例。生态超载指数计算公式如下：

$$\text{EFI} = \frac{\text{EC} - \text{EF}}{\text{EC}}$$

其中，EFI 为生态超载指数；EC 为耕地总生态承载力；EF 为耕地总生态足迹。

通过计算生态超载指数来度量耕地生态利用效率，搭建起生态服务价值和生态足迹的桥梁。当 EFI＞0 时，其值越大，表示所研究区域的生态盈余越多，提供给其余地区的生态服务价值量也越大；同理，当 EFI＜0 时，其值越小，表示所研究区域的生态超载程度越严重，所接收的其余地区的生态服务价值量也越大。当 EFI＝0 时，表示所研究区域的生态服务价值刚好够该地区使用，既无盈余也无超载，不用向其余地区提供或接收补偿。

3）生态补偿系数

人们环保意识的认知过程和耕地生态保护支付能力较为吻合"S"形皮尔生长曲线。对区域的经济发展水平和人民的生活水平的衡量，可采用恩格尔系数来量化，具体的表达公式如下：

$$a = \frac{1}{1 + e^{-t}}$$

$$t = E_n = E_c \times x + E_r \times (1 - x)$$

其中，a 为耕地生态补偿系数；E_n 为综合恩格尔系数；E_c 为城镇恩格尔系数；E_r 为农村恩格尔系数；x 为区域城镇化水平。

4）耕地生态补偿量

耕地生态补偿量计算公式如下：

$$T_{ec} = T_e \times \text{EFI} \times a = T_e \times \frac{\text{EC} - \text{EF}}{\text{EC}} \times a$$

其中，T_{ec} 为区域支付或获得的耕地生态补偿标准；T_e 为区域耕地生态系统服务价值总量；EF 为耕地总生态足迹；EC 为耕地总生态承载力；a 为耕地生态补偿系数。

3. 以耕地质量等级划分耕地生态补偿标准梯度

根据上述对耕地生态补偿量的计算，得到的是基于生态服务价值的区域耕地生态补偿总量，这个数量在一个地区可以达到几千亿元的价值，以此为基础的补偿，补偿量巨大，在区际无力进行，所以只能当作测算基础。一般而言，经济发达地区的人口、经济高度密集，生态环境不如农业地区，且对农产品需求量大，虽然经济发达区的耕地一般自然、生产和区位条件较好，单产较高，但却不足以支撑其耕地价值的消耗。农业地区人均耕地价值占有量较高，不但能够满足自身域内居民的耕地价值消费需求，还能够向其他地区进行耕地价值外部性输出。

本书第四章对耕地生态补偿标准有过分类计算，包括直补式耕地生态补偿标准，退耕还林、还草的耕地生态补偿标准的确定。其中，对退耕还林、还草的耕地生态补偿标准分别考虑了：①以农户退耕的损失及还林还草的建设成本为依据；②以农户意愿为依据；③以生态系统服务功能价值为依据；④以政府政策为依据。

对于区际耕地生态补偿，需要说明的是农业补贴（种粮农民直接补贴、良种补贴、农机购置补贴、农资价格综合补贴等）主要是区域内为了保障粮食安全对耕种粮食作物的农民进行的补贴，对耕地有形产品补贴力度大。耕地生态补偿侧重补偿耕地所产生的社会效益与生态效益，是对耕地无形产品的一种量化补贴，兼顾耕地经济效益补贴，粮食安全与耕地生态安全并重。

区际耕地生态补偿还是要以农户休耕或退耕的损失及还林还草的直接损失和建设成本为下限，扣除中央政府或上级政府补贴后，通过农户意愿及区域间政府协调谈判确定具体补偿标准。不论是休耕还是退耕，成本的弥补应包括两个方面：一是直接经济损失，包括休耕或退耕造成的粮食和经济作物产出的损失，以及按政府要求在休耕地上植树种草的资金和劳动力投入；二是损失的发展机会成本，包括劳动力闲置损失、因转产发生的资金投入、重新就业所需的技术指导、培训等费用。

按照耕地质量等级划分耕地生态补偿标准梯度，是将耕地按照自然指数和农业利用指标所形成的不同耕地质量等级，把耕地质量和耕地生态补偿相结合，形成基于耕地质量的生态补偿模式，以耕地质量进行补偿，这样就有了较强的操作性和针对性，以不同的耕地质量等级建立不同的耕地生态补偿价格梯度和补偿标准。

4. 区际耕地生态补偿的方式

区际耕地生态补偿的方式主要有以下三种。一是资金补偿。主要由耕地生态补偿受益者对耕地生态保护区进行资金补偿。二是实物补偿。主要是由耕地生态补偿受益者向耕地生态保护区提供与粮食生产有关的种子、农药、化肥、农业机械等实物。三是技术补偿。主要是由经济发达地区耕地生态补偿受益者向耕地生态保护区提供技术、管理经验及相关技术人才支持，帮助耕地保护区提高粮食生产产量和质量，进而提高当地农民的经济效益。

5. 区际耕地生态补偿的模式

区际耕地生态补偿的模式主要有以下两种。一是政府主导补偿模式，即由作为耕地生态补偿受偿者的政府代表力量分散、谈判能力较弱的农民与生态补偿者进行补偿协商。一般是利用政府力量，制定统一的补偿标准、补偿范围及补偿金额。具体措施是实行财政资金转移支付或实行相应税收优惠政策。二是市场主导补偿模式，由位于不同区域的公司与农村集体组织进行协调，考虑农户的支付意愿。

6. 建立耕地生态补偿管理平台

构建耕地生态补偿管理平台，管理平台的工作主要包括三个方面。一是吸收和管理耕地生态补偿资金，省际财政转移支付，可以向辖区内各级政府征收 GDP 增长提成和机会成本税，以此作为耕地生态补偿资金。二是监测省际虚拟耕地的流动，建立科学合理的补偿标准。三是选择耕地生态补偿方式，并对补偿的实施进行监管。耕地生态补偿管理平台的调控与监督调控机制，具体可以包括中央政府的调控和第三方机构的监督，以维护区际生态补偿的公平。

（二）区际森林生态补偿机制

森林生态补偿主要内容如下。

一是森林生态效益综合补偿。由于林木的种类多样，不好区别计算森林生态系统功能的总量。因此，由政府代表受益方建立专项基金进行森林生态效益综合补偿，如我国的森林生态效益补偿基金和林业补助资金、美国的森林银行。

二是对森林碳汇功能的补偿。森林吸收二氧化碳，放出氧气，森林的气体调节功能使各地区都会受益。当前可操作性强的是碳排放量。通过森林碳信贷交易、碳汇、碳基金等项目进行交易。

三是对森林的涵养水功能的补偿。对该功能的补偿由用水地区的企业和居民以支付水费的方式进行。

四是对生物多样性保护功能的补偿，如森林中的自然保护区等，这种补偿可由旅游区的游客付费补偿。如果不是旅游区，则由政府代表受益方用专项基金补偿。

五是对森林产品的补偿。使用可持续林砍伐的木料生产森林产品，然后将森林产品出售。此类补偿由使用森林产品的消费者以付费方式进行。

六是对森林的科研与教育价值的补偿。受益方为做科学研究的人群及受教育人群，此类补偿由受益方以付费方式进行。

森林生态补偿一般在区域内部进行。根据《中央财政森林生态效益补偿基金管理办法》和《中央财政林业补助资金管理办法》，各省区市根据自身情况制定本区域内的补偿办法。

区际森林生态补偿主要是通过碳排放权交易进行的。跨区域碳排放权交易市场实行二氧化碳排放总量控制下的配额交易机制。交易产品包括碳排放配额和经审定的碳减排量。市场交易主体为重点排放单位、符合条件且自愿参与交易的其他机构和自然人等。下面以千松坝林场的碳排放权交易为例进行介绍。

1. 区际森林生态补偿碳排放权交易的基本条件

京冀两地启动了跨区域碳排放权交易市场建设，承德市作为河北省的先期试点，其境内的重点排放单位将完全按照平等地位参与北京市市场的碳排放权交易。

2014 年底，千松坝林场完成了全国首单跨区域碳排放权交易项目。千松坝林场距北京直线距离不到 100 千米，经过多年建设，林场造林面积已经超过 70 万亩，碳汇一期项目达到了 2610.79 公顷。起步早，面积大，这让千松坝林场具备了成为首个跨省市碳汇交易主体的条件。按照相关规定，京冀两地在碳配额的管理、交易方式等方面，实现无差异"一体化"。这意味着千松坝碳汇林成了可以流转的资产。

2. 区际森林生态补偿碳排放权交易的定价

截至 2022 年 7 月，中国已有 9 家主要的碳排放权交易所：广州碳排放权交易中心、深圳排放权交易所、北京绿色交易所、上海环境能源交易所、湖北碳排放权交易中心、天津排放权交易所、重庆碳排放权交易中心、四川联合环境交易所、福建海峡资源环境交易中心。碳排放权交易的定价为市场波动价格，根据市场中的需求和供给情况决定。

3. 区际森林生态补偿的补偿收益分配

碳排放权交易的收益分为两个部分。第一部分用于林场项目维护、新造林，第二部分分给当地村民、林场、牧场等宜林地的所有者。在分配上向农民倾斜。千松坝林场碳排放权交易的收入已经突破 250 万元，扣除林场的管护费用，还有 60 多万元能够发给村民，村民成为跨区域碳排放权交易的受惠者。6 个村的 4000 村民分到碳排放权交易收益。

截至 2016 年 1 月底，千松坝林场在碳排放权交易市场的交易量已经超过 7 万吨，总金额超过 250 万元。林场和农户合作造林，林场出技术，项目所在村、林场、牧场出适林土地，碳汇一期涉及 6 个村里的 1500 多户、4000 多人[199]。

（三）区际流域生态补偿机制

1. 区际流域生态补偿者与受偿者的界定

虽然流域涉及的地域面积非常大，但区际流域生态补偿的补偿者和受偿者是相对明确的。流域的上游地区为区际生态受偿者，流域的下游地区为区际生态补偿者。具体而言，区际生态受偿者为流域上游地区的政府、相关企业和居民。区际生态补偿者为流域下游地区的政府、相关企业和居民。

2. 区际流域生态补偿的动态补偿标准确定

流域生态补偿标准的确定如第四章所述主要有机会成本法、支付意愿法、收入损失法、总投入修正法、市场形成价格法等。如果区际生态补偿方与区际生态受偿方在水权交易市场交易，则生态补偿标准按市场价格确定。如果不通过市场交易，一般会根据半市场交易的直接成本、机会成本与发展成本确定补偿标准，具体补偿数额由区际生态补偿方与区际生态受偿方谈判确定。合约期满重新调整补偿标准。

区际流域生态补偿一般在上游地区会有退耕还林、退耕还草项目。在区际生态补偿金的分担上应以下游各地区的取水量为基础。生态补偿金分担率计算方法如下：

$$r_i = \frac{Q_i L_i}{\sum Q_i L_i}$$

$$L_i = \frac{1}{(1 + e^{-1/En_i})}$$

其中，r_i 为生态补偿金分担率；Q_i 为第 i 个受益地区的取水量；L_i 为发展阶段系数，由皮尔曲线成长模型推导得出；En_i 为恩格尔系数。

3. 区际流域生态补偿的方式

由于流域覆盖面积较大，可能跨很多省份。学界有一种观点主张，建立全流域管理机构，总体控制、分配水量，上游省份可接受下游多个省份的生态补偿。然而，现实中发现，在流域管理中可能出现上游水流经第一省份，水质差，流经第二省份时被治理，水质好，再流经第三省份的情况。因此，实践中，不能简单地按水量使用情况确定下游多个省份缴纳给上游第一省份的生态补偿额度。一般流域生态补偿还是会在相邻省份进行。短期内，我国的区际流域生态补偿还会在邻省进行。随着区际流域生态补偿管理经验的不断丰富，逐渐有可能建立统一全流域的区际流域生态补偿。全流域统一的生态补偿政策在同一个省份内进行是比较早的，2009 年 4 月，河北省在全国率先推出"全省范围的河流跨界断面水质目标责任考核并试行扣缴生态补偿金"政策，被环保部确定为全国省级全流域生态补偿试点之一。跨省的全流域生态补偿进行较晚，2020 年 4 月财政部、生态环境部、水利部和国家林业和草局四部门联合印发《支持引导黄河全流域建立横向生态补偿机制试点实施方案》，于 2020～2022 年开展试点，建立黄河全流域横向生态补偿标准核算体系。2021 年四部门又联合印发《支持长江全流域建立横向生态保护补偿机制的实施方案》，推动建立长江全流域横向生态保护补偿机制。

1）上级政府推动奖励模式

2015 年 9 月，中共中央、国务院印发《生态文明体制改革总体方案》，鼓励各地区开展生态补偿试点，提出的四个生态补偿试点流域，两个落在广东，分别为广西广东九洲江、福建广东汀江-韩江。2016 年 3 月 21 日，广东省与福建省、广西壮族自治区分别签署汀江-韩江流域、九洲江流域水环境补偿协议。根据协议，广东将拨付广西 3 亿元，作为 2015～2017 年九洲江流域水环境补偿资金，拨付福建 2 亿元作为 2016～2017 年汀江-韩江流域水环境补偿资金。中央财政依据考核目标完成情况确定奖励资金，中央奖励资金拨付给流域上游省份[214]。

2）上级政府及区际政府区同出资模式

以安徽省和浙江省的区际流域生态补偿为例。2011 年，在财政部、环保部的积极推进下，为期 3 年的全国首个跨省流域生态补偿机制试点启动，中央财政每年拿出 3 亿元，安徽、浙江各拿 1 亿元，以水质"约法"，共同设立环境补偿基金。

3）流域管理局主导管理协调推进模式

非中央政府主导的流域生态补偿还带有省域色彩，如广东省东江流域管理局，主管广东省境内的东江流域，并没有将江西省境内的东江流域纳入管理，未成立涵盖整个东江流域的流域管理局。2016 年 10 月，赣粤两省签订了《东江流域上下游横向生态补偿协议》，正式启动东江流域生态补偿试点工作，2019 年两省签订第二轮协议，2023 年签订第三轮东江流域跨省横向生态补偿协议。两省合作更加广泛和深入，将有力保障东江流域出境考核断面水质稳步改善。随着区际流域生态补偿的普遍、持续进行，当试点中的流域生态补偿全面铺开时，区际流域生态补偿会由涵盖整个流域的流域管理局分配分量，流域管理局管理区际生态补偿，成为区际流域生态补偿的常设单位。

4）水权交易模式

2000 年 11 月，浙江省义乌市向东阳市买断了水资源的永久使用权，成为中国水权交易的第一案。浙江省东阳市和义乌市的"水权"交易，并不是严格意义上的水权交易，东阳市和义乌市的交易，只能算是"水库水资源使用权转让"，水库水是一种高品质的水资源，符合商品的属性。义乌市一次性出资 2 亿元购买东阳市横锦水库每年 4999.9 万立方米水的使用权。在转让用水权后，横锦水库的所有权不变，水库运行、工程维护仍由东阳市负责，义乌市按当年实际供水量每立方米 0.1 元支付综合管理费（包括水资源费）。此外，从横锦水库到义乌市的引水管道工程，由义乌市规划设计和投资建设，其中东阳市境内段引水工程的有关政策处理和管道工程施工由东阳市负责，费用由义乌市承担[215]。

2014 年 6 月，水利部印发了《水利部关于开展水权试点工作的通知》，提出在宁夏、江西、湖北、内蒙古、河南、甘肃和广东 7 个省区开展水权试点，试点内容包括水资源使用权确权登记、水权交易流转和开展水权制度建设三项内容，试点时间为 2～3 年。

2015 年 11 月 26 日，河南省平顶山市把 2200 万立方米的水量"卖"给了省内的新密市，价格为 0.87 元每立方米。平顶山市政府与新密市政府正式签订水量交易意向书，这标志着河南乃至中国水利史上首宗跨流域水量交易正式诞生。交易双方约定，平顶山市每年拿出最高不超过 2200 万立方米的水量转让给新密市使用，最长使用期限 20 年。根据双方政府签订的水量交易意向，每 3 年由双方水利部门签订一次内容更加具体的水量交易协议，首次转让水量每立方米综合水价和交易收益为 0.87 元[216]。

4. 区际流域水质改善的动态标准

区际流域生态是否进行补偿，一般以水质是否达标为准，以广东省和广西壮族自治区的九洲江流域水环境补偿为例。九洲江流域水环境补偿考核期限为 2015～2017 年。水质监测则以九洲江流域的石角断面为考核监测断面，重点指标为《地表水环境质量标准》中的 pH 值、高锰酸盐指数、氨氮、总磷、五日生化需氧量 5 项。考核目标为跨省（自治区）界断面年均值达到Ⅲ类水质，即 2015 年、2016 年、2017 年水质达标率分别达到 60%、

80%、100%。通过年均值和达标率双指标的设置，体现水质稳定达标、持续改善的要求。

5. 双向式横向支付体系

以汀江-韩江流域水环境补偿为例，在该区际流域水环境补偿项目中实行"双向补偿"的原则，即以双方确定的水质监测数据为考核依据，当上游来水水质稳定达标或改善时，由下游拨付资金补偿上游；反之，若上游水质恶化，则由上游补偿下游，上下游两省共同推进跨省界水体综合整治。若河流断面未完全达到年度考核目标，将按达标河流来水量比例和不达标河流来水量比例计算补偿金额。

6. 区际流域生态补偿的第三方监测

以九洲江流域水环境补偿为例，2016 年 3 月，广东、广西签署《关于九洲江流域水环境补偿的协议》，协议规定，由中国环境监测总站组织广西、广东两省区开展联合监测，并在跨界断面建设完善国家直管水质自动监测站，考核断面手工监测与水质自动站监测数据相互补充、印证，以中国环境监测总站确定的水质监测指标为考核依据。中国环境监测总站将在每年 3 月底前确定上年度水质监测数据。

7. 区际流域生态补偿的资金管理

虽然有上级财政支持和区际生态补偿基金，但流域综合治理资金不足还是区际生态补偿的主要问题。要完善保护投入机制，解决流域综合治理资金不足问题，按照"政府引导、市场推进、社会参与"的原则，以试点资金为引导，吸引社会资金广泛参与生态环境建设。比如，向国家开发银行融资，确保治理工作有力有序推进。该资金专项用于流域产业结构调整和产业布局优化、流域综合治理、水环境保护和水污染治理、生态保护等方面。

8. 区际流域生态补偿的仲裁

我国还没有专门的区际流域生态补偿的仲裁机构，区际流域生态补偿的争议一般由上一级政府解决。

2014 年 11 月，长江沿岸 27 城联手治污，正式达成《长江流域环境联防联治合作协议》。长江沿岸中心城市还要共建以水环境保护和污染防治为重点的流域环境保护协调机制。区际流域生态补偿一般通过联席会议制度，共同研究解决跨界区域生态环境与水环境保护工作中遇到的重大问题。未来将建立健全跨行政区的应急联动机制和环境纠纷调解处、仲裁和法律诉讼机制，共同应对区域突发性生态环境污染问题。

2016 年，在泛珠三角区域内，广东省生态环境厅先后与广西、湖南、江西、福建四个相邻省（自治区）的生态环境厅签订跨界河流水污染联防联治协作框架协议，初步建立了跨界流域污染防控、联合监测和预警、突发环境事件应急联动、环境污染纠纷协调处理、工作会商和交流等机制。

（四）区际湿地生态补偿机制

1. 区际湿地生态补偿者与受偿者的界定

区际湿地生态补偿者是对湿地生态效益造成破坏的单位和个人，受偿者是在湿地生态保护中做出贡献和牺牲的单位和个人，即为特定社会经济系统提供生态服务而受到影响和损害的政府、企业与个人。虽然湿地生态补偿客体或者最终受益者还有湿地生态系统本身的生态和社会服务，但不是直接受益者，需要通过人的行为和活动间接地实现补偿效果。

2. 差异化的区际湿地生态补偿标准

由于湿地保护运用分类分区域的管理办法，不同的湿地类型采取不同的保护措施，因此，对于湿地生态补偿类型的标准和补偿模式，也需要根据不同湿地类型制定不同的生态补偿标准。

湿地的类型多种多样，通常分为自然和人工两大类。自然湿地包括沼泽地、泥炭地、湖泊、河流、海滩和盐沼等，人工湿地主要有水稻田、水库、池塘等。基本的补偿标准还是以补偿的直接成本加机会成本为下限，以生态服务价值为上限。湿地的类型按区域划分，分为国际、国家和地方湿地。对不同等级的重点湿地生态功能区，通过横向政府转移支付，进行开发性补偿或实物补偿。另外，对于部分地区的湿地区域，结合该区域自然功能、社会生活功能和经济价值，综合划分估算此湿地的生态补偿标准范围。

3. 区际湿地生态补偿的模式

1）市场补偿

建立湿地银行，湿地银行的发起人通过保护湿地创造湿地信用，然后将湿地信用以市场价格出售给对湿地造成破坏的开发者，并从中营利。湿地银行储备湿地信用。

成立湿地银行审核小组，由生态环境部和区域地方政府相关人员组成，审核计划书草案，对银行协议书的履约和湿地信用的产生进行监管；同时也监管湿地开发者是否遵守"避免、最小化、补偿"顺序[217]，并遵从湿地开发许可证制度进行开发活动。湿地银行发起人是卖方，主要是私人企业、政府机构、非营利性组织等。他们需要首先向湿地银行审核小组提交计划书草案，通过审核后签署银行协议书，并按内容履约，建设湿地缓解银行，创造湿地信用。湿地开发者是买方，通常是从事开发活动、对湿地造成破坏的开发者。他们在开发活动前，必须尽可能选择避免破坏湿地或将破坏最小化的方案，对于那些无法避免且已经最小化的不良影响，需要购买湿地信用进行等效补偿。

湿地银行是一种监管驱动下的市场，通过湿地信用交易，实现占补平衡目标，其成功实践依赖于一系列制度的建立，尤其在市场创建和市场运行方面。2018 年 7 月，青岛市印发《青岛市湿地保护修复工作方案》，探索实施湿地银行制度。《青岛市湿地保护修复工作方案》明确了湿地修复责任主体，探索实施了湿地银行制度，制定了湿地生态系统损害鉴定评估办法和损害赔偿标准，提高了破坏和征占用湿地成本。加大湿地保护力度，加快保护体系建设，扩大湿地保护面积。对湿地被侵占情况进行认真排查，并通过退养还滩、生态补水、污染控制、盐渍化土地复湿和综合整治等措施，恢复原有湿地。

2）上级政府主导补偿

《国务院办公厅关于印发湿地保护修复制度方案的通知》（国办发〔2016〕89 号）要求建立退化湿地修复制度，明确湿地修复责任主体。对未经批准将湿地转为其他用途的，按照"谁破坏谁修复"的原则实施恢复和重建。能够确认责任主体的，由其自行开展湿地修复或委托具备修复能力的第三方机构进行修复。

多措并举增加湿地面积。地方各级人民政府对湿地被侵占情况进行认真排查，并通过退耕还湿、退养还滩、排水退化湿地恢复和盐碱化土地复湿等措施，恢复原有湿地。各地要在水源、用地、管护、移民安置等方面，为增加湿地面积提供条件，国家林业和草原局、自然资源部、生态环境部、水利部、农业农村部等按职责分工负责。

4. 区际湿地生态补偿的方式

区际湿地生态补偿的方式主要有两种：货币性补偿和物理性补偿。

货币性补偿包括：①建立湿地保护补偿基金；②收取补偿税费；③收取部分押金，相关人员损坏湿地生态环境之后，采取押金恢复制度，结合湿地分类和生态补偿手段，更有针对性地提高湿地生态效益补偿的效率。

物理性补偿是指通过生态修复和重建，对受损的湿地生态系统进行生态补偿，实施湿地保护修复工程。坚持自然恢复为主与人工修复相结合的方式，对集中连片、破碎化严重、功能退化的自然湿地进行修复和综合整治，优先修复生态功能严重退化的国家和地方重要湿地。通过污染清理、土地整治、地形地貌修复、自然湿地岸线维护、河湖水系连通、植被恢复、野生动物栖息地恢复、拆除围网、生态移民和湿地有害生物防治等手段，逐步恢复湿地生态功能，增强湿地碳汇功能，使湿地生态系统健康运行。

5. 区际湿地生态补偿的监督与绩效评价

制定湿地修复绩效评价标准，组织开展湿地修复工程的绩效评价。由第三方机构开展湿地修复工程竣工评估和后评估。建立湿地修复公示制度，依法公开湿地修复方案、修复成效，接受公众监督。

统筹规划重要湿地监测站点设置，建立重要湿地监测评价网络，提高监测数据质量和信息化水平。健全湿地监测数据共享制度，林业和草原局、自然资源部、生态环境部、水利部、农业农村部等部门获取的湿地资源相关数据要实现有效集成、互联共享。加强生态风险预警，防止湿地生态系统特征发生不良变化。

建立统一的湿地监测评价信息发布制度，规范发布内容、流程、权限和渠道等。国务院林业主管部门会同有关部门发布全国范围、跨区域、跨流域及国家重要湿地监测评价信息。运用监测评价信息，为区际湿地保护提供科学依据和数据支撑，建立监测评价与监管执法联动机制。

（五）区际草原生态补偿机制

1. 区际草原生态补偿者与受偿者的界定

区际草原生态补偿的补偿者为承担补偿责任和义务的特定区域的政府、单位、组织的群体和个人，受偿者是接受补偿的特定区域的政府、单位、组织的群体和个人，如受锡林郭勒草原生态环境影响剧烈的京津地区的政府和对生态环境依赖大的生产企业为补偿者，锡林郭勒盟地区各级政府、单位、个人为受偿者。

2. 区际草原生态补偿的动态补偿标准确定

本书第四章已经详述了草原生态补偿标准的计算，在实际操作中，区际草原生态补偿的标准以草原生态服务功能价值扣除国家政策补偿金额为上限，以直接成本和机会成本扣除国家政策补偿金额为下限。不同类型草原地区和不同质量草场的生态补偿标准均有较大的差异，可划分补偿区域等级，分级核算补偿标准。

区际草原生态补偿是一个长期的过程，补偿标准不可能一次确定，需要根据不同区域经济发展阶段、补偿区域的支付能力和补偿需求动态确定。同时草原生态补偿的成本和收益也不是一个固定的数值。区际草原生态补偿标准确定既要考虑受偿意愿，又要考虑支付意愿。受偿意愿形成补偿标准的上限，相当于补偿收益；支付意愿形成补偿标准的下限，相当于补偿成本。草原生态保护者和受益者之间的协商和博弈也会影响最终的生态补偿标准。区际可以每三年或五年协商谈判一次，确定阶段内的补偿标准。

3. 区际草原生态补偿的方式

1）上级政府主导补偿

以国家或上级政府为实施和补偿主导，补偿区域向受偿区域或牧民进行补偿，以保护草原生态安全和区域协调发展等为目标，进行财政补贴、政策倾斜，推进项目实施，采取税收优惠政策，进行转移支付和人才技术投入等。

2）市场补偿

区际草原生态补偿以碳排放权交易的方式进行。2016 年 5 月，北京市发展和改革委员会、内蒙古自治区发展和改革委员会、呼和浩特市人民政府和鄂尔多斯市人民政府联合发布了《关于合作开展京蒙跨区域碳排放权交易有关事项的通知》，京蒙跨区域碳交易统一实行二氧化碳排放总量控制下的配额交易机制，鼓励三地林业和草地碳汇项目碳减排量进入京蒙跨区域碳交易市场进行交易。京蒙跨区交易首单在 2016 年上半年开启。

3）分层次复合型补偿

区际草原生态补偿可以采取分层次复合型补偿形式。受益地区的政府、企业和居民可通过向中央政府缴纳生态消费税、生态补偿基金等形式，实现对草原牧区牧民的间接补偿。受益地区的政府、企业也可以与草原牧区地方政府、牧民进行协商，对草原牧区进行直接补偿。

4. 区际草原生态补偿的第三方监测

由中国环境监测总站组织不同省份开展联合监测，首先要进行草原生态补偿的基线调查、草原的生态服务存量评估、生态重要性评估、生态脆弱性评估，为确定禁牧草场提供基础数据支撑，开展草原超载现状评估，确定草原超载的主体，明确哪些地区超载严重，哪些牧户超载严重，为促进超载主体实现有效减畜提供数据支撑。

由第三方组织不同区域制定评估方案，确定评估方法和评估内容，建立评估指标，收集相关监测数据（监测点数据、遥感数据），进而对禁牧区、草畜平衡区的草原生态恢复状况做出全面综合的评估。

5. 区际草原生态补偿的绩效评估

区际草原生态补偿的绩效评估的内容主要有两项：一是草原生态恢复状况，二是减畜任务达成情况。

在进行草原生态补偿的生态评估时，要分离气候因素年际波动的影响和草原生态保护补助奖励机制的影响。通常情况下，每年牧草生长季节，气温的变化和降水的变化会对草原植被生长状况产生影响。草原生态恢复状况到底在多大程度上是由气象因素波动造成的，在多大程度上是由草原生态补偿实施的影响造成的，需要进行科学的分析和做出谨慎的判断。

如果超载过牧是导致草原退化的重要原因，那么以遏制超载为具体目标的减畜政策（指禁牧政策、草畜平衡政策）就能够达到草原生态保护的目的，减畜任务达成情况就可以度量草原生态补偿实施的生态绩效[218]。

（六）区际自然保护区生态补偿机制

1. 区际自然保护区生态补偿者与受偿者的界定

自然保护区由于环境保护，需要限制开发，经济比较滞后。因此，如果仅仅依靠一省的经济力量，无法完全支撑起保护区生态环境修复和区域经济、社会发展的双重任务。保护区生态环境的修复工作需要自然保护区与周边区域，乃至全国生态环境系统协调发展。

自然保护区一般是重点生态功能区、偏远地区和落后地区。区际自然保护区生态补偿的受偿者是自然保护区范围内及周边的政府、企业和居民。自然保护区建立后，保护区内的资源利用被完全禁止或受限，从而限制当地经济的发展，保护区居民不得不改变、放弃传统的生活和生产方式，甚至生态移民，保护区居民为社会创造着巨大的生态效益，自己却过着相对落后的生活，因此需要对其进行经济补偿。区际自然保护区生态补偿的补偿者是自然保护区的范围外及周边的受益政府、企业和居民，省际的生态补偿需要政策引导和有效沟通协作。

2. 差别化的区际自然保护区生态补偿标准核算方法

自然保护区是对有代表性的自然生态系统，珍稀濒危野生动植物物种的天然集中分布区，有特殊意义的自然遗迹等保护对象所在的陆地、陆地水体或者海域，依法划出一定面积予以特殊保护和管理的区域。划分为生态系统保护区、野生生物类和自然遗迹类三大类别九个类型。对自然保护区的生态补偿首先需要按照类型核算自然保护区内不同的生态服务价值。

1）确定生态补偿转换系数

生态补偿转换系数是基于恩格尔系数结合生态足迹乘数修订生态补偿转化系数测算得到的，计算公式如下：

$$q = (\text{EC}_p - \text{EF}_p) \times \frac{\text{GDP}_i}{\text{GDP}} \times \left[e^a (e^a + 1) \right]$$

其中，q 为保护区生态补偿转化系数；EC_p 为保护区生态承载力；EF_p 为保护区生态足迹；GDP_i 为第 i 个保护区的 GDP 产出；GDP 为保护区所属区域的总 GDP 产出；a 为保护区恩格尔系数。

2）计算生态补偿基准价

生态补偿基准价是基于土地利用类型的生态补偿指导价。生态补偿指导价是计算生态补偿实际费用价值的主要依据。由不同土地利用类型和不同补偿级别下单位面积的生态服务价值与生态补偿转化系数的乘积得到，计算公式如下：

$$E_j = V_j \times q$$

其中，j 为某种土地利用类型；E_j 为第 j 种土地利用类型的生态补偿指导价；V_j 为第 j 类土地利用类型的生态服务价值的代表值（依据补偿级别和区位商确定）；q 为保护区生态补偿转化系数。

3）不同级别土地利用类型生态补偿指导价的计算

$$F_{ij} = b_i \times E_j$$

其中，F_{ij} 为不同级别土地利用类型的生态补偿指导价；b_i 为第 i 个保护区的级别系数（平均级别为 1，低于平均级别为 0.9、0.8……，高于平均级别为 1.1、1.2……）；E_j 为第 j 种土地利用类型的生态补偿指导价。

4）不同级别土地利用类型生态补偿价值汇总值

$$P = \sum \left(F_{ij} \times S_{ij} \right)$$

其中，P 为不同级别土地利用类型生态补偿价值汇总值；F_{ij} 为不同级别土地利用类型的生态补偿指导价；S_{ij} 为不同级别土地利用类型的面积。

5）区际自然保护区生态补偿价值的确定

我国的自然保护区分为国家级自然保护区和地方级自然保护区。地方级可再分为省（自治区、直辖市）级、市（自治州）级和县（自治县、旗、县级市）级。区际自然保护区生态补偿价值为自然保护区生态服务价值在各年度的平摊值扣减每年上级政府资金投入后的部分。如果周边受益地区为多个，则多个受益地区按受益程度分摊。

需要说明的是自然保护区生态服务价值在各年度的平摊值必须大于生态破坏的恢复成本和当地居民发展机会成本。生态恢复是指将退化或丧失功能的生态系统恢复成能够自我维持的自然生态系统，使由于人类活动而遭受破坏的生态系统恢复多样性和动态功能。运用直接成本法，对所占用的自然保护区范围内的生态恢复工程进行费用核算，包括土壤（肥力恢复、水土流失控制）、植被（林、草等植被再生），合理计算出土壤和植被恢复成本。由于进行自然保护区建设，禁养禁伐，当地居民因此减少的收入及生态移民支出，都应该计算在补偿范围内。

3. 区际自然保护区生态补偿的方式

1）资金补偿

资金补偿是通过政府财政转移支付、减免税收、信用担保贷款、补偿金和赠款等方式进行补偿。比如，建立保护区水源涵养林补偿制度的地区，可从水源涵养林受益地区征收的水资源费总额中提取 3%；从在保护区内进行科学研究、灾害木清理、旅游等收入中提取 2%～5%，用于保护区水源涵养林的保护和发展，专款专用。

2）实物补偿

资源开发者和政府运用物质、劳动力和土地等进行补偿，解决生态保护和建设者、移民的部分生产要素及生活要素，使其恢复生态保护和建设的能力。

另外，还可以通过政策补偿，即通过制订多项优先权和优惠待遇等政策，调整产业结构，扶持保护区社区居民进行生产转型，补偿社区居民放弃原有生产方式所付出的机会成本的损失。比如，对当地生态旅游、特色农产品加工给予支持，创造就业岗位等。

还可以进行智力补偿，通过开展免费的智力服务，提供无偿技术咨询和指导，以提高受补偿者的组织管理水平和生产技能。例如，对于社区子女，可以通过减免学费、定向委培等方式解决学习和就业问题。

4. 区际自然保护区生态补偿的绩效考核

区际自然保护区的生态绩效考核，要由相关利益方及第三方机构构成。区际自然保护区生态补偿者、受偿者、第三方或上级主管方共同协调制度考核办法，以决定生态补偿金的发放。

（1）自然保护区考核情况以《山东省省级及以上自然保护区生态补偿办法（试行）》（鲁环发〔2016〕175 号）的考核办法为例，山东省省级及以上自然保护区考核表见表 5-7。

表 5-7　山东省省级及以上自然保护区考核表

考核指标 （满分分值）	具体状况	分值
1. 总体规划 或年度计划 （10分）	*1. 无总体规划或年度工作计划	0
	2. 有总体规划或年度计划，但未按规定批复；或总体规划已批复，但未按规定及时修编	6
	3. 总体规划已批复，处于规划期内，年度计划已落实；或规划期满，规划基本落实到位	10

续表

考核指标 （满分分值）	具体状况		分值
2. 三区（核心区、缓冲区、实验区）勘界（10分）	*1. 未进行分区		0
	2. 已分区，但未勘界或部分完成勘界		5
	3. 已分区，有明确边界和坐标，按规定设置界、桩、碑		10
3. 管理机构（6分）	*1. 无满足保护区保护和管理需求的专门管理机构或代管机构		0
	2. 有满足保护区保护和管理需求的专门管理机构或代管机构		6
4. 土地权属（3分）	1. 保护区部分集体土地尚未签订共管协议		0
	2. 保护区土地权属清晰，所有集体土地均签订了共管协议		3
5. 环评手续（10分）	*1. 存在无环评手续的建设项目，或项目建设内容与环评批复严重不符		0
	2. 所有建设项目均有环评手续并遵照执行		10
6. 旅游开发（13分）	1. 仅核心区或缓冲区存在旅游开发	a. 旅游开发活动在自然保护区设立之前已存在，且无退出计划	0
		b. 旅游开发活动在自然保护区设立之前已存在，已制定退出计划	5
		c. *旅游开发活动发生在自然保护区设立之后	0
	2. 核心区或缓冲区有旅游开发，实验区也存在旅游开发	a. 所有旅游开发活动在自然保护区设立之前已存在，无全面退出计划	0
		b. 所有旅游开发活动在自然保护区设立之前已存在，已全面制定退出计划	5
		c. *部分或全部旅游开发活动发生在自然保护区设立之后	0
	3. 仅实验区有不符合国家、省管理规定或规划的旅游开发	a. 旅游开发活动在自然保护区设立之前已存在，且无整改计划	0
		b. 旅游开发活动在自然保护区设立之前已存在，已制定整改计划	8
		c. *旅游开发活动在自然保护区设立之后	0
	4. 核心区和缓冲区无旅游开发，实验区有旅游开发，但符合国家、省管理规定和规划；或自然保护区未进行旅游开发		13
7. 工业企业、采矿探矿、房地产或养殖场和其他违法违规开发行为（13分）	1. 仅核心区或缓冲区存在违法、违规采矿探矿等行为或工业企业、房地产、养殖场和其他违法违规开发行为	a. 工业企业、采矿探矿、房地产或养殖场等在自然保护区设立之前已存在，且无退出计划	0
		b. 工业企业、采矿探矿、房地产或养殖场等在自然保护区设立之前已存在，已制定退出计划	5
		c. *工业企业、采矿探矿、房地产或养殖场等在自然保护区设立之后设立	0
	2. 核心区或缓冲区存在违法、违规采矿探矿等行为或工业企业、房地产、养殖场和其他违法违规开发行为；实验区也存在上述违法违规行为	a. 工业企业、采矿探矿、房地产或养殖场等在自然保护区设立之前已存在，且无全面退出计划	0
		b. 工业企业、采矿探矿、房地产或养殖场等在自然保护区设立之前已存在，已制定全面退出计划	5
		c. *工业企业、采矿探矿、房地产或养殖场等在自然保护区设立之后设立	0
	3. 仅实验区存在违法、违规采矿探矿等行为或工业企业、房地产、养殖场	a. 工业企业、采矿探矿、房地产或养殖场等在自然保护区设立之前已存在，且无退出计划	0
		b. 工业企业、采矿探矿、房地产或养殖场等在自然保护区设立之前已存在，已制定退出计划	8
		c. *工业企业、采矿探矿、房地产或养殖场等在自然保护区设立之后设立	0
	4. 自然保护区内无工业企业、采矿探矿、房地产、养殖场等违法违规行为		13

续表

考核指标 （满分分值）	具体状况		分值
8. 居民点或 农田（10分）	1. 仅核心区或 缓冲区有居民 点或农田	a. 居民点或农田在自然保护区设立之前已存在，且无退出计划	0
		b. 居民点或农田在自然保护区设立之前已存在，已制定退出计划	5
		c. *居民点或农田在自然保护区设立之后设立	0
	2. 核心区或缓 冲区有居民点 或农田，实验区 也存在居民点 或农田	a. 居民点或农田在自然保护区设立之前已存在，且无任何退出计 划	0
		b. 居民点或农田在自然保护区设立之前已存在，已针对核心区或 缓冲区制定退出计划	5
		c. 居民点或农田在自然保护区设立之前已存在，已制定全面退出 计划	8
		d. *有居民点或农田在自然保护区设立之后设立	0
	3. 仅实验区内 存在居民点或 农田，生产活动 影响保护区功 能	a. 居民点或农田在自然保护区设立之前已存在，暂无退出计划	5
		b. 居民点或农田在自然保护区设立之前已存在，已制定退出计划	8
		c. *居民点或农田在自然保护区设立之后设立	0
	4. 仅实验区内 存在居民点或 农田，但对保护 区功能未造成 影响	a. 居民点或农田在自然保护区设立之前已存在	8
		b. *居民点或农田在自然保护区设立之后设立	0
	5. 保护区内无居民点和农田		10
9. 监测和科 研（10分）	1. 未对保护区保护对象开展编目		0
	2. 保护区保护对象有编目，但无定期监测		5
	3. 对保护区保护对象编目，并定期开展监测		10
10. 日常巡 护（5分）	1. 无日常巡护，或有日常巡护但无完善巡护记录制度		0
	2. 开展日常巡护，有完善的巡护记录或日志，巡护发现的问题未全面处理		3
	3. 开展日常巡护，有完善的巡护记录或日志，巡护发现的问题及时处理		5
11. 资金拨 付与管理 （5分）	1. 资金使用存在违法、违规情形		0
	2. 财务管理制度基本健全，但存在会计核算不规范等情况需整改		2
	3. 财务管理制度健全，会计核算规范，但生态补偿资金当年未执行完毕，形成结 转结余		3
	4. 财务管理制度健全，会计核算规范，且生态补偿资金当年执行完毕		5
12. 制度建 设（5分）	1. 无保护区管理制度		0
	2. 有保护区管理制度，但规章制度不够完备		2
	3. 自然保护区管理制度和规章制度完备健全		5

注：标注*的条款为否决项，有该情形的自然保护区未整改完成之前不予补偿

（2）对于"11. 资金拨付与管理"部分，如当年未获得生态补偿资金，则不考核生态补偿资金执行情况。

对符合条件的省级及以上自然保护区实施生态补偿。纳入年度生态补偿范围的自然保护区，须年度考核分值90分（含）以上或考核分值在60分（含）以上且分值较上年度提高。自然保护区批准设立后出现违法违规开发问题未

整改完成的，或自然保护区无总体规划、未进行分区、无专门管理机构或代管机构的不纳入补偿范围。

补偿标准依据年度补偿总资金和符合补偿条件的所有自然保护区的重要性系数和考核分值确定，公式如下：

$$A = \frac{Z}{\sum\left(R_i \times \dfrac{F_i}{100}\right)}$$

其中，A 为补偿标准；Z 为年度各类生态补偿资金总额（包括国家、本区域及受益区域）；R_i 为 i 自然保护区生态补偿重要性系数，R_i 在综合考虑自然保护区的生态服务价值、面积、自然保护区级别等后确定，其中，国家级自然保护区、生态服务价值与面积均在省级自然保护区中排名前三的自然保护区为第一类，R_i 为 1.5，其余省级自然保护区为第二类，R_i 为 1；F_i 为自然保护区考核分值（满分为 100 分），根据年度考核确定。

每个自然保护区实际分配的生态补偿资金，依据该自然保护区的重要性系数和年度考核分值确定，计算公式如下：

$$Y_i = A \times R_i \times F_i / 100$$

其中，Y_i 为 i 自然保护区生态补偿资金。

（七）区际水资源开发生态补偿机制

1. 区际水资源开发生态补偿者与受偿者的界定

区际水资源开发生态补偿的受偿者主要是江河源头区的各级政府与广大农牧民。各级政府主要承担防污减污治污和水生态修复职责；广大农牧民采取的一些保护措施，如在水资源保护区内减少牲畜数量，维持合理牲畜数量，发展节水灌溉等，这些都需要给予补偿。区际水资源开发生态的补偿者包括相关流域上下游地区和中央政府。

在流域上下游地区区际生态补偿机制不健全的情况下，水资源开发生态补偿应当主要由中央政府和当地地方政府共同承担，以中央政府补偿为主，当地地方政府对前期工作、事中日常管理、事后监管等给予适当补偿。流域上下游地区区际生态补偿机制逐渐完善后，补偿方式由以中央政府补偿为主逐步转变为以下游区域按用水量分摊补偿为主。

2. 区际水资源开发生态补偿标准的确定

1）水资源开发生态补偿费用

水资源开发地区为下游地区提供的水资源，促进了下游地区发展，产生了显著的经济效益，但江河源头却牺牲了大量的发展机会，应得到相应的补偿。水资源开发生态补偿费用计算公式如下：

$$T = Q \times A$$

其中，T 为水资源开发生态补偿费用；Q 为水资源开发地区每年为下游提供的可利用水资源量；A 为水资源开发生态补偿标准。

水资源开发地区每年为下游提供的可利用水资源量 Q，按水资源开发地区平均每年为国内下游省份提供的可利用水资源量计（扣除国际流量，国内出省流量按不超过 40%的国际标准计算下游利用量）。按照 2013 年国家发展改革委、财政部、水利部联合发布的《关于水资源费征收标准有关问题的通知》（发改价格〔2013〕29 号），"十二五"末各地区水资源费最低征收标准如表 5-8 所示。

表 5-8 　"十二五"末各地区水资源费最低征收标准 　　单位：元/米^3

省（自治区、直辖市）	地表水水资源费平均征收标准	地下水水资源费平均征收标准
北京	1.6	4
天津		
山西	0.5	2
内蒙古		
河北	0.4	1.5
山东		
河南		
辽宁	0.3	0.7
吉林		
黑龙江		
宁夏		
陕西		
江苏	0.2	0.5
浙江		
广东		
云南		
甘肃		
新疆		
上海	0.1	0.2
安徽		
福建		

续表

省（自治区、直辖市）	地表水水资源费平均征收标准	地下水水资源费平均征收标准
江西		
湖北		
湖南		
广西		
海南	0.1	0.2
重庆		
四川		
贵州		
西藏		
青海		

2）恢复成本法测算补偿费用

按照共同但有区别责任的原则，一级地方政府应当维持江河湖泊水质在Ⅲ类左右；目前江河源头区的现状水质大部分维持Ⅱ类，在维持现状良好水质的过程中，江河源头区广大农牧民做了很大贡献，对农牧民直接的生态价值补偿，按恢复成本法来测算补偿费用，方法如下：

$$T = \sum (V_{di} - V_{oi}) \times Q_i \times P_i$$

其中，T 为水资源开发生态补偿费用；V_{di} 为比现状水质标准低一级水质中主要指标标准值，包括化学需氧量、氨氮、总磷三项指标；V_{oi} 为现状水质标准主要指标标准值；Q_i 为可用水资源量；P_i 为处理费用标准。

通过上述两种方法测算的水资源开发生态补偿费用可能存在差别，为消除计算方法的测算误差，水资源开发生态补偿费用可以按照两种测算方法的平均值计算。这两种方法核算的是水资源开发生态补偿总量均值。

3）对牧民的实际补偿

牧民为保护水资源，需在江河源头区、集中式饮用水水源地、河道保护范围等区域限制牲畜数量，因此需要对因减畜而损失的收入进行补偿。按照相关规划和技术规范，水资源保护范围面积除以 1 个羊单位年需草地净面积，可核算出减少的羊单位总量。通过对牧民收入的调研，计算平均每只羊单位纯收入。因此，牧民为保护水资源而减畜损失的补偿应为平均每只羊单位纯收入×区域减少的羊单位总量。

为保护水资源，防治水土流失，提高水体自净能力，实现水质管理目标，需要控制牲畜数量，并改变放牧方式。对牧民的补偿标准参考地区水资源综合规划，每羊单位 10～20 元。

对水资源开发区农民灌溉节水需要进行补偿。一方面，要补偿对灌溉节水设备及相应措施投入的资金；另一方面，对农民因灌溉节水进行产业转型的费用，可按实际发生的投资额进行补偿。

3. 水资源开发供水机制

对现有矿泉水资源要进行勘查，查明矿泉水资源分布规律、类型、储量，发展矿泉水产业，打造天然、健康、高端的优质矿泉水生产基地[219]。建议通过招商引资，吸引国内外饮品生产大型企业在水资源开发区内部建厂，利用洁净水源的资源禀赋优势，依托大公司带动小企业，促进天然水产业集群发展，实现产业快速崛起。同时积极开发功能性矿泉水系列饮品，弥补品种不足的缺点。对现有商品水企业进行规范整顿、优化重组；引导和鼓励区域内现有商品水小企业联合重组，统一标准、统一品牌，以带动区域内商品水产业发展，形成市场优势。

在优质水源较充沛的地区，实行分质供水。分质供水从水源地开始进行区分，分建工业水厂和生活水厂。工业水厂采用河道水源，用于工业生产；生活水厂选用水库的优质水源，供城乡居民生活用水。在优质水源紧缺地区可铺设优质供水管网，沿途每个村庄或每个小区设配水站，也可直接将管网接至居民家中，实行有偿送水、计量取水。

4. 区际水资源开发生态补偿监测

整合环保水利环境监测站点，优化监测站点布局。综合考虑库区及上游地区自然环境特征、水环境功能区划、区域污染源分布特征、水文及采样可达性、社会经济特征及管理需求等因素，对断面临近性、重复性等因素进行综合优化筛选，最终确定在空间上具有代表性、可操作性、历史延续性的监测断面布局。同时确保水质监测站点与全国监测网络系统建设统一。

推进水质自动监测站建设。在现有自动监测站及监测断面的基础上，在主要入库支流、库内重点控制断面、污染问题严重的支流的入库处、其他存在较大污染隐患的支流等合理设置自动监测站，弥补监测项目及频次不足的缺点；在重点污染源企业的排放口安装在线监测设备，实现对重点污染企业、重点污染区段的有效准确监控，以便对水污染事件进行及时预警。

完善监测机构建设，提高水质监测能力。在合理论证的基础上，按照国家环境监测标准化建设要求，完善库区及上游地区监测机构建设。建立跨区域水质管理机构，适当提高专职水质监测人员比例,保障水质监测的准确性、权威性。在库区及上游地区环境风险较高的区段适当建立水环境应急中心，提高应急监测能力，保障区域水质安全。

建立流域水质监测预警系统。开展区域内水质污染风险源调查、识别、分类、评价、分析；采用适宜的监测方法，掌握流域水质现状；结合水质模型，模拟水质动态变化过程，实现库区及上游地区的动态监测、及时预警。

5. 区际水资源开发重大水污染事件应急预防

建立水污染重大环境事故预防保障金。由区域内各省共同出资建立水污染重大环境事故预防保障金，各省也相应成立省级预防保障金，主要用于解决可能出现的突发性污染事件，包括水污染损失补偿、治理等。保障金首期可由各省平均出资组成，以后则按照区域内重大水污染事故发生的责任地归属对各省保障金出资份额进行调节。

创新应急处理技术。创新研究污染组合控制技术和工艺优化技术，探索联合净化方法，形成快速、高效、稳定的突发污染控制关键技术与适用工艺。在此基础上，研发自动化程度高、占地面积小、移动方便、处理高效的应急水处理设备，为水源突发污染事故应急处理提供技术与设备支撑。

提高预防监测能力。针对区域上游大批伴生矿开发可能导致的非常规水污染问题，加大水源水质监测力度并提高频度，全面掌握水源地及其保护区内可能存在的非常规污染的类别、使用和生产危险品的重点企业地理位置、危险品的性质、实验室监测方法、现场应急监测方法、应急处理方法、相关领域专家等基本情况，建立流域水源地非常规污染情况基础数据库，为水源非常规污染事故应急处理提供信息支撑[220]。

（八）区际矿产资源开发生态补偿机制

1. 区际矿产资源开发生态补偿者与受偿者的界定

在矿产资源开发中，生态补偿者是矿产开发者，包括相应的矿产企业、个人及政府等各组织，同时结合矿产资源开发前、开发过程中及开发结束这三个阶段进行具体定位。生态补偿的受偿者是受实际开采矿产资源影响的整体生态系统、周边居民及企业等，具体到政府、相应管理者及矿山周边的居民、企业等，同时也包含开采者自身，而最终的受益者则是整个生态系统。

2. 区际矿产资源开发生态补偿标准的确定

1）矿产资源开发直接影响测算

煤炭资源开发的直接影响是占用土地，破坏土地完整性，资源开采造成地表沉陷[221]。

土地产能损耗补偿公式如下：

$$P_1 = A \times S_1$$

其中，P_1 为耕地产能损耗补偿；A 为耕地实际单产值；S_1 为采矿工程及固体废弃物占用耕地面积。

地表沉陷损耗补偿公式如下：

$$P_2 = LR \times S_2$$

其中，P_2 为地表沉陷损耗补偿；LR 为单位面积地表沉陷恢复标准；S_2 为地表沉陷面积。

2）矿产资源开发间接影响测算

煤炭资源开发对农用地间接影响包括生态破坏损失、环境污染及居民损失补偿。

A. 生态破坏损失补偿

生态破坏损失补偿包括采煤引起的水资源破坏损耗补偿、水土流失损耗补偿和植被破坏损耗补偿具体指标。

水资源破坏损耗补偿是指由于煤炭开采破坏了地下水资源，对水资源价值的补偿。

水资源破坏损耗补偿计算公式如下：

$$P_w = B_1 \times W$$

其中，P_w 为水资源破坏损耗补偿；B_1 为单位平均水价；W 为水资源损耗量。

水土流失损耗是指煤炭开采活动对开采区工业、矸石周转场区土地造成破坏，使部分地表裸露，引发水土流失。水土流失损耗补偿是对上述水土流失损耗的补偿。

水土流失损耗补偿计算公式如下：

$$P_1 = B_2 \times LS$$

其中，P_1 为水土流失损耗补偿；B_2 为每单位水土流失治理费用；LS 为水土流失面积。

植被破坏损耗指煤矿开采占用工业场地和煤矸石场地，使工业场地和煤矸石场地内植被作物因长时间或永久被占用而遭到破坏。植被破坏损耗补偿是对上述植被破坏损耗的补偿。

植被损耗补偿计算公式如下：

$$P_3 = B_3 \times S_3$$

其中，P_3 为植被损耗补偿；B_3 为单位作物恢复标准；S_3 为作物破坏面积。

B. 环境污染损失补偿

煤炭开采过程中向环境排放污染物所造成的损失，包括废气污染、废水污染及固体废弃物污染。根据 2018 年 1 月 1 日起施行的《中华人民共和国环境保护税法》相关规定，运用环境保护税核算环境污染治理成本。

a）废气污染补偿

废气污染物主要由采煤、锅炉燃烧、原煤运输产生的氮氧化物、二氧化硫及烟尘等大气污染物组成。根据 2018 年 1 月 1 日起施行的《中华人民共和国环境保护税法》的相关规定，公式如下：

$$P_a = (1.2 \sim 12) \times Q_1, \ Q_1 = V_1 / V_2$$

其中，P_a 为废气污染补偿；Q_1 为烟尘、氮氧化物、二氧化硫三项污染物当量数之和；V_1 为该污染物的排放量；V_2 为该污染物的污染当量值。

大气污染物，每污染当量适用税额 1.2～12 元，参见《环境保护税税目税额表》（《中华人民共和国环境保护税法》附表）。

b）废水污染补偿

矿井污水排放及职工生活污水排放是矿产资源开发对地表水环境污染的两个主要方面，其中以矿井污水排放为主，化学需氧量、氨氮及生化需氧量为其主要污染源，公式如下：

$$P_f = (1.4 \sim 14) \times Q_2, \ Q_2 = W_1 / W_2$$

其中，P_f 为废水污染补偿；Q_2 为化学需氧量、氨氮及生化需氧量三项污染物当量数之和；W_1 为该污染物的排放量；W_2 为该污染物的污染当量值。

水污染物每污染当量 1.4～14 元，参见《环境保护税税目税额表》（《中华人民共和国环境保护税法》附表）。

c）固体废弃物污染补偿

固体废弃物主要包括煤矸石、锅炉燃烧废渣等，固体废弃物污染补偿公式如下：

$$P_g = C \times B_4$$

其中，P_g 为固体废弃物污染补偿；B_4 为单位固体废弃物排放征收标准，每吨固体废物的征收标准为冶炼渣 25 元、炉渣 25 元、煤矸石 5 元、尾矿 15 元及其他固体废物（含半固态、液态废物）25 元，见《环境保护税税目税额表》（《中华人民共和国环境保护税法》附表）；C 为固体废弃物排放量。

C. 居民损失补偿

居民损失补偿包括居民房屋受损补偿、居民搬迁安置补偿和居民健康受损补偿三项指标。通过恢复成本法测算矿产资源开发造成的房屋财产损失，借鉴环境经济评价中测算生命健康指标的人力资本法测算矿区居民生命健康损失。

居民房屋受损补偿公式如下：

$$P_h = H \times B_5$$

其中，P_h 为居民房屋受损补偿；B_5 为每户的补偿标准；H 为房屋受损的居民户数。

居民搬迁安置补偿：

$$P_c = P_{ch} + P_{ca} + P_{cm}$$

其中，P_c 为居民搬迁安置补偿；P_{ch} 为房屋拆迁补偿费；P_{ca} 为地上附着物补偿费；P_{cm} 为拆迁安置补助费。

居民健康受损补偿：

$$P_1 = (E_{pa} - E_{ca}) \times (B_{pa} - B_{ca}) \times N \times Y$$

其中，P_1 为居民健康受损补偿；E_{pa} 为污染区发病率；E_{ca} 为清洁区发病率；B_{pa} 为污染区人均医疗费用；B_{ca} 为清洁区人均医疗费用；N 为受影响区人口总数；Y 为受污染人口概率。

3. 区际矿产资源开发生态补偿方式

尽管矿产资源开发生态补偿标准计算非常复杂，但其利益主体关系相对比较简单，目前矿产资源开发生态补偿由矿产资源开发企业的各种税费组成。

1）矿产资源税

矿产资源税是国家对采矿权人征收的税，是实施矿产资源有偿开采制度的基本形式之一，是针对自然资源的税种。其目的在于促进国有资源的合理开采、节约使用和有效配置，调节矿山企业因矿产资源赋存状况、开采条件、资源自身优劣及地理位置等客观存在的差异而产生的级差收益，以保证企业之间的平等竞争。中国于 2016 年 7 月 1 日起，全面推开资源税清费立税、从价计征改革，进一步完善绿色税制，理顺资源税费关系，形成与国家治理体系和治理能力现代化相匹配的税制体系。从价计征建立了税收与资源价格直接挂钩的调节机制，使资源税收入与反映市场供求和资源优劣的矿价挂钩，有利于调节资源收益，保障资源产业持续健康运行，提高资源利用效率，同时增强全社会的生态保护意识。

2）探矿权、采矿权使用费和探矿权、采矿权价款

探矿权使用费是国家将矿产资源探矿权出让给探矿权人，按规定向探矿权人收取的使用费。采矿权使用费是国家将矿产资源采矿权出让给采矿权人，按规定向采矿权人收取的使用费。根据《探矿权采矿权使用费和价款管理办法》，探矿权使用费以勘查年度计算，按区块面积逐年缴纳，第一个勘查年度至第三个勘查年度，每平方千米每年缴纳 100 元，从第四个勘查年度

起每平方千米每年增加 100 元,最高不超过每平方千米每年 500 元。采矿权使用费按矿区范围面积逐年缴纳,每平方千米每年 1000 元。

探矿权价款是国家将其出资勘查形成的探矿权出让给探矿权人,按规定向探矿权人收取的价款。采矿权价款是国家将其出资勘查形成的采矿权出让给采矿权人,按规定向采矿权人收取的价款。根据《探矿权采矿权使用费和价款管理办法》,探矿权采矿权价款以国务院地质矿产主管部门确认的评估价格为依据,一次或分期缴纳;但探矿权价款缴纳期限最长不得超过 2 年,采矿权价款缴纳期限最长不得超过 6 年。

3）矿山环境治理恢复基金

根据《国务院关于印发矿产资源权益金制度改革方案的通知》,将矿山环境治理恢复保证金调整为矿山环境治理恢复基金。矿山企业按照满足矿山地质环境保护与土地复垦方案资金需求的原则,根据其矿山地质环境保护与土地复垦方案,将矿山地质环境恢复治理费用按照企业会计准则相关规定预计弃置费用,计入相关资产的入账成本,在预计开采年限内按照产量比例等方法摊销,并计入生产成本,在所得税前列支。同时,矿山企业需在其银行账户中设立基金账户,单独反映基金的提取情况。

基金由企业自主使用,根据其矿山地质环境保护与土地复垦方案确定的经费预算、工程实施计划、进度安排等,专项用于因矿产资源勘查开采活动造成的矿区地面塌陷、地裂缝、崩塌、滑坡、地形地貌景观破坏、地下含水层破坏、地表植被损毁预防和修复治理等方面。

4）环保税

2016 年 12 月 25 日,全国人民代表大会常务委员会正式表决通过了《中华人民共和国环境保护税法》,自 2018 年 1 月 1 日起施行,取代已经运行超过 30 年的排污费体系。其中《环境保护税税目税额表》列示了四类应税污染物,即大气污染物、水污染物、固体废物及噪声的适用税率。

5）土地复垦费

《土地复垦条例》规定,土地复垦义务人不复垦,或者复垦验收中经整改仍不合格的,应当缴纳土地复垦费,由有关国土资源主管部门代为组织复垦。确定土地复垦费的数额,应当综合考虑损毁前的土地类型、实际损毁面积、损毁程度、复垦标准、复垦用途和完成复垦任务所需的工程量等因素。土地复垦费的具体征收使用管理办法,由国务院财政、价格主管部门商国务院有关部门制定。

《土地复垦条例实施办法》规定土地复垦义务人在实施土地复垦工程前,应当依据审查通过的土地复垦方案进行土地复垦规划设计,将土地复垦方案和土地复垦规划设计一并报所在地县级自然资源主管部门备案。土地复垦义务人应当按照条例第十五条规定的要求，与损毁土地所在地县级自然资源主管部门在双方约定的银行建立土地复垦费用专门账户，按照土地复垦方案确定的资金数额，在土地复垦费用专门账户中足额预存土地复垦费用。预存的土地复垦费用遵循"土地复垦义务人所有，自然资源主管部门监管，专户储存专款使用"的原则。

6）水土保持补偿费

水土保持补偿费是指在山区、丘陵区、风沙区及水土保持规划确定的容易发生水土流失的其他区域开办生产建设项目或者从事其他生产建设活动，损坏了水土保持设施、地貌植被，不能恢复原有水土保持功能，应当向水行政主管部门缴纳的费用。水土保持补偿费的征收标准，由国家发展改革委、财政部会同水利部发布的《关于水土保持补偿费收费标准（试行）的通知》确定。

7）植被恢复费

草原植被恢复费的相关规定如下。根据财政部和国家发展改革委印发的《关于同意收取草原植被恢复费有关问题的通知》，进行矿藏勘查开采和工程建设征用或使用草原的单位和个人，向省（自治区、直辖市）草原行政主管部门或其委托的草原监理站（所）缴纳草原植被恢复费的收费标准，以及因工程建设、勘查、旅游等活动需要临时占用草原且未履行恢复义务的单位和个人，向县级以上地方草原行政主管部门或其委托的草原监理站（所）缴纳草原植被恢复费的收费标准，由所在地省（自治区、直辖市）价格主管部门会同财政部门核定，并报国家发展改革委、财政部备案。

森林植被恢复费的相关规定如下。根据《关于调整森林植被恢复费征收标准引导节约集约利用林地的通知》，森林植被恢复费由各省（自治区、直辖市）财政、林业主管部门在文件规定的下限标准基础上，结合本地实际情况，制定本省（自治区、直辖市）具体征收标准。

4. 区际矿产资源开发生态补偿利益分配

区际矿产资源开发中，资源输出区独自承担煤炭资源开发带来的生态破坏，而受偿区一般为发达地区，享受低价煤炭转化的电能、焦炭。所以应逐步改变资源分配模式，发达地区在享受煤炭资源带来的收益的同时，付出一定比例的生态补偿费用是必要的、可行的。费改税后，资源税中的5%～10%列为用于生态补偿，中央和省（自治区、直辖市）不参与分成，直接由资源所在地的人民政府负责调配使用，所收的生态补偿费实行专款专用，统一用于煤炭产地的生态环境恢复治理。

我国矿产资源价格开征环境保护税后，可以补偿矿产资源开采所产生的矿产资源耗竭成本和生态环境损害成本，将矿产资源耗竭成本与生态环境损害成本内化到矿产资源的生产成本中，降低采矿企业的超额利润，将部分收益转让给矿产资源开采地政府及当地居民。逐渐形成矿产资源价格的市场调节机制，由矿产资源的稀缺程度及供求关系决定矿产资源价格。市场价格一般高于政府部门定价，这样会加大贫矿资源开发力度，重新分配矿产资源开采收益。

5. 区际矿产资源开发生态补偿监管

对于区际矿产资源开发生态补偿的监管，需要生态环境部和省（自治区、直辖市）自然资源主管部门与生态环境部门明确监管主体责任，避免监管职责交叉，重复行使行政权力。实行垂直管理，以减少地方保护主义对生态执法的干预，使得政府及其部门对矿区的监管职责履行到位，避免造成行政资源的浪费和行政权力的滥用，充分实现矿产资源开发过程中的全面补偿。生态环境部门负责矿山生态环境保护与恢复治理监督管理，对未进行环评、不具备环保生产条件、破坏生态环境、超标排放、污染严重，特别是严重污染大气环境、地下水的矿山（井），提出整治、关闭具体意见。

同时还需要其他部门的大力配合，组成跨区域的矿产资源开发行动小组，如发展改革部门负责严格矿山建设项目核准、备案，制定行业发展规划、行业标准，及时发布产业禁止目录，关闭不符合有关矿山工业发展规划和矿区总体规划、不符合产业政策、产能过剩、布局不合理的矿山（井），并对关闭是否到位进行监督指导；组织研究和强制推广先进开采技术方法，最大程度减小对生态环境的破坏。各区域公安部门负责打击盗采矿产资源和矿山开采中的跨区环境污染违法犯罪行为。当地自然资源主管部门负责矿产资源勘查开采和矿山地质环境恢复治理的监督管理，打击非法勘查开采行为，关闭无采矿证、越界开采拒不退回、资源枯竭、不符合矿产资源规划的矿山（井），并对关闭是否到位进行监督指导。

（九）区际海洋生态补偿机制

1. 区际海洋生态补偿者与受偿者的界定

区际海洋生态补偿者为海洋生态的破坏者和受益者，破坏者是在海洋资源的开发中，由于开发行为的野蛮、无序或过度，而对海洋生态造成破坏的个人或组织；受益者是在海洋资源开发中获得直接经济效益，或享用海洋生态资源保护提供的优质海洋生态环境效益的个人或组织。区际海洋生态受偿者为海洋生态的受害者和保护者，受害者是海洋生态环境受到破坏被迫放弃享用海洋生态系统各种服务，以及在海洋生态恢复治理过程中牺牲自身利益或放弃发展机会的个人或组织；保护者是指出于公益维护或个人利益保护的目的，而承担海洋资源、生态功能的保护、恢复和建设责任，为保护海洋生态系统，做出了较大努力的个人或组织。

2. 区际海洋生态补偿的标准

根据 2018 年 8 月国家海洋局编制的《海洋保护区生态保护补偿评估技术导则》的补偿方法计算说明，将海洋保护区生态补偿分为两大类：一是新建海洋保护区生态保护补偿，二是已建海洋保护区生态保护补偿。新建海洋保护区的生态保护补偿资金包括直接损失、建设与管护成本及区域发展机会成本，已建海洋保护区的生态保护补偿资金包括建设与管护成本及区域发展机会成本两部分。具体计算方法说明如下。

1）直接损失

直接损失分为个人直接损失和企业直接损失两类。因保护区建立而导致个人直接损失的，根据个人直接损失评估方法进行补偿；因保护区建立而导致企业直接损失的，根据企业直接损失评估方法进行补偿。

个人直接损失是海洋保护区建设与保护导致个人土地或海域被占用的直接损失，其中土地占用的直接损失分为耕地占用的直接损失和其他土地占用的直接损失两类，海域占有的直接损失分为养殖海域占用的直接损失和其他海域占用的直接损失。

企业直接损失是企业因海洋保护区建设与保护而造成的损失，包括因关闭、停办所产生的损失，以及因搬迁所产生的迁移损失。企业直接损失的计算主要运用实证调查法进行计算：第一，对企业因关闭、停办所产生的损失，选取该类企业近三年的平均净利润来计算；第二，企业因搬迁发生的迁移损失，根据搬迁成本扣除原厂房、设备变现价值及政府给予的拆迁补偿的差额来计算。

2）建设与管护成本

建设与管护成本分为建设成本和管理保护成本两部分。

A. 建设成本

建设成本是建立保护区及配备所需的各种上设施所需的费用。具体包括：办公场所及附属设施建设费用、工作设施的建设费用、通信与网络设施的建设费用、保护区相关工作设备的购置费用。

B. 管理保护成本

管理保护成本是保护区建成后，正常开展保护区各项工作所需的费用。具体包括：工资费用、生态修复费用、科研监测费用、宣传教育费用、维护费用、野生动植物救治费用、公务费用。

3）区域发展机会成本

区域发展机会成本分为土地占用的机会成本和海域占用的机会成本两部分。

A. 土地占用的机会成本

$$C_1 = \sum \overline{\text{GDP}} \times S_i \times m \times \alpha_1 \times \beta_{i1}$$

其中，C_1 为土地占用的机会成本；$\overline{\text{GDP}}$ 为全国沿海市县的地均 GDP，$\overline{\text{GDP}} = \text{GDP}_{总} / S_{土地}$；$S_i$ 为海洋保护区所占据的不同分区类型的土地面积；m 为收益调整系数，m = 全国公共预算收入/全国 GDP，依据全国公共预算收入与当年 GDP 的比值确定；α_1 为区域调整系数，$\alpha_1 = G/M$，G 为计算期前五年该地区地均 GDP，M 为全国地均 GDP，其中 GDP 以前五年平均值计算；β_{i1} 为不同分区类型的调整系数，分区调整系数 β_{i1} 的计算公式如下：

$$\beta_{i1} = \frac{\sum B_{ij}}{\sum A_j}$$

其中，β_{i1} 为海洋保护区第 i 个分区类型的补偿系数（即分区调整系数）；A_j 为陆地第 j 个经济行业类型的五年平均产业增加值无量纲化处理后的标准值；B_{ij} 为海洋保护区第 i 个分区类型的保护与建设活动对陆地第 j 个经济行业类型的机会损失系数。

B. 海域占用的机会成本

$$C_2 = \sum \overline{\text{GOP}} \times S_i \times m \times \alpha_2 \times \beta_{i2}$$

其中，C_2 为区域发展机会成本；$\overline{\text{GOP}}$ 为全国单位海域面积的海洋产业生产总值，$\overline{\text{GOP}} = \text{GDP}_{总} / S_{海域}$；$S_i$ 为海洋保护区所占据的不同分区类型的海域面积；m 为收益调整系数，m = 全国公共预算收入/全国 GDP，依据全国公共预算收入与当年 GDP 的比值确定；α_2 为区域调整系数，$\alpha_2 = S \times D$；S 为全省单位面积对全国均值的比重，省及全国生产总值均以前五年平均值计算；D 为区域地均生产总值对全省均值的比重，区域及全省生产总值均以前五年平均值计算；β_{i2} 为海洋保护区第 i 个分区类型的补偿系数，即分区调整系数，分区调整系数 β_{i2} 的计算公式如下：

$$\beta_{i2} = \frac{\sum B_{ij}}{\sum A_j}$$

其中，β_{i2} 为分区调整系数；A_j 为陆地第 j 个经济行业类型的五年平均产业增加值无量纲化处理后的标准值；B_{ij} 为海洋保护区第 i 个分区类型的保护与建设活动对陆地第 j 个经济行业类型的机会损失系数。

3. 区际海洋生态补偿方式

1）政策补偿

我国目前的财政收入途径主要有海洋工程环境保护税、海洋倾倒废弃物倾倒费、海域使用金及生态补偿费，设立了政府基金、生态保证金。财政支出包括各级政府用于生态补偿的间接性支出及政府为了鼓励生态环境的保护而进行的间接性支出。

海洋工程环境保护税根据国家税务总局、国家海洋局制定的《海洋工程环境保护税申报征收办法》征收。海洋工程环境保护税的具体适用税额按照负责征收环境保护税的海洋石油税务（收）管理分局所在地适用的税额标准执行。

海洋倾倒废弃物倾倒费的收费依据是《国家发展改革委、财政部关于重新核定废弃物海洋倾倒费收费标准的通知》。现行有关海洋倾倒费的规定为："废弃物海洋倾倒费由国家海洋局和沿海省、自治区、直辖市海洋行政主管部门分别收取。收取权限以《委托签发废弃物海洋倾倒许可证管理办法》（国土资源部第 25 号令）规定的许可证签发权限为准。"废弃物海洋倾倒费收费标准如表 5-9 所示。

表 5-9 废弃物海洋倾倒费收费标准 单位：元/米^3

废弃物种类		倾倒地点与倾倒方式		
		近岸倾倒 A	远海倾倒 B	有益处置 C
疏浚物	清洁疏浚物	0.30	0.15	0.05
	沾污疏浚物 通过全部生物学检验	0.40	0.20	0.10
	一种生物未通过生物学检验	0.80	0.40	0.15
	两种或三种生物未通过生物学检验	1.50	0.60	0.20
	污染疏浚物 一种生物未通过生物学检验	1.50	0.60	0.20
	两种或三种生物未通过生物学检验	3.00	1.00	—

续表

废弃物种类	倾倒地点与倾倒方式		
	近岸倾倒 A	远海倾倒 B	有益处置 C
城市阴沟淤泥	6.00	2.00	—
渔业加工废料	0.40	0.20	—
惰性无机地质材料	0.50	0.20	0.10
天然有机物	0.40	0.20	0.10
岛上建筑物料	0.40	0.20	0.10
船舶、平台或其他海上人工构造物	国家海洋行政主管部门根据废弃物的性质、原地弃置或异地弃置、弃置区的环境敏感性、废弃物的体积、占海面积、倾倒前的拆解情况、是否采取有别于海洋弃置的其他有益处置方式等情况进行个案处理，一次性收费，收费标准报国务院价格主管部门、财政部门备案		

　　海域使用金的相关规定如下。《中华人民共和国海域使用管理法》第三条规定："海域属于国家所有，国务院代表国家行使海域所有权。任何单位或者个人不得侵占、买卖或者以其他形式非法转让海域。单位和个人使用海域，必须依法取得海域使用权。"第三十三条规定："国家实行海域有偿使用制度。单位和个人使用海域，应当按照国务院的规定缴纳海域使用金。"第十九条规定："海域使用申请经依法批准后，国务院批准用海的，由国务院海洋行政主管部门登记造册，向海域使用申请人颁发海域使用权证书；地方人民政府批准用海的，由地方人民政府登记造册，向海域使用申请人颁发海域使用权证书。海域使用申请人自领取海域使用权证书之日起，取得海域使用权。"该法第二十条规定："海域使用权除依照本法第十九条规定的方式取得外，也可以通过招标或者拍卖的方式取得。"

　　海域生态补偿费的相关规定如下。2010年山东省率先颁布了《山东省海洋生态损害赔偿费和损失补偿费管理暂行办法》，其中规定："在山东省管辖海域内，发生海洋污染事故、违法开发利用海洋资源等行为导致海洋生态损害的，以及实施海洋工程、海岸工程建设和海洋倾废等导致海洋生态环境改变的，应当缴纳海洋生态损害赔偿费和海洋生态损失补偿费。"2016年1月28日山东省又印发了《山东省海洋生态补偿管理办法》，进行海洋生态补偿。海洋生态保护补偿是指各级政府履行海洋生态保护责任，对海洋生态系统、海洋生物资源等进行保护或修复的补偿性投入。保护范围为海洋自然保护区、海洋特别保护区、水产种质资源保护区；划定为海洋生态红线区的海域；省或设区的市人民政府确定需保护的其他海域；国家一类、二类保护海洋物种；列入《中国物种红色名录》中的其他海洋物种；渔业行政管理部门确定需保护的其他海洋物种。

2）海洋生物资源增殖放流

海洋生物资源增殖放流是直接向海洋投放或移入渔业生物的卵子、幼体或成体，以恢复或增加种群的数量，改善和优化水域的群落结构。广义上还包括改善水域的生态环境、向特定水域投放某些装置（如附卵器、人工鱼礁等）及野生种群的繁殖保护等间接增加水域种群资源量的措施，同时也是补充渔业资源种群与数量，改善与修复因捕捞过度或水利工程建设等遭受破坏的生态环境，保持生物多样性的一项有效手段。针对不同水域特性，起到补充、修复原水体的水生生物链中缺失的种类和保护水生生物种质资源的作用，同时注重自然原始生态的保护和建设，防止发生外来物种侵袭造成生态环境遭受破坏的严重后果。

2006 年 2 月 14 日，国务院印发《中国水生生物资源养护行动纲要》，纲要提出了三项水生生物资源养护行动。具体为：①渔业资源保护与增殖行动；②生物多样性与濒危物种保护行动；③水域生态保护与修复行动。

4. 协调陆海之间、河海之间的补偿措施

海洋环保和陆地环保分属海洋与渔业和环保两个部门，"环保部门不下海，海洋部门不上岸"，由于管理格局和行政区域分割的障碍，部门之间信息不畅，各执各的法。陆源污染物排海控制和监管遭遇监管困境：海洋管理部门只能监管到"入海排污口"和"海洋倾倒区"，对来自上游的河流难以监管；各地的生态环境部门则只能监管当地河流，不能下海。甚至一些企业偷设暗管将污水排放到海里，自然资源主管部门即使发现，也没有处罚权。

需要建立陆海生态环境一体化管理体系，多部门联合监管陆源污染物排海工作机制。与此同时，地方政府要联合生态环境部门、地方自然资源主管部门出台统筹陆海一体化环境管理的实施意见，实行环评审批互备。

以海河流域为例[222]，海河流域为了强化源头控制，2014 年通吕运河等五条内河实行入海河口双向生态补偿。通吕运河西起南通市，向东途经崇川区、港闸区、通州区、海门市①、启东市，最终汇入黄海。按照规则，若入海河流上游市、县出境的监测水质没达标，由其按照低于水质目标值部分和规定的补偿标准，向省财政缴纳补偿资金，对下游市、县进行补偿；若上游水质好于断面水质目标，则由下游市、县按照相应规则补偿上游市、县。南通市环境监测中心站会同通州区、海门市、启东市三地环境监测部门对通吕运河水质监测结果进行了测算。2015 年上半年，如东县境内的如泰运河入海水质稳中趋好，并优于上游入境水质，在流域生态补偿中成为受益方，

---

① 2020 年撤销县级海门市，设立南通市海门区。

拿到补偿金 900 多万元。南通市通州区补偿海门市 115.39 万元，海门市补偿启东市 67.48 万元，除去各项费用，海门市净"赚"38.28 万元生态补偿费。

南通市已建立覆盖全区域的海洋环境监测网络，开展主要入海河口水质监测、省重点紫菜和贝类养殖区预警监测、重大海洋工程海洋环境影响监测、近岸海域海洋环境趋势性监测等 155 个站位环境监测，年平均获取各类监测数据 5000 个，为地方发展海洋经济提供了重要决策依据。

5. 海洋修复工程因地制宜

以南通市启东滨海工业园为例，启东滨海工业园规划面积 30 平方千米，东临黄海，南依长江，北有吕四大港，地理位置得天独厚，但土地盐碱化严重。园区内土壤平均含盐量为 15‰，pH 值在 9 以上。因为土壤中有机质含量低，板结严重，再加上海风海雾侵袭，叶面蒸腾作用强烈，植物根系吸水困难，苗木很难成活。开始，园区采用"换土"的方法，把盐碱土壤移走，直接换成正常土壤，结果没多久，土壤中的含盐量又高了起来。但园区没有放弃，经过一次次试验，终于摸索出一套适合本地气候、本地环境的生态种植方法：首先降盐碱，一般通过物理化学方法降低土壤中的盐分和碱分；其次选植物，尽量选择耐海风海雾，对土壤适应性广的植物；最后精养护，严格遵守水盐运动规律浇水、施肥。2016 年 6 月，园区累计完成绿地面积 200 余万平方米，以滨海大道为例，经过近 8 年科学管理，土壤盐分普遍降至 1‰以下，苗木成活率达到 98%。值得一提的是，与传统换填客土相比，启东市盐土绿化的方法不仅收获了生态效益，呵护了海洋生态环境，还节约了约 30%的成本。

（十）区际重点生态功能区生态补偿机制

1. 区际重点生态功能区生态补偿者与受偿者的界定

区际重点生态功能区生态受偿者为重点生态功能区的政府、企业和居民，生态补偿者为需要生态产品和服务的政府、企业和居民。以生态水源涵养区为例，区际生态受偿者为水源涵养区政府、企业和居民，生态补偿者为用水地区的政府、企业和居民。

以北京市和河北省承德的"稻改旱"工程为例。为缓解北京市用水紧张的局面，保证潮河水能更充分供给密云水库，同样地处北京市上风上水地带的丰宁满族自治县，将 9 个乡镇的 3.6 万亩高产稻田改种玉米。2007 年初，北京市与承德市合作实施"稻改旱"工程，涉及承德市丰宁满族自治县、滦平县的 24 个乡镇,"稻改旱"面积 7.1 万亩,实施 5 年来,在有效增加了密云水库入库水量的同时,也为保护密云水库水源地,维持目前 II 类水质发挥了重要作用。"稻改旱"前种稻田每亩地用 1200 立方米水,"稻改旱"后种玉米田每亩地用水顶多 400 立方米,仅丰宁满族自治县年节省水量就已达 2800 万立方米。

2. 区际重点生态功能区生态补偿标准的动态确定

区际重点生态功能区生态补偿标准目前还没有统一的方法核算重点生态功能区的生态服务功能价值,只能以生态项目投入成本、机会成本和发展成本为依据,还要考虑当地的生态补偿意愿。投入成本、机会成本与发展成本之和扣除作为重点生态功能区的转移支付,是区际生态补偿者应支付的补偿标准。实际补偿标准的高低由补偿方和受偿方的谈判能力决定。

如果作为重点生态功能区获得的国家财政转移支付可以弥补生态补偿项目的投入成本,则区际重点生态功能区生态补偿者要支付机会成本及部分发展成本,同时考虑生态受偿者的愿意。补偿标准要考虑通货膨胀率,逐年递增。

补偿标准合理,会阻碍生态受偿方提供生态产品和服务的积极性。以北京市和河北省承德市的"稻改旱"工程为例。项目自 2007 年开始实施,2007 年按照每亩 450 元标准给予农民"收益损失"补偿;2008 年至 2010 年,补偿标准为每年每亩 550 元。据调查估算,按水稻平均亩产 650 公斤,稻米产出率 80%,亩产稻米 520 公斤,当时市场价格每公斤稻米 3.6 元计算,亩产值为 1872 元,加上稻池埂套种大豆亩产 75 公斤,按当时市场价格每公斤 4 元计算,亩产值为 300 元,两项合计亩产值达 2172 元;扣除种子、化肥、农药和人工成本费用 750 元,种植水稻亩均纯收入为 1422 元。改种旱田后,一般以种植玉米为主,按亩产玉米 600 公斤,现行市场收购价每公斤 1.7 元计算,亩产值 1020 元,扣除种子、化肥、农药、人工等生产性支出费用 500 元,亩收入为 520 元;种植水稻与改种玉米亩收入相差 902 元,"稻改旱"补助标准为每亩 550 元,农民每亩减少收入 352 元。农民只能到外地打工弥补差价。

3. 区际重点生态功能区生态补偿的方式动态发展

区际重点生态功能区生态补偿的方式主要有以下三种。

一是资金补偿。区际重点生态功能区生态补偿的方式一般为设立专项基金,由基金支持生态补偿项目。

二是实物补偿。区际重点生态功能区生态补偿若涉及生态移民，则要为生态移民提供一定的房屋作为补偿。

三是智力补偿。区际重点生态功能区的生态补偿项目，一般是由水源涵养地供给大、中城市清洁水源，与大城市的地理位置很近，可以得到智力补偿。

仍以"稻改旱"工程为例，"稻改旱"工程建设后，在承德市滦平县由北京市金罗口农业发展有限公司投资 5100 多万元流转土地 2500 亩，建成高标准温室大棚 401 栋，并以虎什哈镇为核心打造西部现代循环农业区，涵盖 1 镇 8 乡，重点发展绿色种植业和清洁养殖业，面向京津地区生产并输送绿色、有机、高端农副产品。按照亩产 600 公斤玉米、每年 10 月 1 日当地玉米收购价格计算土地租金。按租金的保底价格每公斤 2 元来计算，每年每亩租金收入为 1200 元，再加上"稻改旱"每亩补助 550 元，一年每亩能收入 1750 元。

公司建成的温室大棚又返租给农民，每个棚每年只收租金 4800 元，而建设一个高标准的蔬菜大棚大约需要 10 万元。公司成立了滦平返璞田园种植专业合作社，实行"统一种植时间、统一生产品种、统一生产资料、统一技术培训、统一产品标准、统一品牌销售"的管理模式[223]。

4. 区际重点生态功能区的生态补偿基金运用

区际重点生态功能区的生态补偿基金运用除了生态项目投入成本、机会成本和发展成本外，还要考虑产业转型成本。合理进行产业布局，淘汰落后污染产能，建立若干个循环经济低碳经济园区。通过限制开发和转移策略，重点发展新能源、生态旅游、多功能林业、高端农业和循环农业等，增加生态特色产品的高附加值，从生态保护中要生产力，变破坏生态求生存为保护生态求发展[224]。

5. 区际重点生态功能区生态补偿的监督

由于重点生态功能区生态保护任务艰巨，形势严峻。必须抓紧对污染源环境风险进行调研论证，抓紧制订治理方案，考虑应对策略。

建立重点生态功能区资源保护应急机制，对排污工业企业进行专项治理，实现废水回用和排放达标，消除污染隐患。实施生活污染源连片综合治理，对重点生态功能区乡镇的生活污水、生活垃圾污染处理情况进行评估，加大技术帮扶力度，保证对人口集中的乡镇生活污水、垃圾及时收集、无害化处理。实施"生态清洁小流域综合治理"工程，限制河沙开采，开展矿山生态恢复治理，减少水土流失面积，进一步扩大水源涵养林面积和质量，提高生态涵养能力。

6. 区际重点生态功能区生态补偿的评价

区际重点生态功能区生态补偿是长期合作,若是短期合约,已经建好的生态保护工程,不容易再改为耕地,会增加农民整地成本。因此,如果实施期限短,不利于工程效益长久发挥。

密云水库上游退稻还田项目协议书约定,"稻改旱"工程每年签订一次协议,因此,要想真正达到节水目标,并长期发挥效益,应延长实施期限。

7. 区际重点生态功能区生态补偿的仲裁

区际重点生态功能区生态补偿者与受偿者应该在平等的基础上协商解决纠纷。但重点生态功能区多为经济欠发达地区,而补偿者为经济发达地区,两者的谈判能力差异较大。要解决该问题,只有在国家层面建立生态补偿仲裁机构,集中解决各类区际生态补偿中出现的纠纷。

第六章 区际生态补偿的制度保障

区际生态补偿的顺利进行，还需要有效的保障体系构建为依托。区际生态补偿的制度保障主要是区际生态治理理念的更新、区际生态补偿法律制度的构建、区际生态补偿财政制度的构建、区际生态补偿管理体制的构建和区际生态补偿评价体制的构建等。

第一节 区际生态治理理念的更新

一、生态价值理念的建立

人类对生态价值的认识历经了几个阶段。第一阶段是人和自然统一的原始阶段[225]。该阶段人与自然融为一体，人对自然有敬畏，不敢也没有能力破坏生态环境。第二阶段是人类生态观形成阶段。在此阶段人类的生存能力逐渐加强，可用地力生产粮食，还可用畜力、风力、水力等，人类对自然环境的破坏速度缓慢。第三阶段是人和自然对立阶段，由于工业的快速发展，人类改造自然的能力空前提高，对自然的无节制索取及破坏也使生态系统达到了崩溃的边缘。第四阶段是人与自然和谐共生阶段。在人类发展工业付出惨痛代价后，人类进入保护环境的人与自然和谐共生阶段。

生态环境不是永远无偿使用、不会被破坏、可长久使用的资源。它有自身的生态价值和经济价值。随着生态资源的稀缺，生态价值越来越显露出来，且越来越高。

二、政府行政理念的转变

（一）区际合作理念的建立

在追求地方经济发展的过程中，地方政府各自为政，追求地方经济效益。在经济领域的竞争导致大量的项目重复建设，浪费了资源。随着信息社会的到来及区域一体化的全球发展，各地区很难在封闭的环境下发展，只有与其他地区进行交流合作，才能保持经济的持续性。

生态产品是一种公共物品，如空气、流域等。因具有非排他性和非竞争性，而只能由政府提供。政府的角色不仅是公共事务管理者，还是公共物品生产者。在生产生态产品的过程中要与各相邻地区共同治理生态环境，共同提供达标的生态产品。通过"成本共担、效益共享、合作共治"的机制，与其他地区通力合作，才能有效地保护自然生态环境，提供良好的生态产品和服务。政府要突破行政区划，培养与其他地区政府的合作理念，从而实现共赢，共享生态环境保护利益。

（二）政府上下级关系的转变

在区际生态补偿的初期，上级政府的介入是非常重要的。跨区域的生态补偿需要一个强有力的领导机构，成立跨区域治理机构尤为重要。但随着区际生态补偿项目的逐渐成熟，上级政府会演变为一个第三方角色，作为第三方监测人或第三方调解者，上级政府由决策者逐渐变成一个第三方的平台，为区际生态补偿提供服务。

三、社会整体合作理念的建立

区际生态补偿不是地区性事务，涉及跨区利益，尤其当对象是生态公共产品和服务时，不可能进行暗箱操作。区际生态补偿的信息交流多样化，涉及各地区政府、企业和居民。要求社会整体的沟通能力加强，充分表达出各自的利益，寻找各参与方合作的利益基础。政府与企业、企业与居民、政府与居民的互动，非营利组织与政府、企业、居民的互动，多样化的沟通平台，社会各界紧密的联系与互动，有利于增进区际生态补偿各利益方之间的相互了解。

四、市场化交易理念

区际生态补偿由协议与合同组成。区际的协议由区际生态补偿方与区际生态受偿方政府签订，政府成了市场平等交易的主体。区际生态补偿问题协商过程中，各利益方不再使用行政命令的方式，而是通过谈判，争取有利的合作利益。合同的市场交易平等关系代替了等级制度。合同管理成为政府在区际生态补偿合作中的挑战。

第二节　区际生态补偿法律制度的构建

一、健全生态补偿的立法体系

区际生态补偿立法体系要求高于省区划的中央顶层设计，为各地区的区际生态补偿合作提供制度依据。目前区际生态补偿的协议是区际生态补偿方与区际生态受偿方协商的结果，地区间对如何建立区际生态补偿法规还在摸索阶段，通过试点逐步进行。时机成熟时，要对区际生态补偿做出规定，使区际生态补偿有法可依。截至 2022 年 12 月，相关法规已有《关于加快建立流域上下游横向生态保护补偿机制的指导意见》（财建〔2016〕928 号）和《支持长江全流域建立横向生态保护补偿机制的实施方案》（财资环〔2021〕25 号）。

出台"生态补偿法"，从制度上确立生态补偿方不能再无偿使用生态环境产品与服务，必须有偿使用。在区际生态补偿中，区际生态补偿方与受偿方进行博弈时，法律关系要平等。发达地区不能认为生态受偿方作为生态功能区，就该无偿提供生态产品和服务。"生态补偿法"与地方性法律法规并行，搭建起生态环境有偿使用的制度环境。

2020 年 11 月，国家发展改革委发布《生态保护补偿条例（公开征求意见稿）》，巩固多年生态保护补偿实践成效，对生态保护补偿中普遍成熟的经验进行提炼，纳入条例规范范围。《生态保护补偿条例》已列入 2022 年国务院立法工作计划，国家发展改革委正在会同有关部门积极推动条例尽快出台。

二、健全自然资源资产产权制度

2020 年 2 月《自然资源确权登记操作指南（试行）》印发，该操作指南适用于水流、森林、山岭、草原、荒地、滩涂、海域、无居民海岛以及探明储量的矿产资源等自然资源的所有权和所有自然生态空间的确权登记。2021 年 4 月《关于建立健全生态产品价值实现机制的意见》提出健全自然资源确权登记制度规范，有序推进统一确权登记，清晰界定自然资源资产产权主体，划清所有权和使用权边界。丰富自然资源资产使用权类型，合理界定出让、转让、出租、抵押、入股等权责归属，依托自然资源统一确权登记明确生态产品权责归属[226]。

自然资源确权工作还存在公有自然资源管理缺失、确权登记不规范、确权范围应为"国有生态空间范围"而不是"自然资源范围"等问题。确定生态产品的归属，划清各方责任，对不同类型的自然资源进行不同程度的管理，从而使区际生态补偿更快地发展。

三、完善区际生态补偿法律内容

以法律关系确定生态补偿中的各方相关利益关系、区际生态补偿的主体和客体、生态补偿内容、区际生态补偿方的权利和义务、区际生态受偿方的权利和义务、区际生态补偿的标准等内容。健全生态系统服务价值评估体系，改变现在生态系统服务价值评估不统一的局面[227]。

四、建立区际生态补偿管理监督制度

区际生态补偿由不同的行政区划政府协商进行，由于是创新制度，常常出现利益难以协调的情况。区际生态补偿管理制度包括区际生态补偿专项资金的筹集、使用管理办法，要对各项专项资金进行严格的绩效考核。对区际生态补偿资金的拨付、使用建立一套管理办法，并建立区际生态实偿金专项资金的审计制度，信息公开，接受监督。

区际生态补偿管理制度中还要包括对区际生态补偿违约的处理和纠纷的解决制度。明确区际生态补偿各方的权利和责任，有效通过区际生态补偿的仲裁机制，解决区际各方的利益冲突。

第三节　区际生态补偿财政制度的构建

一、建立纵向转移支付和横向转移支付混合的财政制度

纵向转移支付是上级政府的转移支付，横向转移支付是区际政府的转移支付。不论是纵向转移支付还是横向转移支付，都要求在年初财政预算时留出足够的生态补偿金。由纵向转移支付和横向转移支付补偿区际生态补偿项目，形成专项基金，以保证区际生态补偿项目的顺利实施，为区际生态补偿项目提供资金支持。

二、加强区际生态补偿转移支付的财政监管

为了防止区际生态补偿挪为他用，一是要建立区际生态补偿资金管理责任制度。二是要强化区际生态补偿资金的审计监督，保障资金使用的安全。三是要制定相关区际生态补偿支付的法律内容，使区际生态补偿能够有效运用。四是要进行财政转移支付的生态补偿效果的绩效评价。五是要对转移支付资金进行跟踪调查[228]。

三、拓宽财政横向转移支付方式

作为一种支付制度，区际横向财政转移支付的主要形式是资金。实际进行区际生态补偿时，由于区际生态补偿者和区际生态受偿者的地理位置相邻，比上级政府的帮扶力度大。尤其是区际生态补偿者多为经济发达地区，本身的人、财、物、技术都较为充足，可以在区际生态补偿中采用物质补偿和智力补偿方式，通过出钱、出力、出技术、出人才的方式解决区际生态补偿中遇到的技术困难。更新生态补偿项目设备，培训区际生态受偿地区的被

补偿企业或居民，使其掌握相当技术，从而使区际生态补偿者更好地分享区际生态补偿的成果。

四、均衡生态补偿的财权和事权

当区际生态补偿资金、上级政府纵向转移资金、其他来源补偿资金到位后，构成的专项生态补偿基金要专款专用。不能按照以往的惯例，即上级先分一部分管理经费，再下发。这样会进一步侵蚀本就不足的生态补偿资金。专项基金为生态环境建设项目提供资金，为生态产品和服务的生产提供资金，为生态补偿中利益受损的企业和个人提供补偿。只有企业和个人得到合理补偿，生态产品和服务的提供才得以延续，若地方财政事先分出一部分，剩下的再分给企业和个人补偿，则企业和个人会失去保护环境的积极性。

五、设置详细的生态环境保护项目科目

逐步确立上下级政府的生态环境转移支付生态补偿金制度和区际横向转移支付生态补偿金制度，规范支付行为和资金的使用。在省、市、区（县）、乡之间建立顺畅的纵向转移支付和市级之间、县级之间、乡级之间的横向转移支付。确保纵向转移和横向转移资金及时到位，保持生态补偿形式多样化的特点。

第四节　区际生态补偿管理体制的构建

区际生态补偿需要一个决策科学、执行高效、监督有力的区际生态补偿管理体制。

一、生态补偿的科学决策机制

区际生态补偿是一项综合、系统的工程。在制订区际生态补偿方案时会考虑生态、技术、经济和社会等很多方面，参与方有上级政府，专家，生态补偿方的政府、企业和居民，生态受偿方的政府、企业和居民等。在进行区际生态补偿时，需要以生态补偿要求为需求，多方听取意见。平衡各方利益关系，结合现有制度，制定相对合理的区际生态补偿标准。针对区际生态补偿要建立一个科学、民主、高效的生态补偿决策机制。

（一）信息公开制度

为确保区际生态补偿的各方利益均衡，在各方大体能接受的合理条件下

进行，区际生态补偿者和区际生态受偿者要定期公布环境信息，对区际生态受偿者建设的区际生态补偿项目要及时报告进展情况。

（二）尊重各方意见

由于区际生态补偿的对象最终是生态环境这种公共物品，决策要听取相关利益方、专家、社会公众、上级政府等的意见，对公众的质疑进行必要的解释说明，以保证决策的正当性。专家的评估要签名、负责，采取一定的签名负责制，以免专家的判断受到地方权力的干扰。

在决策过程中必须正视不同利益主体的主张与诉求，尽早考虑，经过论证可以实现的，尽量实现。以免区际生态补偿项目建成后受到不同利益主体的阻碍，影响项目实施结果。同时，也要对不同的诉求进行权衡，判断其是否合理、必要，进行果断取舍。

二、生态补偿的综合协调机制

区际生态补偿涉及经济、环境保护、农业、林业、国土、财政、科技等各个领域。从区际生态补偿的目标上看有短期目标与长期目标。在区际生态补偿的谈判中会出现各相关利益主体之间的冲突。因此，区际生态补偿需要一个权威的协调机构。

（一）建立上级政府与区际政府的生态补偿协调管理机制

区际生态补偿中区际生态补偿者与区际生态受偿者都是执行方。上级政府主要是受双方信任的监督者及重要的财力支持者。区际生态补偿方与受偿方站在自己的立场，说明利益诉求，虽然区际生态补偿是在上级政府主导下进行的，但其根本动因不是上级政府，而是生态环境危机。当合作到一定时期，区际生态补偿双方关系已经磨合得较为成熟时，可以主要采用双方协商的方式，协调管理。

（二）建立区际生态补偿方与受偿方政府之间的协调管理机制

区际生态补偿的主要责任人是区际生态补偿方政府和区际生态受偿方政府。首先，二者之间的关系在行政级别上为平级，双方要协调规划、管理区际生态补偿项目建设。其次，区际生态补偿方政府和区际生态受偿方政府还要理顺其与上级政府和下级市、县之间的关系。区际生态补偿建设项目的执行要分配给下级单位，分配权力和职责。

三、区际生态补偿的责任追究机制

区际生态补偿项目的建设并不是为了获益，没有明显的立竿见影效果，在执行中各方不会有成就感，很有可能流于形式。因此，要设立区际生态补偿双方的责任追究机制，减少因懈怠管理而出现的漏洞和损失。

（一）区际生态补偿的决策责任追究制度

区际生态补偿的决策涉及多方主体。有的主体与项目本身有利害关系，有的主体与项目没有关系。为了项目集中决策的严肃性与统一性，要追究项目决策时各方的责任，"谁决策谁负责"，实现决策权与决策责任的统一。

（二）区际生态补偿的全过程责任追究

对区际生态补偿项目的申报、立项、审批、决策、执行、监管中出现的责任问题，要进行追究，如对违法、违规、渎职、权力腐败、寻租等行为，都要追究责任。

四、区际生态补偿的社会参与机制

区际生态补偿的社会参与是指区际生态补偿项目涉及的社会公众有权通过一定的途径，参与区际生态补偿项目的决策与监督。区际生态补偿的行政管理与公众参与结合，是一种新的权力分享与利益制衡机制。

（一）社会参与机制的内容

区际生态补偿的主要参与者除了政府之外，还包括企业和居民及非政府组织。区际生态补偿方的企业和居民在资金的筹集上会起很好的作用。区际生态受偿方的企业和居民承担了区际生态补偿项目造成的损失，要求得到补偿。非政府组织通过与政府决策者和企业的平等协商，表达区际生态补偿中弱势受害群众的诉求，并保护生态环境。

（二）社会参与机制的有效性

保证社会参与机制的有效性，一是要扩大社会监督范围，二是要发挥非政府组织的作用。要保证区际生态补偿项目的长期稳定发展，需要非政府组织代表公众的长远利益，与政府部门协商，积极探索解决办法，从而弥补政府失灵，增进社会福利[229]。

第五节　区际生态补偿评价体制的构建

生态环境作为公共物品，会受到全社会的关注。区际生态补偿也要有相应的评价体制，保护区际生态补偿进行的有效性和可持续性。

一、区际生态补偿的绩效评估制度

区际生态补偿的绩效评估制度涉及区际生态补偿项目的生态效益、经济效益和社会效益。区际生态补偿效益的绩效评价是上级政府的生态管理职责，通过区际生态补偿的绩效评估对区际生态补偿项目进行监督。

（一）区际生态补偿的绩效评价的思路

区际生态补偿的绩效评价整体思路是采用外部效应内部化的办法。首先对区际生态补偿者和区际生态受偿者进行成本效益评价，然后再将二者的成本合并，效益合并，对区际生态补偿项目进行成效分析，分析两个地区区际生态补偿项目的前后效益。区际生态补偿的绩效评价见图6-1。

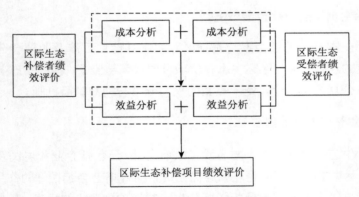

图6-1　区际生态补偿的绩效评价

（二）成本分析

1. 区际生态受偿者成本分析

一是直接成本。直接成本是区际生态补偿者与受偿者的直接投入，可以是货币、实物、技术等，如生态项目建设费用、生态移民补偿等。

二是机会成本。机会成本主要是区际生态受偿者放弃的收入，如退耕还林前的耕地收入等。

三是监管成本。监管成本是在实施区际生态补偿项目中，编制规划、监测网点建设等的投入。

2. 区际生态补偿者成本分析

一是区际生态补偿投入。

二是监管成本。监管成本是在实施区际生态补偿项目中，编制规划、监测等的投入。

（三）效益分析

1. 经济效益

区际生态受偿者的经济效益主要包括五个方面。一是上级政府提供的生态补偿金；二是区际政府提供的生态补偿金；三是其他生态补偿金；四是生态补偿项目建设完成后增加的生态系统服务功能价值；五是生态补偿项目建设完成后增加的附加收入，如新增生态旅游项目收入、新增药材产出收入等。

区际生态补偿者的经济效益主要是需要的生态产品和服务得到满足，经济实现发展后，地区产值、人们收入水平的增加值。

2. 社会效益

区际生态受偿者的社会效益主要包括三个方面。一是政府合作治理生态环境水平的提高；二是企业产业结构的优化，重污染企业的关停，生态型、清洁能源企业的发展等；三是农民环境保护意识的加强，对区际生态补偿项目的了解，收入结构的变化等。

区际生态补偿者的社会效益主要包括：①政府合作治理生态环境水平的提高；②企业、居民生态补偿支付意愿的加强，生产生活的自然资源保障性的加强。

3. 生态效益

区际生态受偿者的环境效益主要包括：本地区的生态系统服务功能价值的增加，如水源涵养、水质净化、水土保护、生物多样性等。

区际生态补偿者的环境效益包括：本地区风沙的减少、本地区空气的净化、本地区达标水资源供给的增加等。

（四）区际生态受偿者和补偿者的成本效益评价

1. 区际生态受偿者的成本效益评价

区际生态受偿者的成本效益评价采用的公式如下：

$$区际生态受偿者的成效比 = \frac{区际生态受偿者的总效益}{区际生态受偿者的总成本}$$

其中，区际生态受偿者的总效益包括区际生态受偿者的经济效益、社会效益和生态效益；区际生态受偿者的总成本主要包括区际生态受偿者的直接成本、间接成本和监督成本。

2. 区际生态补偿者的成本效益评价

区际生态补偿者的成本效益价值采用的公式如下：

$$区际生态补偿者的成效比 = \frac{区际生态补偿者的总效益}{区际生态补偿者的总成本}$$

其中，区际生态补偿者的总效益包括区际生态补偿者的经济效益、社会效益和生态效益；区际生态补偿者的总成本主要包括区际生态补偿者的区际生态补偿投入和监督成本。

（五）区际生态补偿成本效益评价

1. 区际生态补偿成本效益总体评价

区际生态补偿成本效益评价采用的公式如下：

$$区际生态补偿成本效益评价 = \frac{总效益}{总成本}$$

其中，总效益为区际生态补偿者和受偿者的经济效益、社会效益和生态效益的加总；总成本为区际生态补偿者和受偿者的直接成本、间接成本和监督成本的加总。

2. 外部效应内部化程度评价

外部效应内部化程度评价采用外部效应内部化程度指数衡量：

$$外部效应内部化程度指数 = \frac{区际生态补偿者向受偿者支付的补偿金额}{区际生态补偿者生态效益}$$

通过该指标评价区际生态受偿者保护生态环境的努力使区际生态补偿者的生态受益程度。

二、GEP 评价制度

通过 GEP 核算体系，直接计算区际生态补偿者的 GEP 增长率和区际生态受偿者的 GEP 增长率。GEP 核算只计算增加值，将生态投入成本扣除，可直接反映区际生态补偿者和受偿者的生态环境改善情况。

三、领导干部生态绩效考核制度

领导干部生态绩效考核制度改变以往的唯 GDP 政绩考核制度，将生态环境的保护作为首要的政绩考核标准。激励各级领导干部树立生态保护的战略观念，进而促进经济社会与生态环境的协调发展。

（一）政绩考核生态文明建设指标的建立

领导干部生态绩效考核制度要建立生态文明建设指标，民生改善、社会和谐进步、文化建设等指标，与经济发展指标一样，均是考核重要内容，把资源消耗、环境损害、生态效益等指标纳入经济社会发展综合评价体系。根据不同地区、不同层级领导班子和领导干部的职责要求，设置各有侧重、各有特色的考核指标。

（二）建立不同主体功能区规划的不同政绩考核标准

根据我国首个全国性国土空间开发规划《全国主体功能区规划》，按开发方式划分，中国国土空间有优化开发、重点开发、限制开发和禁止开发四种区域。政府政绩考核也要根据不同区域的功能区划，建立不同的标准。对限制开发的农产品主产区和重点生态功能区，分别实行农业发展优先和生态保护优先的绩效评价，不考核地区生产总值、工业等指标；对禁止开发的重点生态功能区，全面评价自然文化资源原真性和完整性保护情况。

（三）建立生态文明追踪考核制度

生态环境保护具有投入多、见效慢、效果难以量化的特点，相对而言，政府官员的任期较短。正是这些特点造成了地方政府官员在生态环境保护上激励不足的问题。为此，一是要探索生态文明追踪考核制度，在官员调任后仍能追究其执政过程中的生态保护责任；二是要提高生态环境保护考核在地方政府政绩考核中的权重，提升地方政府官员生态环境保护的意识；三是要适当缩短生态环境考核的周期，保证考核的有效性和连续性。

（四）建立区际生态补偿政府合作绩效制度

生态环境保护具有极强的外部性，这种外部性导致了地方政府生态政绩具有极强的区域关联性。在生态环境保护中，地方政府之间是相互合作、相互影响的，生态环境保护具有合作性、互动性及关联性，这常常导致对地方政府环境保护责任难以在技术上做出明确划分。为此，一是要进一步发挥中央政府在生态环境保护中的协调功能；二是要加强地方政府间的协调和互动；三是要进一步发挥专家和民间环保非营利组织的优势，利用其更为客观的立场和整体视角，更有效地划分地方政府间的生态保护责任。

参 考 文 献

[1] Wunder S. Payments for Environmental Services：Some Nuts and Bolts[M]. Jakarta：Center for International Forestry Research.

[2] Hoffman J. Watershed shift：collaboration and employers in the New York City Catskill/Delaware Watershed from 1990-2003[J]. Ecological Economics，2008，68（1/2）：141-161.

[3] Clawson M. Methods of Measuring the Demand for and Value of Outdoor Recreations[M]. Washington：Resources for the Future，1959.

[4] Davis R K. The value of outdoor recreation：an economic study of the maine woods [D]. Cambridge：Harvard University，1963.

[5] Westman W E. How much are nature's services worth？[J]. Science，1977，197（4307）：960-964.

[6] 和爱军. 浅析日本的森林公益机能经济价值评价[J]. 中南林业调查规划，2002，（2）：48-54.

[7] Wünscher T，Engel S，Wnder S. Spatial targeting of payments for environmental services：a tool for boosting conservation benefits[J]. Ecological Economics，2008，65（4）：822-833.

[8] Adger W N，Brown K，Cervigni R，et al. Total economic value of forests in Mexico[J]. Ambio，1995，24：286-296.

[9] Daily G C. Nature's Services：Societal Dependence on Nature Ecosystems[M]. Washington：Island Press，1997.

[10] Bernard F，de Groot R S，Campos J J. Valuation of tropical forest services and mechanisms to finance their conservation and sustainable use：a case study of Tapantí National Park，Costa Rica[J]. Forest Policy and Economics，2009，11（3）：174-183.

[11] 朱敏，李丽，吴巩胜，等. 森林生态价值估算方法研究进展[J]. 生态学杂志，2012，31（1）：215-221.

[12] Leskinen P，Kangas J，Pasanen A M. Assessing ecological values with dependent explanatory variables in multi-criteria forest ecosystem management[J]. Ecological Modelling，2003，170（1）：1-12.

[13] Curtis I A. Valuing ecosystem goods and services：a new approach using a surrogate market and the combination of a multiple criteria analysis and a Delphi panel to assign weights to the attributes[J]. Ecological Economics，2004，50（3/4）：163-194.

[14] de Groot R，Brander L，van der Ploeg S，et al. Global estimates of the value of ecosystems and their services in monetary units[J]. Ecosystem Services，2012，1（1）：50-61.

[15] Tietenberg T. Envirohmental and Natural Resourse Economics[M]. 6th ed. Beijing：

Tsinghua University Press，2005.

[16] Quintero M，Wunder S，Estrada R D. For services rendered? Modeling hydrology and livelihoods in Andean payments for environmental services schemes[J]. Forest Ecology and Management，2009，258（9）：1871-1880.

[17] Robert N，Stenger A. Can payments solve the problem of undersupply of ecosystem services?[J]. Forest Policy and Economics，2013，35：83-91.

[18] Dennedy-Frank P J，Muenich R L，Chaubey I. Comparing two tools for ecosystem service assessments regarding water resources decisions[J]. Journal of Environmental Management，2016，177：331-340.

[19] Greiner R，Young M D，McDonald A D，et al. Incentive instruments for the sustainable use of marine resources [J]. Ocean and Coastal Management，2000，43（1）：29-50.

[20] Cowell R. Stretching the limits：environmental compensation，habitat creation and sustainable development[J]. Transactions of the Institute of British Geographers，1997，22（3）：292-306.

[21] Elliott M，Cutts N D. Marine habitats：loss and gain，mitigation and compensation[J]. Marine Pollution Bulletin，2004，49（9/10）：671-674.

[22] Dunford R W，Ginn T C，Desvousges W H. The use of habitat equivalency analysis in natural resource damage assessments[J]. Ecological Economics，2004，48（1）：49-70.

[23] Mow J M，Taylor E，Howard M，et al. Collaborative planning and management of the San Andres Archipelago's Coastal and marine resources：a short communication on the evolution of the Seaflower marine protected area[J]. Ocean and Coastal Management，2007，50（3/4）：209-222.

[24] Thur S M. User fess as sustainable financing mechanisms for marine protected areas：an application to the Bonaire National Marine Park[J]. Marine Policy，2010，34（1）：63-69.

[25] Ecosystem approach [EB/OL]. [2000-05-26]. http://www.cbd.int/decision/cop/?id = 7148.

[26] Cochrane K L. A Fishery Manager's Guidebook：Management Measures and Their Application[M]. Rome：Food and Agriculture Organization of the United Nations，2002.

[27] Martin D，Frank W，Karin J，et al. A model-based approach for designing cost-effective compensation payments for conservation of endangered species in real landscapes[J]. Bilolgical Conservation，2007，140（1/2）：174-186.

[28] Ortega-Huerta M A，Kral K K. Relating biodiversity and landscape spatial patterning to land ownership regimes in northeastern Mexico[J]. Ecology and Society，2007，12（2）：12.

[29] Derissen S，Quaas M F. Combining performance-based and action-based payments to provide environmental goods under uncertainty[J]. Ecological Economics，2013，85：77-84.

[30] Morris J，Gowing D J G，Mills J，et al. Reconciling agricultural economic and environmental objectives：the case of recreating wetlands in the Fenland area of eastern England[J]. Agriculture，Ecosystems and Environment，2000，79（2/3）：245-257.

[31] Alix-Garcia J，de Janvry A，Sadoulet E. The role of deforestation risk and calibrated compensation in designing payments for environmental services[J]. Environment and Development Economics，2008，13（3）：375-394.

[32] Pagiola S，Arcenas A，Platais G，et al. Can payments for environmental services help reduce poverty? An exploration of the issues and the evidence to date from Latin America[J]. World Development，2005，33（2）：237-253.

[33] Zbinden S，Lee D R. Paying for environmental services：an analysis of participation in Costa Rica's PSA program[J]. World Development，2005，33（2）：255-272.

[34] Kosoy N，Martinez-Tuna M，Muradian R，et al. Payments for environmental services in watersheds：insights from a comparative study of three cases in Central America[J]. Ecological Economics，2007，61（2/3）：446-455.

[35] Persson U M，Alpízar F. Conditional cash transfers and payments for environmental services：a conceptual framework for explaining and judging differences in outcomes[J].World Development，2013，43：124-137.

[36] Molina Murillo S A，Castiuo J P P，Ugalde M E H. Assessment of environmental payments on indigenous territories：the case of Cabecar-Talamanca，Costa Rica[J]. Ecosystem Services，2014，8：35-43.

[37] Boumans R，Costanza R，Farley J，et al. Modeling the dynamics of the integrated earth system and the value of global ecosystem services using the GUMBO model[J]. Ecological Economics，2002，41（3）：529-560.

[38] Dwyer M C，Miller R W. Using GIS to assess urban tree canopy benefits and surrounding greenspace distributions[J]. Journal of Arboriculture，1999，25：102-107.

[39] Ulbrich K，Drechsler M，Wätzold F，et al. A software tool for designing cost-effective compensation payments for conservation measures[J]. Environmental Modelling & Software，2008，23（11）：122-123.

[40] Radford K G，James P. Changes in the value of ecosystem services along a rural-urban gradient：a case study of Greater Manchester，UK[J]. Landscape and Urban Planning，2013，109（1）：117-127.

[41] 张诚谦. 论可更新资源的有偿利用[J]. 农业现代化研究，1987，（5）：22-24.

[42] 郑征. 提高淠史杭灌区及其上游生态效益的探索[J]. 农村生态环境，1988，（3）：43-45，66.

[43] 邹振扬，黄天其. 试论城乡开发自然生态补偿的植被还原原理[J]. 重庆环境科学，1992，（1）：18-21.

[44] 张龙生，费乙. 甘肃省林业科技进步贡献率层次分析法测算研究[J]. 甘肃林业科技，1997，（4）：13-17.

[45] 叶文虎，魏斌，仝川. 城市生态补偿能力衡量和应用[J]. 中国环境科学，1998，18（4）：298-301.

[46] 章铮. 生态环境补偿费的若干基本问题[C]//国家环境保护局自然保护司. 中国生态环境补偿费的理论与实践. 北京：中国环境科学出版社，1995：81-87.

[47] 杨朝飞. 发挥市场经济条件下政府监督职能，深入做好生态环境补偿费试点工作[C]//国家环境保护局自然保护司. 中国生态环境补偿费的理论与实践. 北京：中国环境科学出版社，1995：19-47.

[48] 毛显强，钟瑜，张胜. 生态补偿的理论探讨[J]. 中国人口·资源与环境，2002，（4）：38-41.

[49] 熊鹰，王克林，汪朝辉. 洞庭湖区退田还湖生态补偿机制[J]. 农村生态环境，2003，（4）：10-13.

[50] 杜群. 生态补偿的法律关系及其发展现状和问题[J]. 现代法学，2005，3：186-191.

[51] 王海涛. 谁来为生态环境保护买单：神农架林区要求生态补偿的四个理由[J]. 世界环境，2004，5：15-17.

[52] 李爱年，刘旭芳. 对我国生态补偿的立法构想[J]. 生态环境，2006，15（1）：194-197.

[53] 高彩玲，赵英明，尹华强，等. 煤炭资源开采的生态补偿概念剖析[J]. 中国矿业，2008，（5）：49-51.

[54] 黄润源. 论生态补偿的法学界定[J]. 社会科学家，2010，（8）：80-82.

[55] 李永宁. 论生态补偿的法学涵义及其法律制度完善：以经济学的分析为视角[J]. 法律科学（西北政法大学学报），2011，29（2）：133-142.

[56] 张乐勤. 流域生态补偿理论评述[J]. 池州学院学报，2010，24（3）：73-76，81.

[57] 程亚丽. 生态补偿法律制度构建的基本理论问题探析[J]. 安徽农业大学学报（社会科学版），2011，20（4）：19-23.

[58] 沈孝辉. 共存才能共荣：建议尽快建立长江流域生态补偿机制[J]. 森林与人类，1996，（4）：13-13.

[59] 石忆邵. 关于江河源头地区构建生态补偿机制的探讨[J]. 科技导报，1999，（10）：37-39，36.

[60] 王金龙，马为民. 关于流域生态补偿问题的研讨[J]. 水土保持学报，2002，（6）：82-83，150.

[61] 常杪，邬亮. 流域生态补偿机制研究[J]. 环境保护，2005，（12）：60-62.

[62] 周大杰，董文娟，孙丽英，等. 流域水资源管理中的生态补偿问题研究[J]. 北京师范大学学报（社会科学版），2005，（4）：131-135.

[63] 刘玉龙，许凤冉，张春玲，等. 流域生态补偿标准计算模型研究[J]. 中国水利，2006，（22）：35-38.

[64] 郑海霞. 关于流域生态补偿机制与模式研究[J]. 云南师范大学学报（哲学社会科学版），2010，42（5）：54-60.

[65] 赵银军，魏开湄，丁爱中，等. 流域生态补偿理论探讨[J].生态环境学报 2012，21（5）：963-969.

[66] 王军锋，侯超波. 中国流域生态补偿机制实施框架与补偿模式研究：基于补偿资金来源的视角[J]. 中国人口·资源与环境，2013，23（2）：23-29.

[67] 肖爱，李峻. 流域生态补偿关系的法律调整：深层困境与突围[J]. 政治与法律，2013，（7）：136-145.

[68] 孙开，孙琳. 流域生态补偿机制的标准设计与转移支付安排：基于资金供给视角的分析[J]. 财贸经济，2015，（12）：118-128.

[69] 耿翔燕，葛颜祥. 基于水量分配的流域生态补偿研究：以小清河流域为例[J]. 中国农业资源与区划，2018，39（4）：36-44.

[70] 王德斌. 市场经济呼唤生态补偿制度[J]. 云南林业调查规划设计，1998，（2）：49-52.

[71] 徐邦凡. 浅议森林生态效益补偿基金的设立[J]. 林业财务与会计，2000，（4）：6-7.

[72] 鄢斌. 论我国森林法上生态补偿制度的完善[J]. 华中科技大学学报（社会科学版），2004，6：47-51.

[73] 汪建敏, 丰炳财, 徐高福, 等. 千岛湖公益林生态补偿问题的探讨[J]. 华东森林经理, 2004, (3): 40-43.

[74] 郭广荣, 李维长, 王登举. 不同国家森林生态效益的补偿方案研究[J]. 绿色中国, 2005, (7): 14-17.

[75] 赵慧. 对我国森林征收生态税问题的思考[J]. 甘肃科技纵横, 2008, (5): 104-105.

[76] 刘灵芝, 刘冬古, 郭媛媛. 森林生态补偿方式运行实践探讨[J]. 林业经济问题, 2011, 31 (4): 310-313.

[77] 刘灵芝, 范俊楠. 构建森林生态补偿市场化激励机制的探讨: 以神龙架林区为例[J]. 林业经济问题, 2014, 34 (6): 544-547, 552.

[78] 张媛. 森林生态补偿的新视角: 生态资本理论的应用[J]. 生态经济, 2015, 31 (1): 176-179.

[79] 谢义坚, 黄义雄. 基于条件价值评估法 (CVM) 的福建滨海防护林生态补偿研究[J]. 安徽农业科学, 2018, 46 (22): 104-107.

[80] 廖红. 建立和完善生态补偿机制 推动可持续发展战略实施[J]. 中国发展, 2003, (3): 4-7.

[81] 张鸿铭. 建立生态补偿机制的实践与思考[J]. 环境保护, 2005, (2): 41-45.

[82] 侯宝锁, 傅建详. 生态补偿研究[J]. 安徽农业科学, 2008, 36 (34): 15186-15187, 15232.

[83] 陈兆开, 施国庆, 毛春梅. 流域水资源生态补偿问题研究[J]. 科技进步与对策, 2008, (3): 51-55.

[84] 戴广翠, 王福田, 夏郁芳, 等. 关于建立我国湿地生态补偿制度的思考[J]. 林业经济, 2012, (5): 70-74, 113.

[85] 郭辉军, 施本植, 华朝朗. 自然保护区生态补偿的标准与机制研究: 以云南省为例[J]. 云南社会科学, 2013, (4): 139-144.

[86] 朱铁才, 葛仙梅. 关于环境影响评价中引入生态补偿机制的研究[J]. 资源节约与环保, 2014, (4): 46-47.

[87] 赵文华, 李虹霞. 试论我国建立森林生态补偿税的初步设想[J]. 辽宁林业科技, 2000, (1): 31-33.

[88] 洪尚群, 马丕京, 郭慧光. 生态补偿制度的探索[J]. 环境科学与技术, 2001, (5): 40-43.

[89] 杜万平. 构建区域补偿机制 促进西部生态建设[J]. 重庆环境科学, 2001, (5): 1-3.

[90] 关琰珠. 区域生态环境建设的理论与实践研究: 以福建省为例[D]. 福建师范大学, 2003.

[91] 赖敏, 刘黎明. 生态退耕工程中的生态补偿问题及其补偿方法[J]. 水土保持通报, 2006, (3): 63-66.

[92] 史淑娟, 李怀恩, 党志良, 等. 基于协调度评价的水源区生态补偿途径探讨[J]. 西北大学学报 (自然科学版), 2009, 39 (4): 677-681.

[93] 王贵华, 方秦华, 张珞平. 流域生态补偿途径研究进展[J]. 浙江万里学院学报, 2010, 23 (2): 42-47.

[94] 刘以, 吴盼盼. 国内外森林生态补偿方法评述[J]. 中国集体经济, 2011, (16): 95.

[95] 王德凡. 内在需求、典型方式与主体功能区生态补偿机制创新[J]. 改革, 2017, (12): 93-101.

[96] 谢利玉. 浅论公益林生态效益补偿问题[J]. 世界林业研究, 2000, (3): 70-76.

[97] 张志强, 徐中民, 程国栋, 等. 黑河流域张掖地区生态系统服务恢复的条件价值评估[J]. 生态学报, 2002, (6): 885-893.

[98] 孔凡斌. 试论森林生态补偿制度的政策理论、对象和实现途径[J]. 西北林学院学报, 2003, (2): 101-104, 115.

[99] 秦鹏, 唐绍均. 退耕还林生态补偿制度的经济分析[J]. 重庆大学学报（自然科学版）, 2005, (4): 163-166.

[100] 徐大伟, 郑海霞, 刘民权. 基于跨区域水质水量指标的流域生态补偿量测算方法研究[J]. 中国人口·资源与环境, 2008, (4): 189-194.

[101] 郑垂勇, 王建成, 温兆昌, 等. 农业水权补偿额度测算方法及实证研究[J]. 水利经济, 2008, (6): 1-4, 67.

[102] 赵文举, 马孝义, 张建兴, 等. 农业节水实现的经济学解析与激励机制[J]. 中国农村水利水电, 2008, (4): 48-50, 53.

[103] 谭秋成. 关于生态补偿标准和机制[J]. 中国人口·资源与环境, 2009, 19 (6): 1-6.

[104] 林凌. 基于社会公平原则的流域生态补偿标准计算案例研究[J]. 内蒙古农业大学学报（社会科学版）, 2010, 12 (2): 257-259, 269.

[105] 付意成, 高婷, 闫丽娟, 等. 基于能值分析的永定河流域农业生态补偿标准[J]. 农业工程学报, 2013, 29 (1): 209-217.

[106] 白丽, 王健, 刘晓东, 等. 环首都贫困带生态补偿标准探析[J]. 广东农业科学, 2013, 40 (5): 202-205.

[107] 汪运波, 肖建红. 基于生态足迹成分法的海岛型旅游目的地生态补偿标准研究[J]. 中国人口·资源与环境, 2014, 24 (8): 149-155.

[108] 赵海霞, 徐颂军. 基于污染足迹的区域内生态补偿标准研究: 以广州市为例[J]. 华南师范大学学报（自然科学版）, 2015, 47 (4): 116-121.

[109] 吴娜, 宋晓谕, 康文慧, 等. 不同视角下基于 InVEST 模型的流域生态补偿标准核算: 以渭河甘肃段为例[J]. 生态学报, 2018, 38 (7): 2512-2522.

[110] 崔凤军. 山岳型风景旅游区生态负荷与环境建设研究: 泰山实证分析[J]. 应用生态学报, 1999, (5): 623-626.

[111] 崔金星, 余红成. 论我国生态补偿法的现实性[J]. 云南环境科学, 2004, (4): 18-21.

[112] 杨润高. 我国生态补偿问题及其应对策略[J]. 新经济杂志, 2005, (5): 88-91.

[113] 赵绘宇. 林权改革的生态风险及应对策略[J]. 法学, 2009, (12): 129-137.

[114] 俞海波. 生态补偿法律制度的现状与完善策略[J]. 人民论坛, 2010, (3): 60-61.

[115] 汪芳琳. 皖江区域生物多样性保护中生态补偿策略: 以安徽池州市为例[J]. 广东石油化工学院学报, 2015, 25 (1): 81-85.

[116] 张跃胜. 国家重点生态功能区生态补偿监管研究[J]. 中国经济问题, 2015, (6): 87-96.

[117] 张倩. 基于演化博弈视角的矿产资源开发生态补偿问题研究[J]. 资源开发与市场, 2016, 32 (2): 165-169.

[118] 于法稳. 中国农业绿色转型发展的生态补偿政策研究[J]. 生态经济, 2017, 33 (3):

14-18，23.

[119] 梁俊国，胡运权，王剑华. 地方政府生态经济行为及其约束机制[J]. 电子科技大学
学报（社科版），2000，（2）：35-37.

[120] 吴晓青，陀正阳，杨春明，等. 我国保护区生态补偿机制的探讨[J]. 国土资源科技
管理，2002，（2）：18-21.

[121] 曹明德. 对建立我国生态补偿制度的思考[J]. 法学，2004，（3）：41-43.

[122] 何国梅. 构建西部全方位生态补偿机制保证国家生态安全[J]. 贵州财经学院学报，
2005，（4）：4-9.

[123] 钱水苗，王怀章. 论流域生态补偿的制度构建：从社会公正的视角[J]. 中国地质大
学学报（社会科学版），2005，（5）：80-84.

[124] 沈满洪，陆菁. 论生态保护补偿机制[J]. 浙江学刊，2004，（4）：217-220.

[125] 杨从明. 浅论生态补偿制度建立及原理[J]. 林业与社会，2005，（1）：7-12.

[126] 黄立洪，柯庆明，林文雄. 生态补偿机制的理论分析[J]. 中国农业科技导报，
2005，（3）：7-9.

[127] 毛锋，曾香. 生态补偿的机理与准则[J]. 生态学报，2006，（11）：3841-3846.

[128] 孔凡斌. 完善我国生态补偿机制：理论、实践与研究展望[J]. 农业经济问题，
2007，（10）：50-53，111.

[129] 刘平养. 发达国家和发展中国家生态补偿机制比较分析[J]. 干旱区资源与环境，
2010，24（9）：1-5.

[130] 欧阳志云，郑华，岳平. 建立我国生态补偿机制的思路与措施[J]. 生态学报，2013，
33（3）：686-692.

[131] 李萌. 2014年中国生态补偿制度建设总体评估[J]. 生态经济，2015，31（12）：18-22.

[132] 王建平. 建立综合生态补偿机制的基本框架、核心要素和政策建议：以四川藏区为
例[J]. 决策咨询，2018，（1）：11-18.

[133] 杜万平. 谁为西部生态补偿？[J]. 西部大开发，2001，（10）：12-14.

[134] 吴晓青，洪尚群，段昌群，等. 区际生态补偿机制是区域间协调发展的关键[J]. 长
江流域资源与环境，2003，（1）：13-16.

[135] 杜振华，焦玉良. 建立横向转移支付制度实现生态补偿[J]. 宏观经济研究，2004，（9）：
51-54.

[136] 王欧，宋洪远. 建立农业生态补偿机制的探讨[J]. 农业经济问题，2005，（6）：
22-28，79.

[137] 秦鹏. 论我国区际生态补偿制度之构建[J]. 生态经济，2005，（12）：51-53.

[138] 邓睿. 浅议西双版纳热带雨林保护中的生态补偿机制[J]. 云南环境科学，2005，（S1）：
65-67.

[139] 孔志峰. 生态补偿机制的财政政策设计[J]. 财政与发展，2007，（2）：14-20.

[140] 周映华. 流域生态补偿及其模式初探[J]. 四川行政学院学报，2007，（6）：82-85.

[141] 曹国华，蒋丹璐. 流域跨区污染生态补偿机制分析[J]. 生态经济，2009，（11）：
160-164.

[142] 耿涌，戚瑞，张攀. 基于水足迹的流域生态补偿标准模型研究[J]. 中国人口·资源
与环境，2009，19（6）：11-16.

[143] 麻智辉. 跨省流域生态补偿的总体框架体系[J]. 科技广场，2012，（11）：156-162.

[144] 肖加元，席鹏辉. 跨省流域水资源生态补偿：政府主导到市场调节[J]. 贵州财经大学学报，2013，（2）：85-91.

[145] 黄炜. 全流域生态补偿标准设计依据和横向补偿模式[J]. 生态经济，2013，（6）：154-159，172.

[146] 徐大伟，常亮. 跨区域流域生态补偿的准市场机制研究：以辽河为例[M]. 北京：科学出版社，2014.

[147] 赵卉卉，向男，王明旭，等. 东江流域跨省生态补偿模式构建[J]. 中国人口·资源与环境，2015，25（S1）：91-94.

[148] 方向阳，李颖，刘慧娴，等. 问江哪得清如许：首个跨省流域新安江生态补偿机制试点成效显著[J]. 中国财政，2018，（2）：10-14.

[149] 中国 21 世纪议程管理中心可持续发展战略研究组. 生态补偿：国际经验与中国实践[M]. 北京：社会科学文献出版社，2007.

[150] Cuperus R, Caters K J, Piepers A A G. Ecological compensation of the impacts of a road. Preliminary method of the A50 road link[J]. Ecological Engineering，1996，7（4）：327-349.

[151]《环境科学大辞典》编委会. 环境科学大辞典[M]. 北京：中国环境科学出版社，1991.

[152] Wright D C. Understanding Intergovernmental Relations[M]. Totnes：Brooks/Cole Publishing Company，1988.

[153] 吕忠梅. 超越与保守：可持续发展视野下的环境法创新[M]. 北京：法律出版社，2003.

[154] 阮本清，魏传江. 首都圈水资源安全保障体系建设[M]. 北京：科学出版社，2004.

[155] 萨缪尔森 P A，诺德豪 W D，萧琛. 经济学[M]. 北京：华夏出版社，1999.

[156] Buchanan J M, Stubblebine W C. Externality[J]. Economica，1962，29（116）：371-384.

[157] 诺思 D，托马斯 L. 西方世界的兴起[M]. 厉以平，蔡磊，译. 北京：华夏出版社，1989.

[158] 伊特韦尔 J，米尔盖特 M，纽曼 P. 新帕尔格雷夫经济学大辞典（第三卷：K-P）[M]. 陈岱孙，等译. 北京：经济科学出版社，1996.

[159] 科斯 R，阿尔钦 A，诺斯 D，等. 财产权利与制度变迁：产权学派与新制度学派译文集[M]. 刘守英，等译. 上海：上海三联书店，上海人民出版社，1991.

[160] Demsetz H. Toward a theory of property rights[J]. The American Economic Revivw，1967，57（2）：347-359.

[161] Ostrom E. Governing the Commons：The Erolution of Institutions for Collective Action[M]. New York：Cambridge University Press，1990.

[162] 滕加泉，薛银刚. 国内外生态补偿机制的对比分析与研究[J]. 环境科学与管理，2015，40（12）：159-163.

[163] 尤艳馨. 构建我国生态补偿机制的国际经验借鉴[J]. 地方财政研究，2007，（4）：62-64.

[164] 马东春，王凤春，汪元元. 国外水生态区域合作经验研究及其对北京的启示[C]// 王鸿春. 北京健康城市建设研究报告（2015）. 北京：社会科学文献出版社，2015：234-246.

[165] 朱小静，Rodríguez C M，张红霄，等. 哥斯达黎加森林生态服务补偿机制演进及

　　　 启示[J]. 世界林业研究，2012，25（6）：69-75.

[166] 张艳群. 哥斯达黎加的生态有偿服务法律制度[J]. 法制与社会，2013，8（上）：29-30.

[167] 吴伟宏，贾立斌，席晶. 哥斯达黎加森林生态系统服务付费的实践与启示[J]. 环境保护，2022，50（12）：75-80.

[168] 高玉娟，王媛，宋阳. 中国与哥斯达黎加森林生态补偿比较及启示[J]. 世界林业研究，2021，34（6）：81-85.

[169] 王世进，焦艳. 国外森林生态效益补偿制度及其借鉴[J]. 生态经济，2011，（1）：69-73.

[170] 沉静. 纽约保护水源地的法律和经济考量[N]. 中国水利报，2006-01-12（4）.

[171] 车越，吴阿娜，杨凯. 纽约对城市饮用水源保护的实践及其借鉴[J]. 中国给水排水，2006，（20）：5-8.

[172] 任世丹，杜群. 国外生态补偿制度的实践[J]. 环境经济，2009，（11）：34-39.

[173] 童克难，王玮. 生态补偿立法时机成熟[N]. 中国环境报（法治周刊），2016-03-09（5）.

[174] 中国碳交易网. 美国芝加哥气候交易所（CCX，Chicago Climate Exchange）[EB/OL]. [2014-11-25]. http://www.tanjiaoyi.com/ article-4218-1.html?from=app.

[175] 中国碳排放交易门户网站. 美国碳市场地方"燎原"碳抵消"流行"[EB/OL]. [2012-05-04]. http://www.tanpaifang.com/tanguihua/2012/0504/1766.html.

[176] 刘颖，黄冠宁. 对美国芝加哥气候交易所的研究与分析[J]. 法制与社会，2018，（2）：10-11.

[177] 胡荣，徐岭. 浅析美国碳排放权制度及其交易体系[J]. 内蒙古大学学报（哲学社会科学版），2010，42（3）：17-21.

[178] 于李娜，袁露露. 碳交易所机制的国际比较研究[J]. 时代经贸，2012，（14）：82-83.

[179] Salzman J，Bennett G，Carroll N，et al. The global status and trends of payments for ecosystem services[J]. Nature Sustainability，2018，（1）：136-144 .

[180] 聂伟平，陈东风. 新安江流域（第二轮）生态补偿试点进展及机制完善探索[J]. 环境保护，2017，45（7）：19-23.

[181] 朱良瑞，祁程. 新安江流域生态补偿机制的多元实践路径及其对跨省生态环境综合治理的启示[J]. 工业用水与废水，2023，54（1）：42-45.

[182] 谢来丰. 黄山市多措并举 全力推进生态文明建设示范市创建工作[EB/OL]. [2019-11-28]. https://sthjj.huangshan.gov.cn/stbh/stwmsfcj/8747954.html.

[183] 广东省生态环境厅. 粤补偿桂闽 5 亿保护上游水质[EB/OL]. [2016-04-13]. https://gdee.gd. gov.cn/zwxx_1/content/post_2302840.html.

[184] 曹智. 京津冀协同发展生态保护和修复工程实施[EB/OL]. [2022-03-28]. https://baijiahao. baidu.com/s?id=1728503497793767927&wfr=spider&for=pc.

[185] 财政部. 关于"支持承德加快建设京津冀水源涵养功能区"建议的答复（摘要）[EB/OL]. [2016-12-22].http://www.mof.gov.cn/zhuantihuigu/2016jyta/2016rd/201612/t20161222_2495209. htm.

[186] 巩志宏. 京津冀生态横向补偿有所突破仍存难题[EB/OL]. [2015-06-29]. http://www.71.cn/2015/0629/820059.shtml.

[187] 陈国鹰，李巍，王佳，等. 引滦入津上下游横向生态补偿机制试点进展与建议[J]. 环境保护，2017，45（7）：24-27.

[188] 江笑川. 三江源: "中华水塔"人间净土[J]. 决策探索（上），2021，（4）：92-95.

[189] 中山市自然资源局（中山市海洋局）政务网. 我市拟从明年起逐年提高生态补偿金标准[EB/OL]. [2017-11-13]. http://www.zs.gov.cn/zrzyj/zlhl/content/post_1224258.html.

[190] 高文军，石晓帅. 政府主导型"造血式"流域生态补偿模式研究[J]. 未来与发展，2015，39（8）：15-17，14.

[191] 碳汇林网. 新疆麦盖提县造林碳汇[EB/OL]. [2016-05-03]. https://www.carbontree. com.cn/ NewsShow.asp?Bid=9938.

[192] 胡民. 建立中国水权交易市场的路径分析[J]. 现代商业，2011，（30）：75-77.

[193] Costanza R，d'Azge R，de Groot R，et al. The value of the world's ecosystem services and natural capital nature[J]. Nature，1997，（387）：253-260.

[194] 李晓光，苗鸿，郑华，等. 生态补偿标准确定的主要方法及其应用[J]. 生态学报，2009，29（8）：4431-4440.

[195] 马利英，李义，徐磊，等. 等价分析法评估环境突发事故中的环境资源损失[J]. 环保科技，2014，20（6）：38-42.

[196] 张玉玺. 中央一号文件解读：生态补偿 让土地永续利用[N]. 新华日报，2014-01-24.

[197] 吕尚斌，彭其民，高拓新，等. 浅谈凌源市生态公益林直补到户工作的有效措施[J]. 防护林科技，2014，（3）：122-123.

[198] 杨学聪. 京冀启动跨区域碳排放权交易试点[EB/OL]. [2014-12-18]. http://district.ce. cn/zg/ 201412/18/t20141218_4155258.shtml.

[199] 吴丽芳. 京冀跨区域碳排放权交易满一年 承德 4000 村民受益 [EB/OL]. [2016-02-01]. http://report.hebei.com.cn/system/2016/02/01/016598665.shtml.

[200] 胡海川，张心灵，冯丽丽. 会计视角下草原生态补偿标准确定体系研究[J]. 会计之友，2018，（2）：40-44.

[201] Dass P，Houlton B Z，Wang Y P，et al. Grasslands may be more reliable carbon sinks than forests in California[J]. Environmental Research Letters，2018，13（7）：074027.

[202] Frank S，Böttcher H，Gusti M，et al. Dynamics of the land use，land use change，and forestry sink in the European Union：the impacts of energy and climate targets for 2030[J]. Climatic Change，2016，138：253-266.

[203] 季雨潇，马军. 内蒙古草原碳汇 CDM 项目发展研究[J]. 内蒙古统计，2016，（6）：36-38.

[204] 卫草源. 中国草原碳汇和碳排放权交易研究[J]. 中国畜牧业，2016，（24）：68-69.

[205] 谢高地，曹淑艳，王浩，等. 自然资源资产产权制度的发展趋势[J]. 陕西师范大学学报（哲学社会科学版），2015，44（5）：161-166.

[206] 王玮. 自然资源资产产权制度十问？[N]. 中国环境报，2013-11-29（3）.

[207] 伊媛媛. 论我国流域生态补偿中的公众参与机制[J]. 江汉大学学报（社会科学版），2014，31（5）：65-68，126.

[208] 赵翠薇，王世杰. 生态补偿效益、标准：国际经验及对我国的启示[J]. 地理研究，2010，29（4）：597-606.

[209] 常艳文，张建林，刘红艳. 安阳市水环境生态补偿预警监测机制研究[J]. 安阳工学院学报，2012，11（2）：30-34，38.

[210] 贾若祥，高国力. 构建横向生态补偿的制度框架[J]. 中国发展观察，2015，（5）：34-38.

[211] 谢高地，鲁春霞，冷允法，等. 青藏高原生态资源的价值评估[J]. 自然资源学报，2003，18（2）：189-196.

[212] 谢高地，甄霖，鲁春霞，等. 一个基于专家知识的生态系统服务价值化方法[J]. 自然资源学报，2008，（5）：911-919.

[213] Costanza R，d'Arge R，de Groot R，et al. The value of the world's ecosystem services and natural capital[J]. Nature，1997，387：253-260.

[214] 邓圩. 广东生态补偿桂闽 5 亿元[N]. 人民日报，2016-03-23（16）.

[215] 张忠. 东阳义乌水权交易的第三方效应及对策研究[J]. 湖北农业科学，2017，56（16）：3170-3173，3196.

[216] 李志全. 中国准许水权交易，首宗跨流域水量交易签订[EB/OL]. [2015-11-26]. http://www.chinanews.com/ny/2015/11-26/7643361.shtml.

[217] 柳荻，胡振通，靳乐山. 美国湿地缓解银行实践与中国启示：市场创建和市场运行[J]. 中国土地科学，2018，32（1）：65-72.

[218] 胡振通，柳荻，靳乐山. 草原生态补偿：生态绩效、收入影响和政策满意度[J]. 中国人口·资源与环境，2016，26（1）：165-176.

[219] 侯立安，杨志峰，何强，等. 秦巴山脉水资源保护及利用战略研究[J]. 中国工程科学，2016，18（5）：31-38.

[220] 于凤存，方国华，高玉琴. 城市水源地突发性水污染事故思考[J]. 灾害学，2007，（4）：104-108.

[221] 鄂施璇，雷国平，张莹，等. 粮食主产区煤炭资源开发与农用地生态补偿机制[J]. 水土保持通报，2016，36（5）：306-311.

[222] 沈慧. 陆海协调之路不"难"通：南通市海洋生态文明建设调研[N]. 经济日报，2016-06-20，11.

[223] 李建成. "稻改旱"之后[EB/OL]. [2014-12-20]. http://hebei.hebnews.cn/2014-12/20/content_4405018.htm.

[224] 赵宁. 我国重点生态功能区利益补偿法律制度探究[J]. 生态经济，2015，31（3）：147-150.

[225] 陈润杰，冯茹，宋刚. 论生态价值观的演化发展[J]. 技术与创新管理，2009，30（1）：45-48，88.

[226] 杨海龙，杨艳昭，封志明. 自然资源资产产权制度与自然资源资产负债表编制[J]. 资源科学，2015，37（9）：1732-1739.

[227] 荣玲鱼. 我国生态补偿法律制度[J]. 河北联合大学学报（社会科学版），2012，12（5）：25-27.

[228] 季东. 基于生态补偿机制政府间财政转移支付制度的研究[J]. 企业导报，2016，（2）：6-7.

[229] 萨础日娜. 民族地区生态补偿管理机制初探[J]. 中央民族大学学报（自然科学版），2013，22（2）：35-41.